The Ecology of Seeds
种子生态学

[英]　迈克尔·芬纳（M. Fenner）
　　　 肯·汤普逊（K. Thompson）　◎著
　　　 刘文亭　董全民　　　　　　 ◎主译

科学技术文献出版社
SCIENTIFIC AND TECHNICAL DOCUMENTATION PRESS
·北京·

图书在版编目（CIP）数据

种子生态学 / (英) 迈克尔·芬纳 (M. Fenner)，(英) 肯·汤普逊 (K. Thompson) 著；刘文亭，董全民主译. —北京：科学技术文献出版社，2021.7（2023.7重印）

书名原文: The Ecology of Seeds

ISBN 978-7-5189-8153-3

Ⅰ.①种… Ⅱ.①迈… ②肯… ③刘… ④董… Ⅲ.①种子—植物生态学—研究 Ⅳ.① Q948.1

中国版本图书馆 CIP 数据核字（2021）第 154009 号

著作权合同登记号　图字：01-2021-3492

种子生态学

策划编辑：张　丹　　责任编辑：张　丹　　责任校对：文　浩　　责任出版：张志平

出　版　者	科学技术文献出版社	
地　　　址	北京市复兴路15号　邮编　100038	
编　务　部	(010) 58882938, 58882087（传真）	
发　行　部	(010) 58882868, 58882870（传真）	
邮　购　部	(010) 58882873	
官方网址	www.stdp.com.cn	
发　行　者	科学技术文献出版社发行　全国各地新华书店经销	
印　刷　者	北京虎彩文化传播有限公司	
版　　　次	2021 年 7 月第 1 版　2023 年 7 月第 2 次印刷	
开　　　本	710×1000　1/16	
字　　　数	301千	
印　　　张	15.5	
书　　　号	ISBN 978-7-5189-8153-3	
定　　　价	50.00元	

参译人员

（排名不分前后）

李晓宁　杨晓霞　俞　旸　张春平

资助项目

国家自然基金委项目：

放牧制度和放牧方式对高寒草原土壤及植被更新影响的研究
（31772655）

基于草畜平衡的高寒草地放牧系统界面调控机制研究（U20A2007）

青海省创新平台建设专项项目：

高寒草地-家畜系统适应性管理技术平台（科技基础条件平台）（2020-ZJ-
T07）

高寒草地适应性管理重点实验室（重点实验室）

青海省科技成果转化专项：

生态保护提质增效的高寒牧区放牧单元技术研发和模式示范（2019-
SF-145）

天然草地放牧系统功能优化与管理专家系统研究与应用（2018-
SF-145）

青海省重大科技专项：

青藏高原现代牧场技术研发与模式示范（2018-NK-A2）

译者序

种子，在植物学上，指由胚珠发育而成的繁殖器官，根据《中华人民共和国农业行业标准》（NY/T 1210—2006）中描述的定义，种子包括真种子和果实（颖果、荚果、坚果、瘦果等）；而在生态学研究中，种子可以是孢子、种子、果实、复合果实、植物的一部分，甚至可以是整个植物，不再被其形态特征所束缚，是一个更为广义的概念。

种子，作为生活史的一个重要阶段，其从生长、发育到成熟、脱落、传播、落地、萌发以至成苗都与生境紧密相连，由此可知，种子生态学是研究种子与其生境相互关系的科学。因此，种子生态学作为植物生态学的分支之一，不仅能够解决植物群落方面的基础科学问题，还兼具指导生产实践的应用基础研究价值。

回顾种子生态学领域的重要研究，不难发现种子生态学研究是典型的交叉学科，产生于英国诺丁汉大学召开的种子生态学会议和 *Seed Ecology* 论文集。尽管在国际种子科学学会 ISSS 和国内植物学会种子科学与技术专业委员会、国际种子生态学大会和全国种子科学与技术研讨会、*Seed Science Research*、*Journal of Seed Science*、*Seed Science and Technology* 等期刊和专刊的推动下，种子生态学领域得到了长足的发展。

然而，时至今日，国内还未有一本系统的、深入浅出的介绍种子生态学的书籍，不免有些许遗憾。因此，研究团队在《种业振兴行动方案》的时代背景下，在国家自然科学基金和青海省科技项目的资助下，在团队负责人董全民先生的支持下，对再版的

The Ecology of Seeds（2005）进行了翻译。在本书的翻译过程中，第一章、第二章由刘文亭、李晓宁翻译，第三章由张春平、杨晓霞翻译，第四章由李晓宁、刘文亭翻译，第五章由李晓宁、俞旸翻译，第六章由刘文亭、李晓宁翻译，第七章由刘文亭翻译，第八章由刘文亭翻译，第九章由董全民、刘文亭翻译，董全民负责把控全书的翻译质量，刘国朋负责绘制书中插图，刘玉祯负责文字校正。

　　本书的出版是集体劳动与智慧的结晶，再次衷心地感谢所有为本书做出奉献的同志们。鉴于译者学术水平有限，书中难免存在疏漏与欠缺，期待相关专家和读者的批评指正！

刘文亭

2021 年 7 月

前　言

　　1985 年，芬纳（Fenner）正式出版了《种子生态学》（*Seed Ecology*），引用文献 334 次，共 42 000 个单词，是一本介绍种子生态学学科的成功著作。但时过境迁，该书内容现已老旧，且绝版多时。此刻您手中的这本新书，引用文献 1117 次，共 94 000 个单词。近 20 年来，人们对种子生态学的关注与日俱增，这也是本书内容增加的主要原因。1991 年，《种子科学研究》（*Seed Science Research*）期刊创刊，为种子生物学、种子生态学方面的基础研究提供重要的学术交流平台，本书共引用该刊内容 37 次。2000 年，国际种子科学学会（International Society for Seed Science, ISSS）成立，该学会为种子科学各个研究方向的会议提供支持，其中就包括 2004 年的首次种子生态学国际会议。此外，我们所引用的文献也能反映这一点：来自近 20 年的引用内容占 82%，而 1999 年之前的内容只占 15%。

　　近年来发表的研究，让我们对种子生态学的诸多内容有了翻天覆地的认识，特别是种子传播、种子在土壤中的贮藏及种子休眠中的生态作用。种子对种群增长、生物多样性和群落组成具有根源性的影响，这一观点也越来越受到大家的认可。种子生态学也与"主流"研究——植物生态学有了更密切的联系。此外，我们也没有忘记那些为种子生态领域做出重大贡献，为种子生态学学科奠基的先驱们，如 Darwin、Harper 与 Salisbury。

　　在本书，我们试图整合种子生物学、生态学方面的现有信息，涉及种子植物的繁殖策略、代价与妥协，重点关注了种子大小这一有趣的话题。在章节顺序上，本书按照种子生活史的时间顺序编写：种子成熟、种子传播、种子在土壤中的贮藏、种子休眠、种子萌发及幼苗建成。在最后一章中，我们论述了植物间隙对种群更新的作用。此外，部分章节还穿插了以延伸阅读形式呈现的专题内容。

本书旨在呈现当前文献中具有广泛代表性的概述，而非对其进行全面的回顾。我们试图以一种反映当下观点的方式，对这一领域进行合理客观的叙述。然而，在谈及我们深耕的某些科学问题时，我们也提出了自己的见解，并力求观点令人信服，如关于休眠的定义。

希望这本书能对植物生态学领域各个学习阶段的学生有所帮助。种群更新从种子开始包含了诸多目前学界所关注的生态概念，涉及范围从繁殖策略到维持物种多样性。授粉、种子传播与种子捕食都为植物与动物相互作用、演化提供了有趣的见解。植物面临的多种权衡（种子大小与种子数量、早期减少繁殖与延迟增加生育力、种子早期高风险萌发与延缓种子萌发，等等）为理论研究与建模开辟了新的视野。此外，我也希望本书中涉及的文献会激发学生自主设计试验的主观能动性，本科生也能够通过有限的技术资源，做出优秀的种子生态学研究。

几名同事提供大量相关数据，也对已发表的数据进行了更新，在此，我们要特别感谢 Costas Thanos，Mary Leck 与 Begoña Peco。本书难免有所纰漏，期待相关专家和读者批评指正。

目　录

第一章　生活史、繁殖策略和分配

　　种子严密的包裹在母体组织（种皮）保护层中，在多数情况下，胚乳为子叶发育提供全部营养物质。种子的主要功能是发育成一个新的个体，但这并不一定会导致物种数量的增加。在一个相对稳定的种群中，每个成年个体最终都会被另一个成年个体取代。这是通过产生大量的子代来实现的，这些子代中的大部分会在成熟之前死亡。此外，种子除了发育成新个体外，还有若干功能。它的体积很小（至少与它的母体相比），这使得它非常适合传播并在新的地区定殖。多数种子与成年植物相比，能在更广泛的环境条件下存活，特别是在极端的降水与温度条件下。作为一种持久性生态策略，种子经历发育停滞期并保持滞育状态的能力对许多物种而言极其重要，且对于在季节性寒冷或干旱等不利条件下不能作为成体存活的一年生植物来说，更是尤为关键。

1.1　植物的有性繁殖与无性繁殖

　　遗传多样性是种子最重要的特性之一。这是因为种子多是有性繁殖的产物（下述的无融合生殖体除外）。在配子形成过程中，亲本的遗传物质重新排列（通过染色体之间的交叉互换），并在受精时雄配子和雌配子随机组合，使得每一颗种子在基因上都是独一无二的。子代与生俱来的多样性使该物种也具有了多变的基因，从概率上讲，至少在恶劣的自然选择下提高了一些单株成活率。子代与生俱来的遗传多样性为物种提供了遗传灵活性（genetic flexibility），增加了一些植物个体在自然选择的危险中幸存下来的可能性（Harper，1977）。

　　种子繁殖并非植物繁殖的唯一方式，一些物种，尤其是多年生草本植物，会通过营养器官进行无性繁殖。植物或采取其中一种，或兼而有之来进行繁殖。一年生植物和多数的木本植物通常只通过种子繁殖，那些幼苗难以存活地区（如河流和北极高山地区）的植物往往主要依靠营养器官进行繁殖，而多年生草本植物通常既采用种子繁殖又采用营养器官繁殖的方式。Salisbury（1942）通过计算得出，在英国分布最广的多年生草本植物，其中采用营养器官繁殖方式的占 68%，它们可能会以分株（成为独立生根的植物枝条）的形式出现，采用无性系生长方式。例如，欧活血丹（*Glechoma hederacea*）幼枝可在不同的匍匐茎（匍枝毛茛 *Ranunculus repens*、*Potentilla eptans*①）上繁殖，也有植物可由根茎、球茎或鳞茎等器官繁殖，如鸢尾属（*Iris*）、番红花属（*Crocus*）和百合属（*Lilium*）植物。对于一些水生植物而言（如伊乐藻，*Elodea canadensis*），繁殖可以简单地通过分株进行。实际上，无性繁殖幼苗与实生苗生长两者难以分辨，就像许多草种会形成根蘖一样。多数无性系生长的植物也会产生种子，且有时会在这两种不同的繁殖方式中加以权衡（Ronsheim et al.，2000）。

兼用无性繁殖和有性繁殖的植物，可以有效结合这两种繁殖方式的优点以最大限度地适应环境。无性繁殖的动物，如水蚤和蚜虫，通常在多代无性繁殖后也会出现一个有性繁殖的阶段。Green 等（1995）通过模型证明，在无性繁殖生物体中，即使有性繁殖只占据很小一部分，也会发挥较大的作用，具有很强的优势度。植物通常可以在两种繁殖模式之间切换以应对不断变化的环境，尤其在密度增加时（Abrahamson，1975；Douglas，1981）。许多通过无性繁殖产生大量子代的物种都有避免近亲繁殖的机制。异株荨麻（*Urtica Dioica*）、多年生山靛（*Mercurialis Perennis*）、丝路蓟（*Cirsium arvense*）和 butterbur（*Petasites Hybridus*）都通过雌株或雄株进行无性繁殖（也就是说，这些物种是雌雄异株的）。这种性别的分离确保植株只可进行异系交配。

无性繁殖通过快速的横向扩张加速了物种对某地区的局部入侵。许多无性繁殖的物种会形成诸多单种林分，抢占其他植株的资源。相比于有性繁殖，分株本身贡献大部分资源，故无性繁殖的植株消耗亲本植株能量较少（Jurik，1985；Muir，1995）。此外，无性繁殖的分株存活率更高。在对匍枝毛茛的统计研究中，Sarukhan 等（1973）认为，无性繁殖后代的预期寿命为 1.2～2.1 岁，而有性繁殖后代的预期寿命为 0.2～0.6 岁，且无性繁殖的

---

① 有些植物目前没有公认的中文名，为免发生混淆在此沿用原书名称——译者注。

后代生长速度快，发育状态优。然而，子代与亲本间的高度相似性可能会导致不利竞争（Nishitani et al.，1999）。

无性繁殖最明显的一个特征即为子代与亲本、子代与子代间的基因完全相同，无论这个繁殖系有多么庞大，多么独立，都可以视作同一植物的一部分，繁殖系的一个后代就可以覆盖大片区域，如芦苇（*Phragmites australis*）、大米草（*Spartina anglica*）、浮萍（*Lemna minor*）和凤眼蓝（*Eichhornia crassipes*），它们的子代可以延伸几公顷，甚至几平方千米。从长远来看，基因一致性不利于物种，它可能使植物无法适应多变的自然环境，且随着时间的推移，无性繁殖的子代容易积累有害的突变和病毒感染。尽管存在这些缺点，多数无性繁殖植物仍然有着强大的生命力，甚至一些有着几千年的历史（Richards，1986）。

有一些有性繁殖的物种在最初是通过无性繁殖演化来的。许多植物已经进化出一种不需要减数分裂或受精就能产生种子的途径，这一过程被称为不完全无配生殖（agamospermy，没有经过雌雄配子结合的种子），即无性繁殖或无融合生殖（apomixis）的一种形式（后一术语包括无性繁殖）。目前，已有 34 科植物存在不完全无配生殖过程，且在菊科（Asteraceae）蒲公英属（*Taraxacum*）、山柳菊属（*Hieracium*）和还阳参属（*Crepis*），以及蔷薇科（Rosaceae）羽衣草属（*Alchemilla*）、花楸属（*Sorbus*）与悬钩子属（*Rubus*）等植物中尤为常见。在这些物种中，其基因与亲本完全相同，种子之间亦是如此，不完全无配生殖的优势尚不明显，不经有性生殖获得的种子（繁殖、传播、休眠）只有在某些特定情况下才能凸显它的优势。如果植物能很好地适应其生存环境，那么所有的后代都会像亲本一样健康。不完全无配生殖似乎并不是为了适应没有花粉这一条件，尽管没有雄配子的参与，许多物种仍需要通过授粉来诱导种子发育（Richards，1986）。

1.2　生活史和生存函数

自然选择"迫使"生物圈一切生物形成一套适合自身的繁殖策略，使其成功存活并将遗传信息传递给子代。这一生命过程包含了多种最佳优化方案，如植物开始繁殖时的个体尺寸、个体的繁殖频率与周期规律、资源量的分配及所产种子大小与数量。然而，部分繁殖过程相互对立（如资源分配水平与频率、种子的大小与数量），因此我们最终观察到的可能是系列权衡妥协后的结果，如延伸阅读 1.1 所述。

延伸阅读

1.1 权衡

在生态学领域中，植物的权衡策略始终是一个难以逃避的话题（Crawley，1997）。简单来说，权衡反映了一个显而易见的道理：植物分配给一个功能的资源不可能再大量分配给其他功能，如种子数量和种子大小之间的权衡。不过，上面的概念没有完全地体现出权衡的意义。植物通过在繁殖上分配更多资源进而使得其种子数量多且籽粒大。一般情况下，每个物种分配给繁殖器官的资源量比较趋近，但种子数量与大小之间确实存在权衡机制（Shipley et al.，1992；Turnbull et al.，1999；Jakobsson et al.，2000）。例如，Shipley 等（1992）通过研究 57 种草本植物发现，植物质量（可粗略认为供繁殖使用的资源量）和种子质量可解释种子年产量变异的 82%。

研究发现，在特定的情况下，植物能够通过改变种子内部的化学成分来规避其数量与大小间的权衡（Lokesha et al.，1992）。在风力介导下，相同大小的种子质量较轻的比质量较重的传播距离更远（如 Meyer et al.，2001），尽管这不能应用于所有的种子传播模式（Hughes et al.，1994a）。脂肪产生的能量大约是相同质量碳水化合物的两倍，植物通过脂肪储能的方式代替碳水化合物，可使其种子质量减半。事实上，植物大多会在种子中储存脂肪，然而合成脂肪比合成蛋白质或碳水化合物需要更多的能量，这暗示了植物种子储存脂肪会对亲本造成一定的风险。如果较轻的种子在风媒传播中效率更高，则可以认为，相比其他的种子传播方式，通过风媒传播的种子内部会储存更多脂肪。Lokesha 等（1992）的大型数据集的分析结果支撑了这一观点，即风媒传播的种子平均含有约 25% 的脂肪，而不具有特定突出传播方式的种子含有约 10% 的脂肪。然而，该研究存在一定的局限性，即未将系统发育因素考虑在内。多数风媒传播的种子均隶属菊科，在菊科植物中，种子一般脂肪含量较高，这与其传播方式无直接因果关系。例如，非风媒传播的 *Anthemidae* 与风媒传播的 *Lactuceae* 相比，其种子脂肪含量相同。也有研究发现，种子脂肪含量和传播方式无显著关系（Thompson et al.，2002）。造成此结果的原因还尚未知晓，但我们推测这可能是因为种子脂肪含量相对较低，导致种子质量的下降相对不明显，或者种子的化学成分对生境其他干扰做出了响应。

上文提到的权衡现象或难以避免（同一资源不能同时分配给两种相互竞争的功能性状），或有明确的生物学原理（较轻的种子可能传播得更好）。然而，权衡不是两个性状简单的此消彼长，而是生命在漫长的岁月长河中逐渐演化而来的共同表达功能的结果。例如，如果种子的传播和土壤持久种子库共同降低了其对环境变化的感知能力，那么一个性状的存在可能会降低另一个性状的适合度（Venable et al.，1988）。部分研究认为，权衡需要同时考虑植物自身及其演化方面。如果竞争力取决于植物在其营养结构上投入资源的多少，那么极具竞争力的物种在花和种子方面不得不减少资源的投入；而竞争力弱的物种会通过演化出更强的传播能力来规避直接的正面竞争，进而减少可用于生长的资源。目前，由于缺乏足够数量物种性状的对比数据，在如何定义、衡量"竞争能力"和"传播能力"的问题上缺乏共识，权衡的进一步研究因此受到阻碍。Rees（1993）依照种子的形态标准将物种分为"有效散播"和"非有效散播"，其研究结果有力地支撑了英国植物区系中种子传播与土壤种子库持久性的权衡。然而 Thompson 等（2002）未发现该种权衡现象的存在（量化了种子传播的有效性，但研究目标仅限于风媒传播）。这些相互矛盾的试验结果由多种原因造成，但如下两点值得关注：首先，种子的持久性和风媒传播之间存在正相关关系。在冷温带植物群落中（见第四章），种子在土壤中的持久性和其风媒传播（见第三章）都与种子大小显著相关。因此，在条件相同的情况下，将粒小的种子可以增强风媒传播能力及其在土壤中的持久力。其次，权衡必然导致不同性状的得与失。例如，种子进入土壤后形成土壤种子库，种子发芽后幼苗立即死亡，则维持土壤种子持久性的投入——收益极低，这一现象在自然界极其常见，这是因为种子非常擅于评估所在生境条件是否适宜萌发和定殖（见第六章），但却不能预知未知的强烈干扰。因此，目前尚不明确土壤种子库种子持久力的投入—收益关系（Thompson et al.，2002）。

近50年来，基础研究的学者始终聚焦于植物竞争能力与繁殖能力之间产生权衡的可能性（Skellam，1951），其中模型研究清晰地阐释了两种或多种植物在斑块环境中是如何共存的。例如，竞争力强的物种（但传播能力弱）在其生长的区域始终保持优势，竞争力弱的物种（但传播能力强）则能够将种子传播至前者无法到达的地方，这暗示了多数物种都可以通过竞争—定殖的权衡机制来实现共存（Tilman，1994）。

然而，也有研究对此权衡机制的证据及该权衡是否是物种共存的必要条件产生了质疑，其关键在于物种的多度通常会受到种子传播的限制。由此看来，竞争力强的物种受到种子传播限制的情况会更明显。换言之，在试验中增加繁殖体密度时，理论上竞争力强的物种会表现出多度的显著提升。数项研究已经验证了上述的观点（Eriksson et al.，1992；Thompson et al.，1992；Tilman，1997；Ehrlén et al.，2000；Jakobson et al.，2000），且均发现了种子传播受限的证据。在对现有数据的分析中发现，种子传播限制在植物群落早期演替中更为常见（Turnbull et al.，2000）。Turnbull 等的数据分析显示，尽管种子较大的物种似乎在短期内更易受种子传播限制的影响，但最终种子大小和种子萌发生长无直接因果关系（Moles et al.，2002）。更笼统地说，尽管成年个体性状和繁殖体性状不相互独立（Salisbury，1942；Rees，1993；Leishman et al.，1995），但目前没有直接证据显示，繁殖体性状受到营养性状的严格限制。因此，必然存在兼具良好竞争能力和有效传播能力的植物，如香蒲属的物种（*Typha* spp.）、柳兰（*Chamerion angustifolium*）和芦苇（*Phragmites australis*）。根据植物性状，一些学者将本土植物划分为"策略型"或"功能型"（Grime et al.，1987；Shipley et al.，1989；Leishman et al.，1992；Díaz et al.，1997），但基于营养性状的植物分类在很大程度上独立于基于种子性状的植物分类。如果该现象不具普遍性，那么 Grubb（1977）的"更新生态位"（Regeneration niche）只会反映成年物种的生态位，但大量的证据告诉我们，上述观点是正确的。Gross 等（1982）、Peart（1984）和 Thompson 等（1996）均发现了共存物种的范例，这些物种在成年期具有相似的生境，但在种子大小、土壤种子库持久性、种子传播方式和种子萌发物候等方面差异巨大。在特定时期，这些差异似乎体现了竞争和定殖之间的权衡。在巴拿马的热带雨林，Dling 等（2002）提出，先锋树种的种子大小有差异，甚至会超过 4 个数量级。这种变异似乎是传播（有益于小粒种子）与定殖（有益于大粒种子）之间的权衡。然而，在幼苗密度较低时，它们二者之间的竞争显得微不足道，至少在幼苗不再依赖种源前会始终维持这一现象。事实上，由于凋落物对种子萌发的抑制及短暂干旱期间的种子死亡，小种子的物种定殖概率始终较低，尽管小种子物种可以在未被大种子物种占据的地方定居，但无论大种子物种的竞争力如何，小种子物种的生存概率始终较低。

近年来的研究也对竞争—定殖模型中的部分假设提出了质疑。通常情况下，该模型同时假设了全球传播和瞬时竞争替代这两个条件（Nee et al.，1992；Tilman，1994）。但这两个假设均不合乎情理，放宽其中任何一个条件都可以使物种在没有竞争—定殖的权衡下共存（Higgins et al.，2002）。在较为可行的模型中，种子传播为竞争力弱的植物在空间上提供了繁衍、生存的条件，尽管时间短暂，但这亦为竞争力弱的物种在被竞争力强的物种淘汰前创造了生存时机（Pacala et al.，1998）。

Cody（1966）的研究发现，"分配原则"（principle of allocation）有力地支撑了权衡机制普遍存在于不同生命活动之间的假说。资源可以通过养分、能量或时间的形式体现，每个有机体在其生命周期中可利用的资源都是有限的，生物体将这些资源分配给各种生命活动：机体维持、生长、防御及繁殖。但用于任何一项生命活动的资源往往会以牺牲其他生命活动为代价。因此，各生命活动之间存在一定的权衡机制，平衡各功能间的资源配置是自然选择下有机体生命活动相互妥协的最优解。虽然权衡最早源自动物，但该原则同样适用于植物，即植物也会进行资源的配置，以进行生长、竞争、防御和繁殖。例如，当植物长期受草食动物胁迫时，植物会以牺牲其他功能的资源为代价，并在物理或化学防御机制上优先分配资源。在高强度的竞争环境中，植物会将大量的资源优先分配给营养枝以供其进行空间层面的扩张，而非进行繁殖活动。具体可见 Lovett Doust（1989）和 Reekie（1999）对植物分配权衡的评述性文章。

繁殖分配的演化在很大程度上是由生境受干扰程度推动的。当生境受到强烈的干扰（如山体滑坡、洪水、火烧、动物掘洞、人类耕作等周期性、不可预测的事件）后，植物幼苗在新裸露的土壤中定殖，植物的死亡率与种植密度无明显关系，但植物在成年期死亡率最高。在此生境条件下，那些较早开始生殖活动、缩短生命周期等往往更有利于生物生存和延续，这即是说，繁殖速度慢的植物可能无法产出子代，且植物的适合度与种子数量高度相关。生命周期短和较早的性成熟与成年植物个体小存在着关联（Kozlowski et al.，1986）。在干扰较少的环境中，植物会形成封闭稳定的生物群落，个体较大的多年生植物往往更有利于生物生存，它们将资源更多地用于竞争。在这些植物中，大量的资源被用于营养生长与自卫，用于繁殖的资源相对较少。植物的死亡率在很大程度上依赖于植物密度，并集中在植物定殖早期阶段。植物生长初期的过多死亡，有利于帮助植物筛选出适合当地生长环境、能够多次繁殖且长寿的后代。这两种截然不同的植物类型代表了植物生态策略的两个极端，例如，基于 MacArthur 等（1967）的研究，Gadgil 等（1972）提出的 r 选择和 K 选择的植物分类方法。

因此，植物的生活史是其特定年龄死亡风险的最终体现，通常被分为两类：结一次果的（monocarpic）植物和多次结果的（polycarpic）植物。结一次果的植物，顾名思义指植物只能结果一次，而多次结果的植物可无限期地重复生产果实。结一次果的植物生命周期可以是一年（一年生植物）、两年（二年生植物）甚至多年（多年生一次结实植物）。一年生植物的生命周期通常只有几周，在某些情况下，一年可以有几代；两年生植物通常在第一年建立资源储备，第二年利用这些资源进行繁殖；多年生一次结实植物较少见，如簕竹属（Bambusa species）和龙舌兰属（Agave species）内的一些物种，这些物种通常具备非常高的生殖分配水平，拥有长期积累的资源储备。由于它们只有一次繁殖机会，植物会尽可能多地将资源分配给种子，以期望"大爆炸"式的繁殖事件（Gadgil et al.，1970；Janzen，1976）。基于同样的理由，多年生植物的年度资源分配预期较低，以避免危及将来的繁殖。研究人员对这两个种群进行的资源配置研究在很大程度上支持了上述预期。在对 40 种草本植物的对比研究中，Wilson 等（1989）发现，多数一年生植物分配给繁殖的资源量超过 50%，而对于如匍匐植物（stoloniferous）和根茎禾草（rhizomatous）这样的多年生植物来说，资源分配量会低很多，不超过 10%。然而，Willson（1983）也举出了反例，一年生、二年生和多年生植物均出现与上述不符的案例，因此，两类植物的区别还未明确。在对不同数量的同种植物关于繁殖资源分配差异的研究观察可知，植物在特定环境中用于繁殖的生物量权重是由基因决定的（Schmid et al.，1993；Lotz，1990；Reekie，1998；Sugiyama et al.，1998）。

初次繁殖的年龄是决定植物种群生长速度的重要因素。如果在繁殖时间上稍有延迟，种群数量会有不同程度上的减少（Lewontin，1965）。例如，一株植物将第一次繁殖时间推迟44%，从长远来看，它的生殖力需要提升3倍才能得到补偿。在许多植物中（就像多数动物一样），以高大一枝黄花 *Solidago altissima* 和加拿大一枝黄花 *S. canadensis*（Schmid et al., 1995；Schmid et al., 1993）为例，在进行繁殖活动之前必须满足一个先决条件，植物需要生长到一定体积才能繁殖，这主要是为了满足形成花结构的条件。Watson（1984）也强调了这些发展制约因素的重要性。其中，环境因素（如营养水平和竞争）也可能影响植物首次繁殖的年龄（Sugiyama et al., 1998），但产生的种子数量主要取决于植物外貌上的大小而非年龄（Schmid et al., 1993）。在某些情况下（如黄花月见草 *Oenothera erythrosepala*[①]），开花可能是由光周期信号诱导所致，在达到临界的最小叶面积（而非质量）之前，植物对这种光周期信号无法做出响应（Kachi et al., 1983）。

　　在自然种群中，植物因所处生境差异，致使其个体大小产生明显区别（如受植物相邻、所受光照、水分和养分等因素的影响），分配给繁殖的生物量也会因表型不同而不同，特别是与植株大小有关。Hara 等（1988）通过对日本16种一年生、2种二年生和14种多年生野生草本植物开花期和结实期的植物个体生物量与繁殖分配的关系研究发现，一年生和二年生植物在开花个体的大小上表现出巨大差异，尽管如此，繁殖分配在同物种内基本恒定。无论亲本的大小如何，植物用于开花的资源比例大致相同，因此繁殖成本不变。这与其他有关一年生植物研究结果一致（Fenner, 1986b；Kawano et al., 1983）。有趣的是，多年生植物个体质量的变异较小，并且随着个体大小的增加，繁殖分配明显减少。然而，有研究表明，上述现象并不是一年生和多年生植物的普适性差异，且均出现了例外情况。Sugiyama 等（1998）发现种子质量与营养枝质量之间存在对数回归关系。相反，4种毛茛属（*Ranunculus*）多年生植物被证明具有恒定的繁殖分配，与植株大小无关（Pickering, 1994），且未发现一年生和多年生植物在个体大小与繁殖间存在明显区别（Samson et al., 1986）。

　　在繁殖器官质量与整株质量关系的研究中，二者通常存在正向的线性关系（Thompson et al., 1991；Schmid et al., 1993；Pickering, 1994）。而 Aarssen 等（1992）也发现21种草本植物的繁殖力（单株种子数）与亲本植物质量大体呈线性关系。图1.1展示了（基于 Klinkhamer et al., 1992）

---

　　①　已修订为 *Oenothera glazioviana*——译者注。

繁殖器官质量与总植物质量之间的关系(a) 和相应的繁殖分配与植物质量的比例关系概括图（b）。这表现在两种植物上：一种存在繁殖阈值要求，另一种则没有。图 1.1 (a) 中 x 轴上的截距表示植物开始繁殖的植物质量。许多植物似乎没有繁殖的最小尺寸要求，因此无论大小，都显示出恒定的繁殖分配水平（Rees et al., 1989），其图像会穿过图 1.1（a）中的原点。在图 1.1（b）中，植物的繁殖分配用水平线表示，表明它是恒定不变的，与植物生物量无关。而从曲线中可以看出，植物开始繁殖的阈值质量极大地改变了繁殖分配与植物生物量的关系，即使在绝对繁殖质量和营养质量呈线性关系的情况下，繁殖分配与植物大小的关系也会变成一条凸曲线。在这种情况

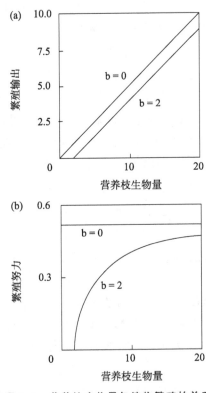

图 1.1　营养枝生物量与植物繁殖的关系

［(a) 两种植物的营养枝生物量和繁殖输出（任意绝对单位）之间的理论线性关系，一种植物存在繁殖阈值，另一种植物无繁殖阈值。(b) 两种植物营养枝生物量和繁殖努力之间的对应关系。对于无繁殖阈值大小的植物，繁殖比例分配是恒定的，对于存在阈值的情况下，比例分配呈现明显的曲线。本图基于 Klinkhamer 等（1992）设计的模型绘制。］

下，繁殖分配最初随植物大小的增加而快速增加，但随着曲线接近渐近线，增长率稳步下降，在渐近线处，繁殖分配最终变为常数，与植物个体大小无关。

1.3 种子产量的变异性

多年生植物繁殖策略的一个重要组成部分，即植物一旦达到繁殖所需的最小年龄或大小，其种子产出就会呈现规律性。一些地处湿润（热带非季节气候）的木本植物，或多或少会连续地开花结果，且年际变化相对较小。研究发现，一些无花果树（榕属，*Ficus*）会持续开花结果，与它们所依赖授粉的榕小蜂形成的专性互惠关系相关（Lambert et al., 1991；Milton, 1991）。然而，在温带和热带气候环境中，植物产出的种子大小存在较大的年际差异。例如，在某些情况下，植物每隔几年就会产出大量的种子，而这期间，种子产量则很少有或几乎没有。这时，种群中的所有个体都倾向于同步繁殖，以期种子在同一时段内大量产出。这种变异性不仅是外部资源供应变化导致的结果，也是该物种固有的繁殖特征，即所谓大年结实（masting）现象。这种现象存在于种类众多的长寿物种中，特别是一些针叶树种（Norton et al., 1988）、温带阔叶树种（Hilton et al., 1986；Allen et al., 1990）及一些热带植物如龙脑香科的物种（Ashton et al., 1988）。虽然这种现象常见于树木，但此绝非木本植物独有。在非木本植物中，最具代表性的当属新西兰的白穗茅属（*Chionochloa*）。Kelly等（2000）通过对11个物种的种子研究认为：种子产量年际差异大，且存在明显的种内和种间同步性。

大年结实的种子传播范围可达数千千米（Koenig et al., 1998）。在一些植物群落中，可能仅有一两个物种受到大年结实的影响；而绝大多数物种会在特定的年份一齐开花，同时繁殖（产生种子）。Shibata等（2002）描述了日本中部温带落叶林中的一个群落。图1.2显示，虽然每个物种的繁殖物候各异，但整体呈现出一个明显趋势，即特定年份（如1995年）总体上利于大多数物种繁殖，而其他年份（如1989年）则相反。在东南亚的一些地势低洼的龙脑香科果林中存在同时繁殖的极端情况，即每隔几年就会出现大规模开花结果现象（Appanah, 1985）。Sakai等（1999）在砂拉越（Sarawak，马来西亚的一个州）森林发现正在繁殖的305个物种（56个科）中，35%的物种在大规模开花事件中进行了开花。在温暖气候条件下大年结实出现的频率高于普遍预期。在对北半球树种的大量调查中，Koenig et al.（2000）得出，从70°N至30°N，大量结实出现的频率逐渐递增。

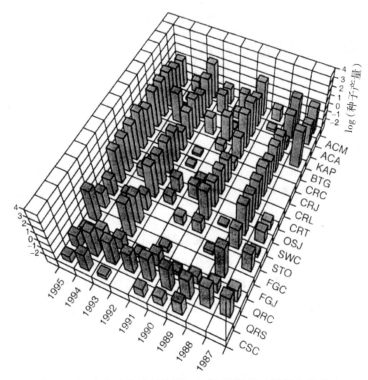

图1.2 日本小川森林保护区16个树种种子产量的年际动态

[ACM，五角枫（*Acer mono*，已修订为 *Acer pictum*）；ACA，富宁槭（*A. amoenum*，已修订为 *Acer paihengii*）；KAP，刺楸（*Kalopanax pictus*，已修订为 *Kalopanax septemlobus*）；BTG，樱桃桦（*Betula grossa*）；CRC，千金榆（*Carpinus cordata*）；CRJ，*C. japonica*；CRL，疏花鹅耳枥（*C. laxiflora*）；CRT，昌化鹅耳枥（*C. tschonoskii*）；OSJ，铁木（*Ostrya japonica*）；SWC，灯台树（*Swida controversa*，已修订为 *Cornus controversa*）；STO，*Styrax obassia*；FGC，圆齿水青冈（*Fagus crenata*）；FGJ，日本水青冈（*F. japonica*）；QRC，蒙古栎（*Quercus crispula*，已修订为 *Quercus mongolica*）；QRS，*Q. serrata*；CSC，日本栗（*Castanea crenata*）。引自Shibata et al.（2002）。]

由于不同物种的种子生产模式各异，因此通过不规律程度来定义"大年结实"实属武断。例如，种子大小大致相等的一年生植物里，也存在种子大小各异且无规律产种植物。Silvertown（1980）、Kelly（1994）和 Herrera

等（1998）使用变异系数（标准差/平均值）来衡量一年生植物种子产量的变异性程度，方便起见，大年结实可以根据此系数任意定义，临界水平设置为 1.0 或更高。变异系数的值在很大程度上取决于研究涵盖的年数，因此也需要为此设定一个任意最小值。通过 26 年的研究发现，新西兰物种 *Chionochloa crassiuscula* 种子的最高生产变异系数为 3.02（Kelly et al.，2000）。

植物不能每年生产种子似乎错失了繁殖机会，但实际上，植物不规律生产种子的现象非常普遍，因此在丰收和连年不景气的年份交替产种，是寻找演化优势的合理途径。Kelly（1994）曾阐明过大量结实的潜在好处。在目前已经提出的诸多理论中，以下几点最为适用（且不相互排斥）：

• 种子捕食者饱和效应（Seed predator satiation）。由于种子捕食者在种子产量歉年数量锐减，因此在种子产量丰年除了部分种子供给种子捕食者外，还会剩余大量种子以便植物种群繁殖更新。例如，在种子产量少的年份，几乎所有的欧洲水青冈（*Fagus sylvatica*）的种子都可能被捕食，植物的更新主要在大年结实年份进行（Jensen，1985）。在对北美树种的调查中，Silvertown（1980）发现在种子结实这一行为中，最容易被种子捕食者掠夺的种子显现出很强的大年结实特性。有关大年结实方面的进一步讨论，详见第 7.1 节。

• 授粉效率（Pollination efficiency）。在植物大规模开花的年份（丰年），成功授粉的胚珠比例通常较高，所以无授粉种子较少。大规模的开花会使花粉和柱头密度较高，实现规模效应和更高的授粉效率（Norton et al.，1988）。据了解，在丰产年中，植物结实产种的比例较高，如花旗松 *Pseudotsuga menziesii*（ReuKema，1982）、欧洲水青冈 *Fagus sylvatica*（Nilsson et al.，1987）、*Nothofagus solandri*（Allen et al.，1990）和新西兰陆均松 *Dacrydium cupressinum*（Nortton et al.，1988）。花密集程度更高，成功授粉的概率也更大，这在一定程度上体现了 Allee 效应（见延伸阅读 2.1）。

• 资源匹配（Resource matching）。种子大小反映了植物对每年可用资源（如降雨量、日照时数、养分）的最优利用。例如，Tapper（1996）发现，欧梣（*Fraxinus excelsior*）的种子产量大小取决于前一年的出叶日期，早春会带来第二年的丰收。这表明，由于植物开始生长时间提前，可用资源时间跨度拉长，为大量种子的形成提供了所需的额外资源。Houle（1999）将这些"近端"原因（由于天气）导致大年结实与"最终"结果对比得出，大年结实是植物进化策略的体现。

• 对利定植的预测 (Prediction of favourable conditions for establishment)。在某些情况下，大年结实是响应植物收到了当地条件适合繁殖的信号。例如，一些地下芽植物 (geophyte) 在经历火灾后会受其刺激，开花和结籽。以此类推，它们使用诱导物 (对南非的曲管花属植物 *Cyrtanthus ventricosus* 来说是烟，Keeleey，1993) 来预测种子生产的有利条件。在马来西亚，雨林树冠稀疏经常发生在干旱时节，这种干旱与厄尔尼诺南方振荡天气系统存在关联。与干旱事件有关的植物大规模开花现象可能是植物充分利用有益条件的演化体现 (Williamson et al.，2002)。

此外，大年结实还需承受来自附属结构高代价、大种子、动物授粉和传播的选择压力 [所有这些都由 Kelly (1994) 列出]。许多支持以上内容的论点可以被视为 Norton 等 (1988) 规模效应思想的变体。据估计，大年结实是植物对气候条件的年际变化做出的相关响应，自然选择有利于与大多数反应同步的植株个体 (Silvertown，1980；Waler，1993)。大年结实最初仅仅是为了更好地进行资源匹配，但现在已经演变成一种独特的繁殖策略，有些物种甚至形成了固有的年度种子生产周期，且部分产种独立于外部环境条件。尽管植物的固有节律会受天气条件的影响，但时间序列分析揭示了 3 个栎属 (*Quercus*) 植物种子产量与年份之间的自相关性 (Sork et al.，1993)。

单个物种、种群或群落的同步繁殖意味着要对共同的外部诱因同时响应，外部诱因或信号 (非资源) 可以是特定的气象事件或事件集合。为了对植物有利，同步繁殖时间应该为大于一年 (但间隔不能太长)，且发生时间难以预测。这种不可预测性使得捕食者难以分辨何时会有大量果实出现 (例如，日照时长显然不适于此目的，因为它基本恒定，呈年际规律)。在实践中，我们可以在种子发育期内通过探索种子产量大小与气象条件的相关性来找到诱导物。其中，与大年结实有关的最常见的环境条件是花期的异常温度。高温诱导或增加了芬兰的欧洲赤松 *Pinus sylvestris* (Leikola et al.，1982)、新西兰南部的 *Nothofagus solandri* (Allen et al.，1990) 和白穗茅属植物 (*Chionochloa* species) 的繁殖 (McKone et al.，1998；Schauber et al.，2002)；低温使得新墨西哥的科罗拉多果松 *Pinus edulis* (Forcella，1981) 和新西兰陆均松 *Dacrydium cupressinum* (Norton et al.，1988) 种子萌发。Ashton 等 (1988) 通过分析东南亚非季节性热带雨林的气象记录发现，龙脑香科 (Dipterocarpaceae) 和其他物种的大规模开花与夜间最低温度有关 (通常下降 2 ℃ 或更多，持续 3 天或以上)。

此外，植物大年结实对诱因的响应通常也会受到其他因素的影响。如果前一年是丰收年，那么在各方面有利的一年可能不会产生此现象。多数大年结实的物种似乎需要一段恢复期来重构其资源（Leikola et al.，1982；Allen et al.，1990；Selås，2000）。即使在潜在的丰年，花也可能被晚霜损坏，严重减少种子产量（Matthews，1955）。事实上，各个因素会汇集在一起，对种子产生多重影响。Leikola 等（1982）推导出一个用于预测樟子松种子产量大小的函数，其中包括温度、云量和降雨量，其中所有因素都在种子发育的特定时间进行。

温度是影响植物大年结实最重要的单一因素。平均气温每升高 2 ℃，高温诱发的物种繁殖将更加频繁，从而对植物营养生长造成不利影响；相反，对低温做出响应的物种将结实不那么频繁，从而对种子生产产生阻碍。种子的改变也会影响种子捕食者（Fenner，1991b）。例如，白穗茅属（*Chionochloa*）物种（对高温做出响应）将减少其开花和种子产量的年际变化，这可能导致捕食者数量增加，从而破坏种子植物（McKone et al.，1998）。许多物种对繁殖时期温度的响应（通过其对植物繁殖力的影响），突显了全球植物群落对全球变暖的潜在敏感性（见第 6.5 节）。

1.4 繁殖代价

资源分配的权衡暗示，植物繁殖的特定阶段会付出相应的代价，主要体现在以下 3 个方面：亲本营养生长减少、自身未来繁殖能力降低及自身生存概率降低。有性繁殖和营养生长之间的权衡也体现着生长减慢这一代价。例如，Wilson 等（1989）通过对禾草繁殖分配的研究发现，丛生植物（一年生和多年生）在繁殖和营养生长之间的分配存在明显的权衡（图 1.3），在同一季节，北美桃儿七（*Podophyllum peltatum*）的繁殖会使其根茎生长量减少（Sohn 等，1977）。在某些情况下，繁殖给植物生长带来的影响会在次年显现，例如，*Aspasia principissa* 中的植株个体在特定年份产种后，与未产种植株相比，其枝条数平均值更小（Zimmerman et al.，1989）；对树木来说，产种后对其生长的影响主要体现在年轮宽度变窄，球果产量与年轮直径呈负相关，例如，花旗松 *Pseudotsuga menziesii*（Eis et al.，1965；El-Kosaby et al.，1992）和西黄松 *Pinus ponderosa*（Linhart et al.，1985）。

通常来说，质量更大的种子会对植物后期的生长产生更深远的影响。1967年，在加拿大安大略省，*Betula allegheniensis* 和纸桦（*B. papyrifera*）的种子产量过高，导致其叶片矮小、芽发育迟缓、枝条枯萎、树木的高度与树干的直径生长减缓（Gross，1972；图 1.4）。此外，结实本身也会影响到后续年份果实产量，如蓝莓（*Vaccinium myrtillus*）的产量与前 3 年的平均产量呈负相关（Selås，2000）。

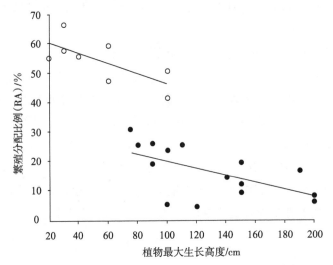

图 1.3　植物最大生长高度与繁殖分配比例（RA）的关系

［8 种一年生禾草（○）和 15 种多年生丛生禾草（●）；两个回归方程均具备统计学意义（$P<0.05$）。高度数据来自 Hubbard（1968）。本图引自 Wilson 等（1989）。］

由于生产种子（果实）所需的资源均由母体植株供给，故其主要的繁殖代价也落在母体植株身上，这在雌雄异株的植物中体现得最为突出。在这些物种中，有性繁殖的代价可以在雄性个体和雌性个体中进行比较，无一例外，雌株既开花又结果的代价比雄株只开花所付出的繁殖代价要高得多。通过对多花蓝果树（*Nyssa sylvatica*，雌雄异株）的研究发现，雌株在繁殖上分配的资源比雄株高出 1.36～10.8 倍（Cipollini et al.，1991）；在澳大利亚 *Myristica insipida* 植株中，雌株繁殖上消耗的能量是雄株的 4.2 倍（Armstrong et al.，1989）；对冬青树雌雄两性的年轮比较中发现，雌株的年轮生长速率仅为雄株的 2/3（Obeso，1997）。

植物未来的产种能力［Pianka 等（1975）称其为"剩余繁殖价值"（residual reproductive value）］会因当前的繁殖而被削弱。植物当前的和未来的生育能力之间的权衡已得到广泛证明。Ågren 等（1994）通过去除特定林地老鹳草（*Geranium sylvaticum*）柱头试验发现，与没有去除柱头的植株相比，去除柱头处理增加了银叶老鹳草次年开花的可能性；同理，对美国山胡椒（*Lindera benzoin*）的果实进行人工疏果处理后，下一季果实产量显著增加（Cipollini et al.，1994）。当然，也有学者进行反向试验，刺激某些植株个体来增加果实产量。Primack 等（1998）就通过此方法，对无茎杓兰（*Cypripedium acaule*）进行了为期 11 年的种群数量研究，发现人工授粉的花坐果率增加了 5 倍，但这些植物随后产生花的数量比自然授粉的少，此外，延迟繁殖的代价（以开花和结果减少的形式呈现）已经在个别枝条上表现出来（Newell，1991）。

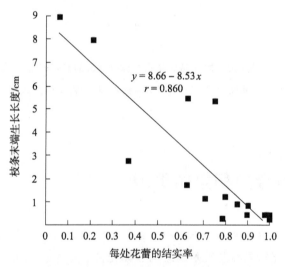

图 1.4　木本植物减少营养生长的繁殖代价

［纸桦产果量与枝条末端生长呈负相关关系。引自 Gross（1972）。］

最为沉重的繁殖代价莫过于亲本的死亡。对于结一次果的植物来说，这可能就是它们生活史的正常模式。不过，对于一些多年生植物来说亦是如此。繁殖可能会造成亲本植株资源的枯竭，进而缩短它们的预期寿命。例如，通过对墨西哥星棕（*Astrocaryum mexicanum*）种群调查统计发现，树木在某一年的繁殖力和其 15 年后存活的概率间呈明显的负相关（Piñero et al.，1982；图 1.5）；在雌雄异株的海椰子（*Lodoicea maldivica*）中，雌株的生命周期远低于雄性，据推测，这可能是其繁殖成本过高所致（Savage et al.，1983）。类似地，墨西哥玲珑椰（*Chamaedorea tepejilote*）的繁殖力与存活率也呈负相关（Oyama et al.，1988）。自然选择会以有利于植物结实适合度最大化的原则来引导植株的结实规模，任何一年的资源分配都体现了繁殖和维持自身生长的最优协调，以保持有利的剩余繁殖价值。

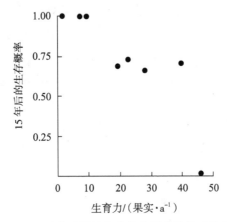

图 1.5 减少后期植物个体存活率的繁殖代价

［热带植物墨西哥星棕果实产量与 15 年后存活率呈负相关关系。引自 Piñero 等（1982）。］

1.5   繁殖分配和繁殖努力

繁殖分配指植物全部资源中用于繁殖结构的比例。一般来说，繁殖分配是通过植物分配给果实及其附属结构（如花梗、苞片和萼片）的生物量比例来衡量。对于一年生植物（和结一次果的植物）来说，在植物"凋谢结籽"时，通过测量繁殖结构的干重占整株植物干重的比例，可以较准确地估测出繁殖分配。如果种穗完好无损（如麦穗），繁殖分配则可较易测出，但测量的时机对于确保分配完成至关重要。但如果种子或果实的脱落会持续一段时间，如欧洲千里光 *Senecio vulgaris*（Fenner，1986a），则必须待所有种子或果实成熟脱落后收集并称重，进而确定其繁殖分配。尽管有些结构存在时间较短，但繁殖结构还应包括所有与开花有关的部分，如花蜜和花粉；此外，还应包括花结构，如翼瓣和雄蕊，然而这些结构经常会被人们所忽略。这种遗漏会导致对繁殖分配的严重低估。例如，在紫花苜蓿（*Medicago Sativa*）中，分配给花蜜的能量几乎是种子的两倍（Southwick，1984）。

Ashman（1994）认为，测量繁殖投资的动态值比常见的静态值更具研究意义，动态测量不仅涉及了最初的养分投资，也将从花结构（花萼、花冠、未授粉的子房）中吸收用于再分配至果实和种子中的养分纳入研究范畴。与静态值相比，动态测量俄勒冈西达葵（*Sidalcea oregana*）的繁殖投资估算值更符合其繁殖表现，可以说，动态值更能准确地反映亲本植物真实的繁殖成本（Ashman，1994）。

测量繁殖分配的过程困难重重。对部分植物而言，哪些结构（或器官）用于植物的繁殖目前还无清晰的界定。例如，植物的花序形态多种多样，果实通常生长于多分枝的花序上，但花序的部分功能却用于营养生长，因此需要仔细甄别，逐一判定。Thompson 等（1981）提倡，不属于营养生长的任何结构都应该包含在繁殖结构中，从逻辑上讲，根系理应包括在植物营养生长的结构中（Bostock et al.，1979），但许多研究出于实际情况将其排除在外（Fenner，1986a；Aarrssen et al.，1992）。

在确定多年生植物一生的繁殖分配时，特别是对于乔木和灌木等长寿植物，存在着严重的逻辑问题。就橡树而言，要计算其估计值，需要将橡子年产量及其相关结构、花粉、部分脱落的花、枝叶、根及树干的积累量都包含在内，一个完整的统计值还要将上述所有器官的光合作用和呼吸作用包括在内。因此，人们对多年生植物（特别是木本植物）如何进行繁殖分配知之甚少。通常每年进行一次测量，并通过外推法（extrapolations）来估计分配值。Sarukhán（1980）计算出墨西哥星棕将年生产量的 37% 分配于繁殖，但如果算上整个生命周期，这一数字大约是 32%。许多林木的种子产量不规律，因此有必要进行长期的年度测量研究。

Bazzaz 等（2000）明确区分了繁殖分配（reproductive allocation，RA）和繁殖努力（reproductive effort，RE）的概念。后者代表从营养活动中转移的资源比例。乍一看，RA 和 RE 并无差异，但 Bazzaz 等明确表示，诸多因素表明，二者存在区别。分配原则假定有机体可用的资源是有限的，用于繁殖的资源是从其他功能转移而来。但对于许多植物来说，在繁殖过程中，可用资源存在增加的可能性，并以此降低亲本植物的繁殖"代价"。例如，大多数果实及其附属结构在果实发育的早期阶段进行光合作用，有助于果实的生产（至少有助于碳水化合物的产出），但具体贡献权重因物种而各异。Biscoe 等（1975）发现，在大麦中，旗叶和穗本身的光合作用对最终粒重的贡献率为 47%。Galen 等（1993）的研究表明，毛茛属植物（*Ranunculus*）

遮阴的果序比未遮阴的小 16%～18%，这是瘦果对其自身产量的净贡献。Bazzaz 等（1979）通过对 15 种温带落叶树种的调查发现，繁殖组织（或器官）贡献了花和果实的资源需求的 2.3%～64.5%。

在一些植物中，繁殖活动伴随着单位叶面积速率的增加，这可能由果实发育引起的库强度（sink strength）增加所致。此外，处于繁殖期植物的光合速率亦会加快，例如，偃麦草 *Agropyron repens*[①]（Reekie et al.，1987）、叉枝蝇子草 *Silene latifolia*（Laporte et al.，1996）和桃（*Amygdalus persica*）[②]（De Jong，1986）均出现了上述现象。这增加了繁殖过程中的可用资源，有效降低了亲本的繁殖代价。例如，Thorén 等（1996）对 3 个捕虫堇属（*Pinguicula*）生殖和非生殖个体进行了研究，发现繁殖活动存在某种补偿机制，即通过更有效地获取资源来一定程度地抵消繁殖代价，Reekie 等（1987）对处于繁殖阶段的偃麦草分析发现，植物的营养成分呈现总体增加的趋势，暗示了亲本植物的繁殖成本为负（或正收益）。然而，繁殖过程中光合能力的提高可能并不普遍，并且可能部分取决于环境条件。Saulnier 等（1995）发现，只有在养分利用率高的情况下，老龄月见草（*Oenothera biennis*）的比率才会增加。

繁殖活动增强了植物吸收资源的效率（至少在许多一年生和二年生植物中可行），该机制源自植物抽薹（茎迅速伸长，植株变高）所引起冠层结构变化，这样可以使植物生殖枝叶片高于植被的总体水平，减少了自身遮蔽，增加了碳的获取。通过增加比叶面积，上述现象将会进一步增强［如在月见草属（Reekie et al.，1991）］。处于繁殖阶段的植物通过这些形态变化可有效增加资源捕获能力，至少可以再次抵消亲本的部分繁殖代价。

衡量资源分配的最佳指标是什么？繁殖分配通常采用繁殖结构生物量的百分比来表示（无论是广义还是狭义）。从本质上讲，这是一种基于碳或能量的测量，通过将相应的换算系数应用于生物量值，可以较容易地将其转换为适当的单位。最初设计的分配原则设想将有限的资源下放给不同的植物功能，每个功能的实现均以牺牲另一个功能为代价。然而，正如我们所见，在植物繁殖过程中，碳并不是一种固定的资源，而最符合这一要求的应为矿物质。Thompson 等（1981）建议，矿物质可作为最合适的衡量指标，因为植

---

① 已修订为 *Elytrigia repens*——译者注。

② 已修订为 *Prunus persica*——译者注。

物的繁殖结构无法为其自身的供应做出贡献（与碳相反）。然而，使用矿物质作为衡量指标有一个重要前提，即元素只在植物体内重新分配，并且在繁殖过程中从生境吸收的任何养分忽略不计。

植物分配给繁殖活动的元素比例因矿物质的不同而不同。例如，生长在全营养液里的欧洲千里光将 12.4% 的生物量分配给种子，但钾、氮和磷的分配占比分别为 4%、21.1% 和 37.6%（Fenner，1986a）。在低养分条件下生长时，占比分别为 5%、32.3% 和 51.8%。因此，养分胁迫下的植物将较高比例的矿物质分配给种子，从而在很大程度上缓解了亲本养分供应差异对种子的影响。对于能够适应低养分环境的植物来说，相比其他器官，种子中矿物质含量极高。例如，生长在澳大利亚西南部营养极度匮乏的虎克佛塔树（*Banksia hookeriana*），分配给种子的生物量仅为亲本的 0.5%，但总氮和磷的分配量分别为 24% 和 48%（Witkowski et al.，1996）。

在植物生长所需的基本元素中，筛选出一种特定的元素用以表示繁殖分配量将会提供极大的便利。选取对象应该是对繁殖贡献量最高的元素。通常是磷或氮。不过，不同的物种之间会存在差异（Van Andel et al.，1977；Benzing et al.，1979；Abrahamson et al.，1982）。Abrahamson 等（1982）发现，毛蕊花（*Verbascum thapsus*）将大部分铜分配给花序，增加了繁殖活动受微量元素限制的可能性。要想通过矿物质来量化资源分配，应对植物所含元素进行检测，确定出对繁殖贡献量最高的元素。

1.6 种子大小和种子数量

最优种子大小

植物将相对固定比例的资源分配给种子，因此，种子大小与种子数量之间必然存在权衡机制（Shipley et al.，1992）。优化模型结果（如 Smith et al.，1974）显示，种子的适合度是亲本对该种子资源投入的递增函数，即种子越大越好。该曲线在种子质量的某个最小值处离开 x 轴，并且假设种子个体适合度存在阈值，即曲线呈凸形（图 1.6）。最佳种子大小是指单位投资回报最大化的种子大小。低于最佳值，较小的种子质量增量会带来较大适合度作为回馈；而高于最佳值时，种子质量进一步增加带来的适合度回报会越来越小。因此，对于给定的环境，存在单个种子最优大小。我们稍后考虑这一结论是否有相关证据支撑，在这之前，我们先讨论优化模型的推测，即种子越大越好。

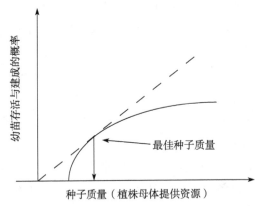

图 1.6　有限的植株母体资源在种子间的最优分配

［种子的最优分配质量位于斜线与曲线的相交处。在该点，如果要将资源进行种子间的转移，那么大种子的适合度增益将小于小种子的适合度损失，因此，母株应该致力于产生最优尺寸的种子。基于 Smith 等（1974），引自 Leishman 等（2000b）。］

种子大小与环境

自然选择最大限度地增加了植物后代的数量，这样看来，自然选择似乎会更倾向于数量。然而，如果较大的种子（幼苗个体也同样较大）能够更好地克服特定的环境危害，那么其存活的可能性就会超过个体较小的种子。针对此类问题最常用的方法是沿自然梯度（natural gradients，如荫蔽或干旱）观察种子大小。Salisbury（1942）的研究发现，从开阔栖息地到林地，种子平均大小随光照强度的递减而递增，其他植物区系也显示出大致相同的模式（Foster et al.，1985；Mazer，1989），这样一来，种子大小与干旱间的联系也就没有那么有力了。Baker（1972）对加州植物区系的研究通常被引证，用以支持个体较大的种子会生长在干旱生境中，但如 Westoby 等（1992）所述，这种模式几乎完全是受个体非常小的湿地植物种子所驱动。对此类自然梯度的研究主要受到两个方面的评论，首先，在布满成年植物的地域，我们对幼苗生长的需求知之甚少；耐荫植物可能只在光线充足的林隙中生长，而在干旱生境的植物只有在雨季才能生长。其次，相关证据忽视了系统发育的作用。例如，Kelly 等（1993）认为，如果从 Foster 等（1985）的数据中剔除系统发育，而只比较谱系（科或目）内的分类，那么就不再排除遮阴和种子大小之间无显著关联的可能性。当然，事实上，相关证据不能将系统发育惯性（phylogenetic inertia）与当前选择维持的相关性进行区分，即独立于系统发育分析种子大小和生境间的关系可能是一个误区。有关这个主题的更多信息，请参见 Mazer（1990）和 Westoby 等（1996）的讨论。

　　人们对自然生境的相关证据是否有意义存在争议，然而在过去十年中，控制试验条件下不同水平胁迫的研究迅速增加。通过对这些新数据的总结（Westoby et al.，1996）证实，较大种子的幼苗在应对遮阴、落叶、矿质营养缺乏、干旱和植被竞争方面表现得更好。某些实验研究已经通过针对性的设计，允许对谱系独立比较法（phylogenetically independent contrasts，PIC）进行分析，以增进理解。例如，Armstrong 等（1993）发现，大部分子叶面积丧失后的生活能力与属至科内的植物种子大小有关，而非科至目。相反，在所有分类水平下，植物浓荫下的存活与大种子有关（Saverimuttu et al.，1996a）。

　　还有待证实的是，为什么种粒大的种子在面对如此众多的潜在危险中仍可以获益？一个可行的假说认为，种粒大的种子具有更大比例的资源储备，能够在需要时及时抽调资源（Leishman et al.，2000b）。例如，食草性动物的侵袭或过度荫蔽导致碳资源大量缺乏，则该假说也可以成立。但如果缺乏的资源是水（不能由种子存储）或养分（仅占很小的体积），则很难看到大种子的明显优势。该问题的部分答案是植物通过改变种子大小，而非矿物质营养浓度来调控可用的矿物质养分储备。Lee 等（1989）发现，尽管所属生境的土壤肥力差异较大，12 种白穗茅属种子的化学成分却非常相似，但种子质量与土壤肥力呈负相关。Milberg 等（1997）在对澳大利亚四类营养匮乏的土壤研究发现，大种子物种的种子含有非常高的养分储备，在幼苗生长至 12 周后，这些养分是其主要营养来源。相比之下，小种子物种更依赖于从土壤中摄取养分。然而，因为在养分极度缺乏的土壤上更常见的是小种子物种（如许多杜鹃花科和兰科），所以种子大小和矿物质养分缺乏之间或许存在普遍联系。不过，这种关系可能被幼苗早期接种的菌根所掩盖。另外，种子大小和耐荫性之间的关系非常牢固（Thompson et al.，1998；Hodkinson et al.，1998）。在白垩世早期到第三纪末期观察到的林荫的改变也为北半球温带植物区系平均种子质量的变化提供了合理的解释。

不同植物区系种子大小的变异

正如上文所述，简单的优化模型认为每种环境都存在单粒种子的最佳大小。然而，通过对当地 5 个差异较大的植物区系的种子大小进行查验得知，每个植物区系的种子质量差异至少跨越 5 个数量级，仅有 4% 的差异由区系间的差异引起（Leishman et al.，1995；图 1.7）。总之，植物高度、生长形式和传播方式约占种子变异原因的 50% 或更少，其他的影响因素尚且不明。如果种子大小在很大程度上是对物理环境的响应，那么很难看出①Smith-Fretwell 曲线（图 1.6）如何有足量的变化来解释观察到的种子大小区间，以及②为什么差异甚远的植物区系具有非常相似的种子大小区间。

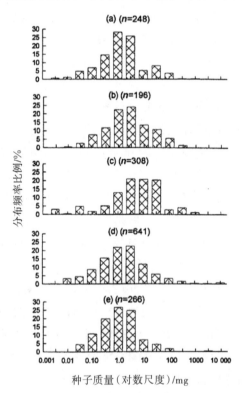

图 1.7　5 个植物区系种子质量的分布频率

［种子质量被分为半对数级。(a) 新南威尔士西部；(b) 澳大利亚中部；(c) 悉尼；(d) 印第安纳沙丘；(e) 谢菲尔德。引自 Leishman 等（1995）。］

为了解释这一难题，一些学者转向关注幼苗对安全生境的争夺（Geritz，1995；Rees et al.，1997）。试想，草原上的幼苗只能在群落间隙中定殖，为了简化逻辑，我们假设空隙足够大，且只允许一棵幼苗定殖，较大的幼苗（来自较大的种子）总在竞争中获胜，那么特定种子大小的植物种群总可被种子较大或较小的种群入侵。根据上述假设，较大种子的植物获胜，而较小的种子会产生更多的种子，以填补其他空隙。这种博弈论方法预测了种子大小的范围，其下限由 Smith-Fretwell 优化模型所设，上限由种子自身而定，尽管大种子植物总是获胜，不过因其基数较小，它们无法维持种群繁衍。这样的想法极具吸引力，不过，这是基于两个非常关键但还未经证实的假设。首先，种子间的竞争是不对称的，如果一方常胜，那么这个模型就不再适用；其次，群落中物种的组成依赖于幼苗的竞争结果。对于一些种群来说这样的情况可能存在，但来自永久性草原的证据表明，事实并非如此（Crawley et al., 1999）。另一种观点认为，种子萌发时间的差异、是否持久种子库或有效的传播机制的确可使"Smith-Fretwell 函数具有足够的多样性"（Westoby et al., 1996），并可解释观察到的种子大小的分布。尽管相关证据还有待补充，但已能表明，在撂荒草地，幼苗建成机会的异质性在几公顷的规模上很容易解释种子大小两个数量级的差异（Gross et al., 1982；Thompson et al., 1996）。值得注意的是，一些生境可能提供了令人惊讶的幼苗建成的机会，适宜大小各异的种子定殖。在智利的热带雨林中，大种子物种主要定殖在布满凋落物的森林地面上，而小种子物种则在高处、无凋落物的地方进行繁衍（Lusk, 1995；Lusk et al., 2003）。大种子在质量上是小种子质量的 3~4 个数量级。

种子大小——适应或制约？

解读种子大小变化的生态意义因另外两种因素的加入而变得更加复杂。首先，种子大小与其他重要的生态性状间存在着普遍的相关性。Seiwa 等（1991）对日本 31 个树种进行了研究，研究范围从日本栗 *Castanea crenata*（种子质量 10 900 mg）到 *Salix hultenii*（0.16 mg）。从典型的封闭冠层林地的大种子物种到开放生境的小种子物种，种子质量的变化呈现出连续的演替序列。Seiwa 等将所有 31 种植物种植在花园中的全日照和遮阴处，证明了种子质量与出叶时间存在非常密切的联系。例如，早春时期，大种子物种快速完成了枝条伸长和叶片生长，因其生长主要依赖于种子的储备，所以不受遮光的影响。小种子物种在很长一段时间内持续产叶，且长出第一片叶所需的时间较长，这是因为幼苗生长依赖于当前的光合作用，所以遮阴大幅减缓了生长速度。叶片寿命与种子质量呈极显著正相关。这些差异的作用是让大种子物种的幼苗在林冠郁闭前后都能够充分利用光照。在荫蔽生境中，长寿叶片早期的快速生长依赖于大种子储备，这暗示了种子大小和储备库的重要性。Seiwa 等（1991）的数据还表明，相对生长率和种子质量之间呈负相关（Westoby et al.，1996）；在整个植物生长季节，只有在全日照的环境下，小种子物种才可以达到与大种子物种相近的高度。

值得注意的是，上述关于种子质量和生境的整个讨论都是从适应性的角度出发的，即我们做出了一个默认的假设：种子质量是由稳定选择（stabilizing selection），保留靠近种群性状平均值的那些个体，而淘汰偏离性状平均值的极端个体的选择方式所掌控，而稳定选择则受当前物种所处生境所驱动。然而，显著的表型可塑性和种子质量的低遗传性表明这一观点可能存在偏差（Silvertown，1989）。受控于胚胎学的基本原理（Hodgson et al.，1986），以及与其他器官的异速生长关系（Primack，1987；Thompson et al.，1989），植物在种子质量方面可能不会存在较大的演化空间。因此，种子大小是制约植物分布的一个特征，而非由当前环境塑造。

最后，种子大小还会呈现出一些仍难以解释的现象。每向赤道移动 23 度，平均种子质量就会增加 10 倍，且这一趋势似乎与生长形式、净初级生产力、种子捕食和种子生产无关（Moles et al.，2003）。

1.7 种子大小的表型变异

尽管种子大小是植物诸多性状中变化差异最小的指标（Marshall et al.，1986），但种子确实会为了适应其生长环境而呈现出不同程度的表型可塑性（Fenner，1992）。例如，全缘佛塔树（*Banksia marginata*）的种子间的质量差异可以相差 5 倍（Vaughton et al.，1998）。种子大小的差异可体现在种群、个体植株、花序，甚至个体果实等组织水平上。锥序山蚂蟥（*Desmodium paniculatum*）种群内的种子大小差异达到 4 倍，个体间的大小差异也能达到 2 倍（Wulff，1986）。这种单粒种子变异性在许多研究中都未曾提及，它们往往将关注点置于平均种子重量。

曾有试验对生长在不同地点但基因相似的植物种子大小进行了比较，结果表明，至少相同物种内的种子大小差异是表型可塑的。在美国佛罗里达州和俄克拉荷马州同时生长的品种 *Vigna Unguulata*，其生产的平均种子质量（分别为 133 mg 和 165 mg）存在显著差异（Khan et al.，1985）；生长在华盛顿州不同地区的 *Taeniatherum asperum* 所生产的种子平均质量也存在差异（在温暖、干燥的胡珀县为 4.6 mg，在凉爽、潮湿的普尔曼县为 5.4 mg，Nelson et al.，1970）。同一地点，不同季节（Cavers et al.，1984；Stamp，1990；Kang et al.，1991；Kane et al.，1992）、不同年份（Gray et al.，1983；McGraw et al.，1986；Egli et al.，1987）所产种子质量也尽不同。

位置、季节和年度对种子的影响被认为是环境差异引发的结果。目前，已进行大量试验来测试特定环境对种子大小的影响，一般说来，温度越高，种子越小，如高粱（Kinry et al.，1988）和小麦（Wardlaw et al.，1989）。种子之所以会减小，是因为在较高温度下，种子成熟的速率大于种子灌浆的速率；在温度较低时，种子成熟速率降低，较长的灌浆期提高了同化作用总量。然而，在特定情况下，较高温度下种子重量的损失是由种皮质量的减少引起，而非胚/胚乳，如长叶车前 *Plantago lanceolata*（Lacey et al.，1997）。亲本植物的营养水平也影响着种子大小，营养的增加通常会使种子增大。例如，通过在不断增加浓度的标准营养液中种植苘麻（*Abutilon theophrasti*）印证了上述观点（Parrish et al.，1985）。在其他物种中也存在同样的情况（Fenner，1992），尽管在特定情况下（如欧洲千里光），种子大小显著地缓冲了母体养分供应差异（Fenner，1986b）。在种子发育过程中的干旱事件通常会减少种子质量（Eck，1986；Wulff，1986；Benech Arnold et al.，1991），此外，荫蔽（Gray et al.，1986；Egli et al.，1987）及相邻植物的竞争（Bhaskar et al.，1988）也会导致种子质量的降低。基本上，在种子发育过程中，种子质量受该阶段可用资源的限制。因此，如果结实的枝条发生落叶现象，种子通常会变小（Stephenson，1980；Wulff，1986）。此外，整个植株的大小（一种测量资源获得量的方式）也与单个种子的大小存在潜在关联，如 *Epilobium fleischeri*（Stocklin et al.，1994）和洋地黄 *Digitalis purpurea*（Sletvold，2002）。

即使在资源供应充足的地方，由于种子生长在母本植物的不同位置，有些种子会比其他种子更大。在获取资源方面，花序内的某些位置似乎提供了比其他位置更有利的微环境。最大的种子通常位于花茎的远端处，如高粱 *Sorghum bicolor*（Muchow，1990）、葱芥 *Alliaria petiolata*（Susko et al.，2000）、北美山梗菜 *Lobelia inflata*（Simons et al.，2000）和常绿大戟

Euphorbia characias (Espadaler et al.，2001)。在特定情况下，同一植物的果实之间甚至单个果实内对资源的争夺也会导致种子减小。豆科植物豆荚末端位置的种子通常比中间部位的种子小（Yanful et al.，1996a）。除了种子大小，种子内的化学成分也可能受位置的影响（Fenner，1992）。苘麻种子中氮、磷和钾的含量随着果实内位置的不同而不同（Benner et al.，1985）。由于种子大小与数量之间的权衡，切除某个种子会导致资源转移到其他种子身上，从而增加了种子大小（Egli et al.，1987；Gray et al.，1986；Galen et al.，1985）。同理，低授粉率（导致低结实率）也会使种子大小增加（Lalonde et al.，1989；KInry et al.，1990；Jennersten，1991）。可以看到，许多物种的种子质量呈季节性下降（Cavers et al.，1984），可能是与外部资源可获得性下降有关（见第 2.4 节）。

　　表型变异可能是资源限制的必然结果，资源限制降低了亲本植物控制单个种子大小的能力（Vaughton et al.，1998）。然而，也可能是植物本身会支持种子大小的变异，这是因为不同大小的后代能够联手应对复杂多样的情况。较小的种子更容易传播，较大的种子更具竞争优势（Ellison，1987；Stanton，1985）。许多植物会产出两种或两种以上不同类型的种子（形态），其大小和萌发能力各异。在二态的（dimorphic）物种中，较大（不容易传播）的种子通常比较小的种子更容易萌发。Venable 等（1980）认为，这适用于多数植物。生产不同类型种子的比例可以随花季的进程而改变（McGinley，1989）。生产各类大小的种子可能是比生产大小均匀的种子更为有效的稳定演化策略（Winn，1991；Haig，1996）。与不同亲本环境导致的大小表型差异一样，多态种子的产生（大小、形状、颜色、萌发能力或传播力不同）拓宽了植物能够萌发的条件区间，增加了在不同环境中繁衍的机会。

第二章　种子传播前的风险

亲本植物的种子发育期可能是植物生命周期中最危险的阶段之一。对于多数植物而言，只有极小部分的胚珠最终成熟为有活力的种子。这是因为许多花难以结实，抑或是果实中的胚珠败育所致。诸多有关种群的研究认为，植物坐果和结实存在巨大变异（Wiens，1984；Sutherland，1986）。传播前的种子损失可能由授粉失败、遗传缺陷、缺乏发育资源或种子被捕食等因素造成。本章探讨了种子死亡的直接原因和种子脱离亲本前死亡的演化后果。

2.1　坐果与结实

一些物种因其自身特性，致使植株的坐果率非常低。有记录称，丝裂丝兰（*Yucca elata*）只有 6.6% 的花产出了成熟果实（James et al.，1994），自然条件下加州七叶树（*Aesculus californica*）坐果率约为 10%（Newell，1991），欧洲红端木（*Cornus sanguinea*）在不同种群中的坐果率在 8%～22%（Guitián et al.，1996），山龙眼科（Proteaceae）植物就以其低坐果率而闻名（Charlesworth，1989；Ayer et al.，1989；Wiens et al.，1989）。Collins等（1987）对在自然条件下生长的 18 种植物调查发现，其坐果率仅在 0.1%～7.2%。除整个果实不能发育之外，种子生产还常受到低结实率的限制。一般来说，多年生植物的结实率往往低于一年生植物。Wiens（1984）在对落基山国家公园和莫哈韦沙漠植物群落中的 196 个物种调查后发现，其平均结实率分别为 50% 和 85%。木本植物的种子/胚珠比整体较低（Wiens，1984；Armstrong et al.，1989；Ramírez，1993），这可能在一定程度上由母株的遗传物质决定。虽然珠蓍 *Achillea ptarmica*（Anderson，1993）的无性系子代存在显著差异，但在结实水平上，却仍保持一致（Anderson，1993）。

低坐果率和结实率意味着植物在生殖阶段存在一定量的损耗，即未能成功发育的果实必然会给植物带来损失。在资源丰富时，多余的花为植物提供子房储备，不过，一旦出现资源短缺的情况，植物则会以最低的代价将其丢弃。Ehrlén（1991）曾设计出一个"子房储备"模型，认为结实成本较高的物种，其果花比（fruit/flower ratios）极低。在果实达到其潜在最终质量一定比例前终止发育，可以最大限度地降低母本植物的能量成本（Stephenson，1980）。多余的花可以在植株因捕食受损后替代原花，确保繁殖顺利进行。在对欧洲红端木（Cornus sanguinea）的实验中发现，果实发育不全出现的次数会因花的死亡率增加而减少（Guitán et al.，1996），这表明多余的花替代了那些繁殖失败的花（Guitán et al.，1996）。Ayre 等（1989）认为，山龙眼科极低的果花比可能是为了适应多变的环境。试想多种罕见的有利条件同时发生（资源可获得性、授粉和缺少昆虫捕食者等），多余的花朵显然可以帮助植物更好地将其利用。此外，许多学者（如 Holtsford，1985；Sutherland，1986；Ehrlén，1993；Guitián，1993；Vallius，2000）在"储备""保险"或"两头下注"假说方面都提出了自己的见解。

2.2　不完全授粉

因存在未受精的情况，许多植物种群中会出现一定比例的胚珠不能发育。在植物群落中，授粉限制种子结实，进而限制繁殖努力的现象很普遍（Bierzychudek，1981）。在风媒植物中，花粉粒在同一物种的柱头沉积量具有不确定性，多数年份中，由于种子不完全授粉，植株的结实率可能会远低于预期。例如，在对风媒传播松柏科植物花旗松（Pseudotsuga menziesii）的研究表明，只有39％的种子成功授粉（Owens et al.，1991）。至少在特定情况下，间歇性大规模开花所带来的规模效应，显著提高了风媒传粉效率（Smith et al.，1990；Kely et al.，2001）。

研究发现，多数经动物传粉的物种在自然条件下的授粉率较低。在对哥斯达黎加的草椰（Calyptrogyne ghiesbreghtiana，一种靠蝙蝠传粉的热带雨林棕榈树）研究中，经蝙蝠访问过的雌花，其有效授粉率仅为54％（Cunningham，1996）。Johnson 等（1997）发现，在南非开普省33种昆虫授粉的兰花中，仅有30％的花成功授粉。通过测量人工授粉后结实率的增量，可以较容易地获悉授粉失败对种子生产的限制程度。增量在 20％～100％是较为常见的（如 Karoly，1992；Schuster et al.，1993；Larson et al.，1999），若增量过高，则说明授粉失败严重限制了植物种子的生产。使用人工授粉，使得金雀儿（*Cytisus scoparius*，华盛顿地区引入的一种入侵灌木）的果实产量增加了 2.8～26.2 倍（Parker，1997）。Burd（1994）对 258 种被子植物的授粉研究表明，自然条件下，植物种群普遍存在不完全授粉现象，这表明至少在特定年份或地区，大多数物种（62％）会因授不到相符的花粉导致结实缺陷。受花粉限制的程度随年份、季节、地点和植物间关系等因素而变化（Dudash，1993）。粉报春（*Primula farinosa*）的研究显示，花冠较长的个体更能吸引传粉者（Ehrlén et al.，2002）。

在小动物介导下的植物中，不理想的授粉可能是由传粉者数量少、不活跃或效率低下所致（Karoly，1992；Cunningham，1996；Larson et al.，1999）。种子结实率随柱头上沉积的花粉粒数量的增加而增加，直至最大值（Mitchell，1997），在特定情况下，花粉数量可能低于使所有卵细胞受精的最低要求（Larson et al.，1999）。花粉的演化可能由自然选择驱动，其结果倾向于在一次转移中沉积大量花粉粒（Proctor et al.，1994）。在一些情况下，过分依赖单一传粉者（Murphy et al.，1995）或植物所处生境不适宜传粉者生存（Johnson et al.，1992）均会造成种子结实率低下。传粉者可能会受到其他同期开花植物吸引，形成不同物种间争夺传粉者的局面（Ramsey，1995）。此外，柱头上沉积不同物种的花粉也会导致结实率降低（Caruso et al.，2000；Brown et al.，2001），"外来"花粉甚至可能会引起异株克生（化感作用；Murphy et al.，1995）。

2.3　胚珠败育

在特定情况下，果实（或果实内的胚珠）败育是植物施加给子代的一种适应性机制，以控制子代质量（Stephenson，1981）。有证据表明，败育的果实质量较差，例如，百脉根（*Lotus corniculatus*）的果花比约为 50％。Stephenson 等（1986）随机从花序中选取出一半的花，并将其后代与那些败育的花序进行比较，结果显示，该物种会选择性地败育那些种子较少的果实。对于保留下来的果实而言，其种子更有可能发芽，产生更健壮的幼苗，最终在成年后产生更多的种子。这将有利于保持后代的平均质量，提高了物种的适合度。

果实质量低也可能与使卵细胞受精的花粉源有关。自花授粉的植株大概率会使有害的隐性基因配对导致较早死亡。达尔文（1876）已经阐明，近亲交配会带来不利影响，也记录了一些因自花授粉而使果实内种子较少的现象。此外，过剩的花可能让植物有选择地使异花授粉的果实成熟。近交衰退（表现为自花授粉后种子结实减少或后代活力降低）在众多物种中得以显现，如 *Amsinckia grandiflora*（Weller et al.，1991）、大花火铃花 *Blandfordia grandiflora*（Ramsey et al.，1996）、金雀儿 *Cytisus scoparius*（Parker，1997）、*Schiedea membranacea*（Culley et al.，1999）、*Burchardia umbellate*（Ramsey et al.，2000），树羽扇豆 *Lupinus arboreus*（Kittelson et al.，2000）、*Dactylorhiza maculate*（Vallius，2000）。在一些试验中，研究人员会将同一花序内自花授粉和异花授粉的结实率进行比较，如 Vaughton 等（1993）对 *Banksia spinulosa* 进行了如上试验，结果表明，自花授粉的结实率减少了 63%；类似地，在对大叶银桦（*Grevillea barklyana*）的试验中，Harris 等（1993）对花序授以不同的花粉，一边是自交花粉，另一边是异交花粉，结果显示，异交一侧的坐果率明显较高。相比于自交花粉管，异交花粉管的生长速度更快，这可能会促使异交后代更早地占据植物体内有限的资源，以进行发育。自花授粉，即便不会造成种子损失，也会有导致种子个体减小可能（Schemske et al.，1984；Montalvo，1994；Gigord et al.，1998）。多数呈现出近交衰退的物种已被试验证明通常是在野外试验条件下异花传粉的。然而，在自然界中，特别是在树木中，同株异花受粉（在同株植物的不同花之间的花粉转移）普遍存在（De Jong et al.，1993），且经常引起胚珠败育。如果花粉来自临近的植株个体，也会对授粉产生一定的消极影响。例如，在对 *Aster curtus* 的试验发现，斑块内物种杂交的结实率明显低于斑块间杂交（Giblin et al.，1999）。对于热带草本植物（*Costus allenii*）来说，通过增加邻近植株的数量来进行异花传粉，可以显著提高结实率（Schemske et al.，1984）。那些小的、孤立的或稀疏的种群易产生不佳的种子（见延伸阅读 2.1）。

延伸阅读

2.1　稀疏种群的低结实率：Allee 效应

多数依赖密度的效应都是消极的。随着单位面积有机体数量的增加，由于个体间的竞争，个体的生长和存活往往会减少。当然，也存在一些与密度相关的积极影响，尤其是密度较低时。W. C. Allee 指出了诸多有关动物群聚所带来的积极收益的例子（Allee，1931；1938）。例如，牛群、羊群和鱼群等族群的形成会减少个体动物被捕食的概率。这一概念已经延伸到包括密度增加对有机体的生存、生长或繁殖产生积极影响的任何情况，都可以认为符合上述观点。Stephens 等（1999）将 Allee 效应定义为"个体适合度与同种群个体数量或密度间的正相关关系。"

就植物而言，非常小而孤立（或稀疏）的种群在生产可存活种子方面处于不利地位。与较大或密集的同种种群相比，研究发现小且孤立的种群结实率较低。例如，澳大利亚西部的稀有灌木（*Banksia goodii*），已经减少到仅存有 16 个不同大小的种群，每个植株个体的种子生产情况都被记录在案（Lamont et al.，1993a；Lamont et al.，1993）。研究发现，尽管小种群的植株大小与球果在产量上与大种群不存在差异，但小种群的单株种子产量要低得多。可育球果较少，表明有效授粉率较低。事实上，在研究开始前的 10 年中，最小的 5 个种群根本没有产生种子，因此很可能濒临灭绝（图 2.1）。此外，种子结实率与斑块大小呈正相关的物种还有蝇春罗 *Viscaria vulgaris*（Jennersten et al.，1993）、*Carkia coninna*（Groom，1998）、*Panax ququiefolius*（Hackney et al.，2001）、大叶藻 *Zostera marina*（Reusch，2003）与德国报春花 *Primula vulgaris*（Brys et al.，2004）。种群的孤立（稀疏）程度与斑块大小至关重要。Kurin（1993）发现，种植间隔较大的新疆白芥（*Brassica kaber*）[①]，其结实率显著降低。在这方面，与群落中心的植物相比，位于群落边缘的植物也可能处于劣势（Lienert et al.，2003）。

目前，关于小种群结实率下滑的现象已有多种解释，其中最常见的观点是：授粉者访花率在花密度低时急剧下降。Ågren（1996）的研究表明，通过从较大种群中进行有效的花粉传递，种群规模大小与每株千屈

---

①　已修改为 *Sinapis arvensis*——译者注。

菜（*Lythrum salicaria*）的种子产量呈正相关。Ågren 认为无论种群大小如何，人工授粉都会提高其结实率，这意味着，小种群的低结实率是由花粉限制所致。Kunin（1997）在新疆白芥的试验中发现，种群密度（而非种群大小）影响授粉率。这种影响的作用范围可能相当小，例如，在美国西南部沙漠的多年生植物 *Lesquerella fendleri* 中，种子结实率随着每株植物 1 米范围内的同种植物密度的增加而增加，若距离加大则无显著影响（Roll et al.，1997）。不过，也有案例指出，传粉者的造访率在稀疏种群中更高，但这可能与植株个体花序在更大空间的植株间隔有关（Mustajarvi et al.，2001）；还有研究认为，小种群中出现专性种子捕食者的概率会更小。

可以想象，随着花密度的降低，传粉者的能量消耗成本加大（可能会差距悬殊），导致造访率降低。Jennersten 等（1993）认为，在较小的斑块内，传粉者平均每次造访所采集的花粉沉积量也较少。此外，小种群会有更高的可能性进行近亲杂交，导致近交衰退的现象。Bosch 等（1999）认为，山地多年生草本植物 *Delphinium nuttallianum* 与 *Aconitum columbianum* 种群就存在这样的可能。稀疏种群结实率降低的现象似乎并非由传粉服务显著下降所致，他们认为种子产量的减少或与授粉无关，低密度种群的植物其生长环境可能较为不利，缺乏资源导致结实率较低。由于近亲繁殖、授粉不良及后续种子产量不佳，生境破碎化的瑞典草地草本植物 *Gentianella campestris* 种群活力明显下降（Lennartsson，2002）。

由于人为干扰，许多自然种群的生境越来越小且越来越分散，故 Allee 效应对植物保护具有重要的实践意义。在退化草地植物小种群中，存在种子产量下降的情况，如瑞士的黄花九轮草（*Primula veris*）、*Gentiana lutea*（Kéry et al.，2000）及瑞典的狗舌草（*Senecio Integrgrifolius*）[①]（Widén，1993；图 2.1）。在小种群黄花九轮草子代中发现其植株缺乏活力，这暗示了近交衰退可能是导致黄花九轮草现状的原因之一。Ellstrand 等（1993）概述了小种群的遗传后果及其对实践保护的意义。

森林中进行伐木作业往往会使种群支离破碎。相比聚集的树木，孤立的树木结实数量较少。例如澳大利亚昆士兰州的 *Neolitsea dealbata*

---

① 已修订为 *Tephroseris kirilowii*——译者注。

（一种雌雄异株的雨林物种）的雌株个体，在该物种中，授粉率随雄株距离增加而急剧下降。在一株孤立的雌树上，仅有 10% 的花被授粉（House，1993）。热带树种 *Shorea siamensis* 的坐果率随种群密度降低而下降（Ghazul et al.，1998）。种群密度也影响加州风媒物种 *Quercus douglasi* 的橡子产量（Knapp et al.，2001）。Aizen 等（1994）在阿根廷一片受干扰的干燥森林中，对位于不同碎片生境大小的 16 个树种进行授粉与结实研究，发现与成片的森林相比，其授粉水平与种子产量普遍较低，其中处于碎片生境的 3 个树种属于典型的近亲交配。因此，碎片生境会减少物种的亚种群数量，可能会使多数物种的繁殖能力降低到种子再生的临界水平以下。

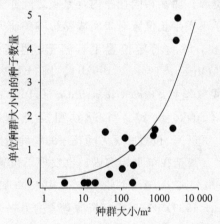

图 2.1　种群大小与单位种群大小内种子数量的关系

　［澳大利亚西部 *Banksia goodii* 灌木中，小规模植物种群的种子产量不成比例的减少。图为种群大小的对数与单位冠层区域种子产量的关系。引自 Lamont 等（1993）。］

　　自花传粉可能并不是植物出现的不利遗传组合的最主要、最常见的原因。在许多种群中，都存在较高的"遗传负荷"（genetic load，生物群体中由于有害等位基因的存在而使群体适合度下降的现象），遗传负荷假说被用来解释柳兰 *Chamerion angustifolium*（Wiens et al.，1987）、*Dedeckera eurekensis*（Wiens et al.，1989）和 *Achilea ptarmica*（Anderson，1993）的高败育率。Burd（1998）曾使用模型来探究选择性果实败育的数量效益，其结果显示，如果交配环境导致果实质量存在较大差异，那么选择性败育可能会使植物适合度大幅提高，但收益会迅速减少。在许多物种中，即使植物所获资源和授粉水平都处于最佳状态，但由于花序内特殊功能的演化，使得坐果率可能会低于平均值。例如，不结实的花，即使是两性花，也可能会为整个花序去吸引传粉者，抑或只作为雄花起到传播花粉的作用，更多请参见Wiens（1984）和 Sutherland（1986）对育种系统有关的研究。

2.4 资源限制

另一个影响植物种子传播之前种子死亡率的主要因素——正在发育的种子对资源的争夺。种子损失程度的强弱取决于它在花序中的位置。同一果实内，胚珠之间竞争资源；而在相同花序内，果实之间亦会竞争资源，资源竞争的相关证据来自于果实生长位置对果实成熟影响的研究。而从有关果实发育的研究中可以得出，一些特定位置更有利于其生长发育，如白阿福花 *Asphodelus albus*（Obeso，1993a，1993b）、圆叶樱桃 *Prunus mahaleb*（Guitián，1994）、柔软丝兰 *Yucca filamentosa*（Huth et al.，1997）、葱芥 *Alliaria petiolata*（Susko et al.，1998）和斑点掌裂兰 *Dactylorhiza maculata*（Vallius，2000）。位置的优劣随花序的精确结构而异，单个果实成熟的可能性差异较大。甚至在单个果实内，也发现了位置对种子存活率的影响，如菜豆 *Phaseolus vulgaris*（Nakamura，1988）和水黄皮 *Pongamia pinnata*（Arathi et al.，1999）。花序内部资源竞争的另一个现象是不同位置的果实中种子大小的差异（Winn，1991；Obeso，1993b；Espadaler et al.，2001）。

时间（timing）是影响胚珠可利用资源水平的关键因素，且决定其存活率。例如，在当季后期出产的果实会出现个体大小减小（Zimmerman et al.，1989；Parra-Tabla et al.，1998）或结实率降低（Kang et al.，1991；Medrano et al.，2000）的情况。随着季节推移，植物获取养分和水分等资源的难度逐渐增加，到花期结束时，较早成熟的果实将比较晚成熟的果实大得多，并可能形成更强的资源汇集效应，将养分归为己用。此外，末期发育成的果实位于花序末端，这使其处于竞争劣势（Obeso，1993a）。许多物种的种子个体质量在整个生长季中存在普遍下降的情况，进一步凸现了日益激烈的资源竞争，且不同程度的下降被广泛报道（如 Cavers et al.，1984；Wulff，1986；Smith-Huerta et al.，1987；Winn，1991；Kane et al.，1992；Obeso，1993b）。例如，*Erodium brachycarpum* 在季末时发育成的种子质量大约减轻一半（Stamp，1990）。

通过移除花序中的部分花来增加每个胚珠所获得的资源试验证明了胚珠间存在竞争，而这通常会使剩余果实中的种子结实率增加，如春山黧豆 *Lathyrus vernus*（Ehrlén，1992）；或使单粒种子质量增加，如北方七筋姑 *Clintonia borealis*（Galen et al.，1985）和蝇春罗 *Viscaria vulgaris*（Jennersten，1991）。对正在结实的植物给予额外的外部资源供应，如养分（Mattila et al.，2000）、水分（Delph，1986）和光照（Pascarella，1998）等，通常也会使种子产量增加。以上研究结果表明，在完整的花序中，资源制约了种子结实率和种子大小。

2.5　动物掠食者

除了授粉失败、遗传缺陷和资源限制等因素，种子在从母株植物传播前还可能被猎食。花穗经常被泛食型的草食动物采食，并且是一些脊椎动物"季节限定"食物的重要组成部分。例如，在巴西，38％的鳞头鹦鹉将花作为旱季食物（Galetti，1993）。显然，对植物而言，这意味着胚珠的损失。在特定情况下，也会出现新花序补偿性生长的情况。对于 *Sanicula arctopoides* 而言，鹿对其花序啃食量未超过花序总量的 1/3，且啃食事件发生在花期早期，植物可通过补偿性生长实现完全恢复（Lowenberg，1994）；同样，野生的向日葵（*Helianthus annuus*）在去除一级头状花序后，会产生更多的花序来完全补偿初始损失（Pilson et al.，2002）。

对于捕食者来说，处于发育阶段的种子是较容易获取潜在营养的重要来源，因为与植物其他结构相比，它们通常含有高浓度的营养物质，如蛋白质、油脂（Barcly et al.，1974）及矿物质（Fenner et al.，1989）。特定养分的相对浓度可称为种子富集率，即种子养分浓度/枝叶养分浓度（Benning et al.，1979）。某些矿物质元素往往集中在种子中，例如，对新西兰不同土壤类型生长的 12 种白穗茅属（*Chionochloa*）植物调查后发现，氮、磷和硫的平均种子富集率分别为 6.28、8.05 和 3.34（Lee et al.，1989）。有意思的是，许多动物群体已成为专性食籽（果）动物，包括鸟类、哺乳动物及大多昆虫。

作为种子在传播前的捕食者，将卵产在花蕾上的昆虫分布最为广泛，它们的后代将在豆荚、荚果或种子头部度过完整的幼虫阶段。Crawley（1992）

列举出 60 项关于昆虫捕食传播前植物种子的研究，在此阶段中，种子损失率随物种和种群而异，但通常大于 90%（如 Randall，1986；Crawley et al.，1989；Briese，2000）。此外，不同的地点和年份间也存在巨大差异。通过研究甲虫捕食春苦豆种子在传播前的时空变化，Ehrlén（1996）发现，种子损失率在 0～84% 的区间内。

　　植物的某些性状更易吸引昆虫，使花蕾受到更高程度的侵袭。研究发现，较大尺寸的花或花序的物种更易出现上述情况。Fenner 等（2002）的研究结果表明，在自然条件下生长的 20 种常见菊科草本植物中，头状花序的平均大小与食籽昆虫幼虫的侵扰发生率呈正相关（图 2.2）。在大翅蓟属（Onopordum）内，Briese（2000）发现，头状花序较大的物种所受侵扰更严

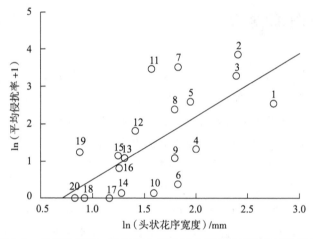

图 2.2　种子传播前，种子捕食者对菊科不同种类花序侵扰概率

［本图表示平均头状花序大小（花托宽度）和平均侵扰程度（影响头状花序的百分比）之间的关系。头状花序较大的物种更容易发生侵扰。物种编号如下：1，翼蓟（*Cirsium vulgare*）；2，小牛蒡（*Arctium minus*）；3，滨菊（*Leucanthemum vulgare*）；4，止痢蚤草（*Pulicaria dysenterica*）；5，黑矢车菊（*Centaurea nigra*）；6，丝路蓟（*Cirsium arvense*）；7，新疆三肋果（*Tripleurospermum inodorum*）；8，*Cirsium palustre*；9，药用蒲公英（*Taraxacum officinale*）；10，*Hieracium pilosella*；11，*Matricaria recutita*（已修订为母菊，*Matricaria chamomilla*）；12，假蒲公英猫儿菊（*Hypochaeris radicata*）；13，*Leontodon taraxacoides*；14，苦苣菜（*Sonchus oleraceus*）；15，雏菊（*Bellis perennis*）；16，新疆千里光（*Senecio jacobaea*）；17，欧洲千里光（*Senecio vulgaris*）；18，蓍（*Achillea millefolium*）；19，*Crepis capillaris*；20，多肋稻槎菜（*Lapsana communis*）。引自 Fenner 等（2002）。］

重；同样，在种群层面也存在类似现象，较大花或花序的植物种群更有可能受到食籽昆虫的侵扰（Ehrlén，1996；Ehrlén et al.，2002；Hemborg et al.，1999；Fenner et al.，2002；图 2.3）。通过对聚伞红杉花（*Ipomopsis aggregata*）的试验，Brody 等（1997）证实了该趋势，若人为控制该花序中的花数，则较大的花序中，会出现种子捕食加剧的现象。与其相关的一个易感性状可能是种子大小。在对匈牙利 110 种豆科植物的调查中，Szentesi 等（1995）发现，种子体积越大，被豆象科的甲虫侵扰概率越高。经发现，与大种子的胡椒相比，小种子胡椒的种子在传播前损失较少（Grieg，1993）。

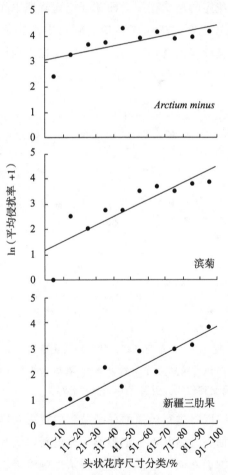

图 2.3　种子传播前，3 种菊科植物不同大小的头状花序被捕食的发生率
[种群中具有较大头状花序的个体更容易受到侵扰。引自 Fenner 等（2002）。]

较大的花穗更吸引种子捕食者，也更吸引传粉者，因此，花穗带来的损失与收益可能相互抵消。诸多观察和研究表明，传粉者对尺寸较大的花或花序存在偏好。例如，*Phacelia linearis*（Eckhart，1991）、延胡索 *Corydalis ambigua*①（Ohara et al.，1994）、野萝卜 *Raphanus raphanistrum*（Conner et al.，1996）和 *Jasminium fruticans*（Thompson，2001）。因此，花或花序的平均大小可能是种子捕食者与传粉者之间妥协演化的结果（Fenner et al.，2002）。

捕食即将传播的种子可能会有选择性地影响一些植物花期。Augspurger（1981）发现，与普通种群相比，灌木 *Hybantus prunifolius* 在反季节时期面临更大的种子损失。Fenner（1985）记录了黑矢车菊（*Centaurea nigra*）整个开花期幼虫对花序的侵扰程度，即在开花高峰期中间时段昆虫的侵扰最少（图 2.4），早期和晚期的花序更容易受到攻击。这表明，可能存在有利于同步开花的强力且稳定的选择压力。开花物候也受到授粉要求的影响，因此，各物种的最终呈现模式是多方权衡后的结果（Fenner，1998）。

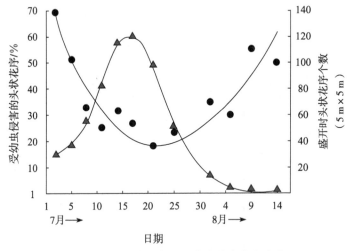

图 2.4　矢车菊花期头状花序的虫害发生率

［表示 5 m×5 m 面积内头状花序个数（▲）；表示头状花序破损率（●）。该种群中，早花比晚花更容易受到侵扰。引自 Fenner（1985）。］

很少有试验跟踪即将进行传播的种子遭到侵扰后对新一代幼苗建成的影响。发育中的种子损失过高并不一定影响种群更新，因为后期的各种干扰因素可能才是限制关键。然而，诸多研究采用杀虫剂将植物上的昆虫除掉，以探究种群生长情况，结果生态效益非常显著。在加州海岸采用杀虫剂处理过

———————

①　已修订为 Corydalis yanhusuo——译者注。

的小区内，灌丛植物 *Haplopappus squarrosus* 平均成苗数是对照处理小区的 23 倍（Louda，1982）。Louda 等（1995）在此试验上更进一步，将取食 *Cirsium canescens* 花序的昆虫进行去除，并持续关注植株的统计数据，发现下一代的植物幼苗及开花成体数量更高（图 2.5）。Louda 等提出，对于具有短暂种子库的短寿命多年生植物，这种种群控制可能是普遍的，其持久性取决于当前种子的再生性。然而，在其他情况下，传播前的种子捕食（即使很严重）可能对种子生产或生殖的影响甚微（Lalonde et al.，1992；Siemens，1994），即使捕食者存在多种基因型，其仍仅作为一种选择压力（Harper，1977）。

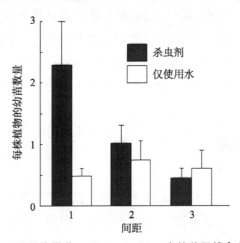

图 2.5 种子传播前，*Cires canescens* 中的种子捕食者情况

［使用杀虫剂将其去除后，幼苗数量显著增加，在亲本植物附近更甚。间距 1，0～1.0 m；间距 2，1.0～2.0m；间距 3，>2.0 m。引自 Louda 等（1995）.］

对于任何物种来说，胚珠无法发育成种子的原因（无论出于何种原因）都随时间和空间而异（Dudash，1993；Ehrlén，1996；Difazio et al.，1998；Ramsey et al.，2000）。在种群内，不同大小的植物可能会受到不同因素的限制（Lawrence，1993）。随着繁殖期的推进，限制因素可能会在一个季节内发生变化。已有研究发现，*Escheveria gibbiflora* 的繁殖力在生长季早期受到花粉限制，而后又受到资源的限制（Parra-Tabla et al.，1998）。春山黧豆（*Lathyrus vernus*）果实发育受传粉者的限制，但其成熟则会受到资源的限制（Ehrlén，1992）。在其他情况下，传粉和资源的限制似乎会同时作用（Galen et al.，1985）。在一些环境中，传粉者、捕食者及资源的可获取性难以预测，大量"过剩"的胚珠产出或是为避免生殖失败做出的保障性措施。

第三章　种子传播

　　长期以来，种子传播之谜一直吸引着生态学家及公众的目光。植物的一些特定结构已经为促进风媒传播或动物体内、体外传播发生了演化，例子比比皆是。但直到近来，人们关注的焦点才发生改变，开始探究这些结构怎样进行有效运转，而那些没有明显适应种子传播的物种（大多数）会发生什么。近年来，在种子生态学领域，我们对种子传播有了更进一步的认识。

3.1　风媒传播

　　任何增加传播体空气阻力的结构都可以提高风媒传播的效率。一些植物的形态适应体现出更倾向于横向运动的特征，但绝大多数只是减缓了种子下落的速度，还需依靠风力来进行横向运动（Augspurger，1988）。相比于其他传播方式，风媒传播可能备受关注，因为它可以在实验室中进行模拟研究（即便实验结果不都符合研究者的预期），且相对容易通过不同复杂性的数学模型得出（Sharpe et al.，1982；Green，1983；Matlack，1987；Greene et al.，1989，1990，1993，1996；Hanson et al.，1990；Andersen，1991）。

　　这些模型基本上分为两类：①直接反映种子密度的分析模型（如 Greene et al.，1989）；②模拟单个种子运动的模型（如 Andersen，1991）。通过对大量种子进行求和模拟，生成种子域，具体请见 Jongejans 等（1999）所构建的（基于个体且相对简单）模型，环境（如风速）、种子和植物的特性决定了模型的呈现结果。其中，传播体的释放高度与终端速度（terminal velocity）是两个关键的生物学变量。简单来说，$x = Hu/V_t$，其中 x 为水平传播距离，H 为释放高度，u 为平均风速，V_t 为终端速度。在现实情况中，高大的植物往往被其他高大的植物所包围，使得风速降低，可能直接对种子传播产生阻碍，故释放高度带来的影响并不明显。Jongejans 等（1999）的模型得出了令人惊讶的结论：尽管增加植被高度（对于给定的释放高度）会减少中间的传播距离，但正如预期，种子域的末端受影响较小。增加植被高度会有99％概率使得传播距离略有增加，这是因为提高种子传播起点会增加湍流运动，一些种子可能会因此而传播得更远。类似地，中间的传播距离与风速成正比，绝大多数（99％）呈指数增加。在风洞实验室中，通过直接观察种子域证实了这一预测（van Dorp et al.，1996）。

目前，已经有多种方法来测量终端速度，其有效性与复杂性各异（Siggins，1933；Sheldon et al.，1973；Schulz et al.，1991；Andersen，1992；Askew et al.，1996）。终端速度取决于翼载荷，或 m/A_p，其中 m 为传播体质量，A_p 是翼或羽的投影面积。Sheldon 等（1973）在研究菊科（Asteraceae）植物的传播过程中发现，终端速度与冠毛（pappus）直径/瘦果直径密切相关（图 3.1），但因冠毛的"开放性"程度不同，该关系也存在差异。例如，假蒲公英猫儿菊（*Hypochaeris radicata*）的冠毛非常舒展，其终端速度高于预期。

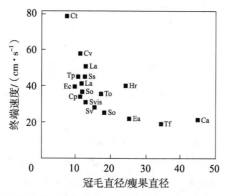

图 3.1　所选菊科植物冠毛/瘦果直径比与瘦果—冠毛单位终端速度的关系

〔注意：猫耳菊（Hr）冠毛极度舒展，因此终端速度高于预期。Ca, 丝路蓟（*Cirsium arvense*）；Cp. *C. palustre*；Ct, *Carduus tenuiflorus*；Cv, 欧亚刺苞菊（*Carlina vulgaris*，已修订为 *Carlina biebersteinii*）；Ea, 飞蓬（*Erigeron acer*，已修订为 *Erigeron acris*）；Ec, 大麻叶泽兰（*Eupatorium cannabinum*）；Hr, 假蒲公英猫儿菊（*Hypochaeris radicata*）；La, *Leontodon autumnalis*；Sa, 苣荬菜（*Sonchus arvensis*，已修订为 *Sonchus wightianus*）；Sj, 新疆千里光（*Senecio jacobaea*）；So, 苦苣菜（*Sonchus oleraceus*）；Ss, *Senecio squalidus*；Sv, 欧洲千里光（*S. vulgaris*）；Svis, *S. viscosus*；To, 药用蒲公英（*Taraxacum officinale*）；Tf, 款冬（*Tussilago farfara*）；Tp, 蒜叶婆罗门参（*Tragopogon porrifolius*）。引自 Sheldon 等（1973）。〕

冠毛与不对称翅果的翅（如槭属 *Acer*）都是增加空气阻力的常见器官，对于不同大小的传播体而言，其效力近乎相同。二者分配给空气动力学的附器质量比例（7%～35%）也近乎相同（Greene et al.，1990）。在 m/A_p 值很低的情况下，冠毛工作效果更好，因为稳定的自转不可能在非常低的终端速度下发生。对于大种子而言，冠毛会防止长翅部弯曲的物理限制。因此，小种子草本植物中多见冠毛，而翅则常见于大种子树木中。此外，大种子植物可能也会受到其他物理限制来降低风媒传播的效果。例如，资源限制，植物体难以长出足够大的球果来容纳种子和长翅来传播重量大于 100 mg 的松子。因此，所有种子大于 100 mg 的松子基本上都依靠动物传播（Benkman，1995）。

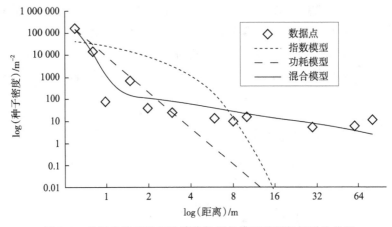

图 3.2　帚石南种子的实际捕获数据与模型预测数据对比分析

［英国多塞特郡某 80 m 样带上帚石南种子的实际捕获数据与模型预测数据的比较，共计 3 个经验模型的预测结果。Greene 等（1989）的两个机械模型（未显示）均未预测出会有传播距离超过 2 m 的种子。引自 Bullock 等（2000）。］

在野外对风媒传播的直接观测表明，多数种子（包括那些明显适应风媒传播的种子）的传播距离较短（Verkaar et al.，1983；McEvoy et al.，1987；Vegelin et al.，1997）。然而，通过观察植物的分布情况可知，风媒传播具有重要意义。例如，对风媒传播进行了适应性变化的物种更有可能在日本雪崩后的残骸（Nakashizuka et al.，1993）、圣海伦斯火山喷发后（del Mora，1993）、瑞士冰川前缘地带（Stocklin et al.，1996）、波兰次生林地（Dwzonko et al.，1992）及英格兰北部被破坏的栖息地（Grime，1986）等地区繁殖。对于上述两种截然不同的结论，有以下两种解释。

首先，大多涉及种子捕获的种子传播研究可能无法检测到那些传播距离较远的种子（Portnoy et al.，1993），这是因为工作人员不会在离亲本植物较远的地方取样（很少超过 10 m），或是因为取样规模通常随距离的增加而下降。正如 Bullock 等（2000）的研究表明，如果上述问题得以解决，则试验结果会出现较大不同。第一，通常用来描述种子传播的两种模型——负指数和反幂法都不符合实验获取的数据，且两者都低估了传播到较远距离的种子数量。而"混合"模型（图 3.2）的表现则要好得多。第二，Bullock 等设定的参数契合其模型，表明种子产量具有无限性，甚至在某些情况下，种子密度不会随距离的增加而下降。显然这是不可能的，但在他们进行研究的80 米内，大部分的种子密度几乎没有下降。未能捕获到种子传播曲线的末端会导致物种潜在的传播速度低于实际值，可能会出现较大差距。Neubert等（2000）指出，当种子的传播同时包括远距离传播、近距离传播两种类型时，即使远距离传播较少，但其决定着植物种群的扩张速度。Bullock 等（2002）采用 Neubert 等（2000）的模型与 Bullock 等（2000）的部分数据计算了帚石南（*Calluna vulgaris*）与紫花欧石楠（*Erica cinerea*）的种子传播速率，证实上述观点正确。在采样距离仅为 10m 的情况下，帚石南与紫花欧石楠的种子传播率分别为完整（80 m）数据集计算的 14％和 6％；如果使用 200 米的模拟捕获数据，则这两个物种的种子传播率会增加约200％，尽管这不符合统计学原理，但却充分地说明了相关问题。

其次，种子远距离传播也可能取决于极端气候事件，但此类事件发生概率较小。传统观点认为，种子传播距离的剧烈增长有如下两种原因：需要强风将种子从亲本中释放和（或）需要种子滞留在植物上直到冬季暴雪后释放（van Dorp et al.，1996）。风洞试验表明 99％的种子所达距离随风速呈指数增长，显然这一研究支持了上述观点（van Dorp et al.，1996）。然而，近期的研究发现使我们对风媒传播的认知发生了深刻改变，Tackenberg（2003）、Tackenberg 等（2003）与 Nathan 等（2002）得出结论，远距离风媒传播很大程度上取决于种子的初始上升高度。由于使用了不同的系统（草原与森林）及研究方法，对于此类种子初始高度上升如何发生，两者得出了相反的结论。Tackenberg 采用高频率风测量方式来直接模拟种子运动，而Nathan 则使用高频率风速来校准模型，该模型使用边界层流体力学模拟种子运动。在 Tackenberg 所试验的草地系统中，种子高度的上升由热气流引起，因此常依赖于温暖、阳光明媚的天气，而在 Nathan 的森林系统中，种子高度的上升由森林树冠上方切变诱导的湍流涡旋引起。尽管二者存在差异，但两种方法都认为，种子初始高度的上升对其远距离传播是非常必要的。Nathan 等（2002）曾举例，大多数没有经历上升过程的乔木种子只能传播几百米，而少数经过上升过程的种子可能会传播数十千米。因此，量化种子远距离传播的可能性或将实现。此外，木本和草本植物的重要性状可能并不完全相同，对于木本植物而言，远距离传播的关键是树冠上方的种子上升，主要取决于种子的终端速度及释放高度。而对于草本植物而言，由于植被冠层高度低，变化小，传播体的终端速度（而不是释放高度）更为重要（Tackenberg et al.，2003）。

　　一个潜在的复杂情况是，在诸多物种中，质量最轻的种子可能传播得最远。但其生命力也最为微弱，所产幼苗也最为瘦小（图 3.3）。然而，Wada 等（1997）发现，相比于不健康的日本枫树种子，健康的种子传播得更远。因此不能认为生命力与种子传播之间呈负相关。此外，不健康的种子往往会出现畸形并倾向于坠落，而健康种子则更多的是独立传播，更容易在强风中开裂脱离。

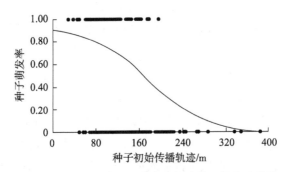

图 3.3　蒙大拿山金车种子传播轨迹的逻辑斯谛曲线

［羊菊（*Arnica montana*）种子在风洞中以 6.5 m/s 的风速传播至不同距离后的种子萌发率。质量轻的种子传播得更远，但萌发率较低。引自 Strykstra 等（1998）。］

3.2　鸟类与哺乳动物传播

　　尽管一些鱼类（Mannheimer et al.，2003）与爬行动物（Moll et al.，1995）也会传播种子或果实，但绝大多数的脊椎动物传播者还是鸟类与哺乳动物。在特定情况下，种子传播可能不涉及植物的适应性变化。多数树木的大颗粒种子被鸟类和啮齿类动物囤积（单独存放或成堆存放），种子成功传播取决于动物死亡或忘记将种子藏在何处（Vander Wall，1990）。尽管如此，这种传播方式仍旧非常有效，尤其在传播相对较大的树木种子时，此类传播较风媒传播具有更好的表现（图3.4），被动物囤积的种子除了体积大，对其他形式的传播没有明显的适应性变化，因此很难识别。例如，Willson等（1990）在种子传播谱的全球比较中，将其归入脊椎动物传播。大多数情况下，依靠脊椎动物传播的种子用富含糖、蛋白质、脂肪等营养的果肉来回馈传播者。由于哺乳动物天生嗅觉敏锐，且通常夜间活动，故哺乳动物传播的种子通常被包裹在气味芳香且颜色暗淡的果实中；相比之下，通过鸟类传播的果实不那么"重视"气味，但颜色却异常丰富（常见红色、黑色、蓝色或上述颜色间的相互组合）。

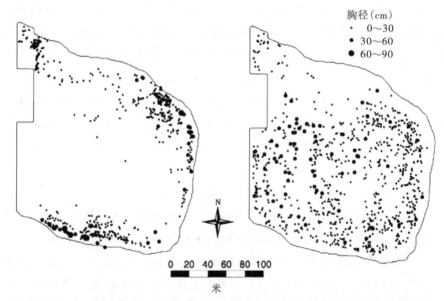

图 3.4　黄叶欧洲白蜡（左）和夏栎（右）在英国 Monks Wood 的荒野分布情况

　　〔该荒野为 4 公顷的田地，三面林地，最后一次收割是在 38 年前。这两种树的种子都从边缘传播，欧梣（*Fraxinus excelsior*）由风媒传播，夏栎（*Quercus robur*）由斑尾林鸽（*Columba Palumbus*）、松鸦（*Garrulus Glandarius*）和东美松鼠（*Sciurus Carolinensis*）传播。引自 Walker 等（2000）。〕

　　植物与其动物传播者所追求的目标很少重合，目前热议的焦点是动物传播的有效性及植物与传播者间的协同演化。在演化的时间尺度上，Herrera

（1985）发现，被子植物存活的时间约是其潜在传播者的 30 倍，这暗示了协同演化不太可能是同步进行的，而可能是单边的行为。在一项时间跨度长达 12 年的关于植物—传播体系统的研究证实，动物会在相对稳定的果实环境下演化。1978—1990 年，Herrera（1998）研究了 4 公顷地中海硬叶灌木丛的果实产量和鸟类传播者的多度，结果显示该系统表现出大部分的非平衡态特征。首先，果实多度存在极大的年际变化，总体变化超过一个数量级，个体间的变化亦不同步。其次，食果鸟类［主要是欧亚鸲（*Erithacus Rubecula*）与黑顶林莺（*Sylvia Atricapilla*）］的多度也存在年际变化，这主要与温度有关，而非果实多度。再次，果实在鸟类饮食中的地位变化与果实多度无关，其饮食构成很大程度上也与果实供应量无关。最后，鸟类的脂肪积累与果实多度、果实在饮食中的比例及果实的脂肪贡献量无关。其他证据也表明，鸟类群落总体上呈非平衡态（例如，Blake et al.，1994；MacNally，1996），而协同演化的潜力，特别是在热带地区，受到传播者群落、植物分布范围及海拔等因素限制（Murray，1988）。Jordano（1995）发现，几乎 910 个被子植物果实的所有性状都可以通过系统发育来解释；只有果实的直径似乎部分适应了当前的种子传播方式。从植物角度而言，有时最高"质量"的种子传播来自非专性传播者，这些传播者很少进食果实，近乎没有协同演化的机会（如 Calvino-Cancela，2002）。一些植物—传播者互惠关系曾被视为至宝，后经证明其实并不存在。例如，常闻于耳的渡渡鸟与渡渡树的故事（Witmer et al.，1991）。对于其他传播者种群来说（如蚂蚁），相应植物与其亦未显现出任何密切的协同演化（Garrido et al.，2002）。

植物与脊椎动物传播体间的关系通常具有随机性，这在诸多方面都可以明显看出。例如，某些鸟类可能会偏爱小种子果实（Howe et al.，1980，1981），而在其他情况下，鸟类可能会有选择地传播种子较大、存活率更高的果实（Masaki et al.，1994）。关于传播者是否将种子运送至"安全生境"以进行发芽与定殖的讨论已进行许久，但仍未达成共识。Jordano（1982）认为，几种鸟类将黑莓（*Rubus Ulmifolius*）运至其偏爱的地点，至少在其取食后不会栖息在其他悬钩子属植物（*Rubus*）上。不过，最常见的情况是种子传播者减少了种子雨的变化，而非通过任何方式将种子"引导"到特定的地点。其他果树的位置、物候及吸引力程度都属于极不可测因素。Masaki 等（1994）发现，鸟类一般将灯台树（*Cornus controversa*）种子传播至远离林窗的地方，并倾向于传播至异种果树的树冠下（图 3.5）。

Masaki 等（1998）还发现鸟类传播可能会带来意想不到的好处。直接落在土壤表面的灯台树种子有很大概率会被啮齿类动物捕食，它们似乎利用果肉饱满的中果皮辅助其寻找种子。去除中果皮（如在鸟的内脏中发生的那样）后，啮齿动物的捕食情况大幅减少，且不影响种子传播效果。

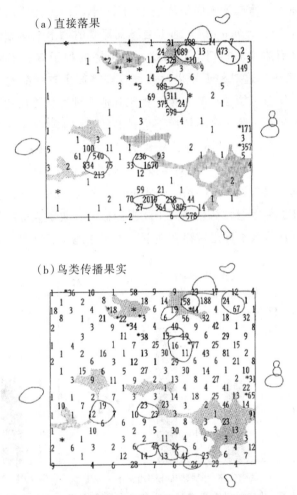

图 3.5　灯台树直接落果与鸟类传播果实的数量与位置图

［不规则圆圈代表成熟灯台树（*Cornus controversa*）的树冠，阴影部分代表树冠空间隙，星号代表异种结果植物的树冠。鸟类传播果实与异种结果植物的树冠呈正相关，与空间隙呈负相关。引自 Masaki 等（1994）。］

　　研究动物传播的最主要障碍是发现种子传播至何处，尤其是通过鸟类传播的种子何时沉积可谓是难上加难。Wenny 等（1998）对哥斯达黎加耐荫

树种 *Ocotea andresiana* 的研究是为数不多的参考例证，Wenny 等跟踪调查甜樟属 （*OcoTee*） 的 5 个主要鸟类传播者，直至鸟类吐出或排出种子为止。此外，在为期一年的试验中，通过监测幼苗的存活率和生长情况，他们将传播与适合度联系起来。在 5 种鸟类中，有 4 种通常逗留在果树及果树附近，并将大部分种子传播在果树郁闭环境下的 20 米以内。另外，雄性肉垂钟伞鸟 （*Procnias Tricarunculata*） 通常会飞到裸露的栖木上向雌性示好，这些栖木矗立在林窗边缘的枯树上，因此，其传播的种子有一半以上被移动到 40 m 以外林窗中，这对种子的生存和发育都将产生较大影响。被肉垂钟伞鸟传播的种子幼苗可能会存活一年，相比其他 4 种鸟类传播的种子，该幼苗个体更高。而将种子落于亲本树荫下生长的幼苗的主要杀手之一，即被致病菌“击倒” （图 3.6）。由于持续跟踪种子传播者困难较大，故相关例证（将种子运送至安全地带的“定向传播”） 较少，但定向传播现象并非罕见。例如，尽管花栗鼠 （*Tamias spp.*） 是加州黄松 （*Pinus jeffreyi*） 种子的捕食者，但其种子传播能力却显著高于风媒传播。花栗鼠会迅速将地上的种子收集起来，将其从亲本移走暂存在地下，种子在地下更有利于其萌发与定殖

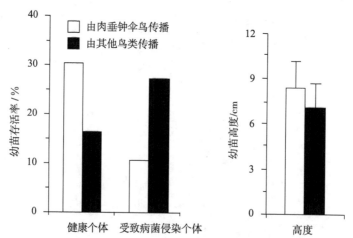

图 3.6　由肉垂钟伞鸟与其他 4 种鸟类传播的 *Ocotea andresiana*
幼苗存活率及幼苗高度 （平均值±标准误差）

　〔由肉垂钟伞鸟传播的种子更有可能存活满一年，由此产生的幼苗比由其他 4 种鸟类传播的长得更高。肉垂钟伞鸟传播种子处的致病菌致死率也较低。引自 Wenny 等（1998）。〕

（Vander Wall，1993a）。然而，Wenny 等的研究阐明，即使既定传播体对植物存在明显优势，协同演化可能仍旧难以发生。例如，很难观察到甜樟属植物如何避免其果实被低质量传播者捕食。由于肉垂钟伞鸟属于大型鸟类，增加果实与种子的大小不失为一种可能，但这样做会降低种子的繁殖力，可能只会吸引到较小的鸟类来啄食果肉，而非进行种子传播。大型物种的种群密度通常较小，更容易在当地灭绝，所以种子传播过于依赖大型鸟类也会有潜在危险。最后，由于至少 29 种植物果实都属于肉垂钟伞鸟的捕食范围，故难以保证这些鸟会和植物协作传播种子（Wenny，2000a）。即使成年植物耐荫，甜樟属植物的幼苗在林窗中也可以存活并生长得很好，然而，更高的光照水平带来的益处却是有限的，因为在最开阔的微生境中并没有幼苗存活。

　　另一种定位种子传播的方法是给传播者安装无线电项圈，加上种子通过鸟类肠道的时间数据，Murray（1988）模拟出了由 3 种鸟类传播的 3 种热带森林草本植物与灌木的种子域。虽然这 3 种植物都需要树冠间隙才能成功定殖，但种子却并没有被传播至林窗中。事实上，鸟类会避开林窗进行种子传播。尽管如此，Murray 评估结果认为鸟类传播显著提高了这 3 种植物的适合度，这是因为①避免了亲本植物附近密集斑块内的密度依赖性死亡，②森林的任何角落都可能会有林窗，广泛的传播增加了种子遇到林窗的机会。因此，这些依赖林窗生长的植物很好地体现了植物在稀有安全生境生存并能从广域传播中受益的特征（Green，1983）。

　　目前为止，我们只讨论了动物的体内传播。但显然，许多种子是通过黏附（钩、刺或黏性物质）在毛皮或羽毛上进行传播。关于此问题，Sorensen（1986）进行了权威性的评论。从表面上看，因植物不需要为传播者提供营养"奖励"，故对植物而言，通过黏附传播种子极具吸引力。不过，因其植物本身没有任何吸引传播者的机制，故其种子成熟后的移除率可能很低。如果动物在不知情的情况下携带种子，那么黏附传播的效果可能会达到最好，显然，鸟类和哺乳动物经常受黏附结构种子的干扰，一旦发现，它们就会迅速将其去除。与其他大多数机制相比，黏附传播有潜力将种子运送至更远。动物体内传播的种子行进的距离受到肠道保留时间的限制，时间可能相当短。相比之下，在未被动物发现或动物自身无法去除时，黏附种子可能会一直留在动物身上，直到其皮毛脱落或个体死亡。在偏远的岛屿上普遍存在粘附性传播物种，远距离传播的潜力可见一斑。位于新西兰以南 950 km 的麦格理岛（Macquarie Island）上的情况或最为极端，岛上的全部 35 个物种都通过动物传播（Taylor，1954），大多依靠黏附在鸟类羽毛上进行"远航"。Sorensen（1986）分析了 10 个地域植物区系中通过黏附传播的植物分布，得出结论：①黏附传播相对少见（通常只有 ≪ 5% 的物种）；②主要存在于生长缓慢的植物中；③尽管在受干扰的一年生植物生境中会存在微弱的频发趋势，但总体上，黏附传播与任何特定的生境或生活史都不具有强相关性。Sorensen 的分析中并不支持目前流行的观点，即黏附传播在林地中具有普遍性。此外，请注意，该分析是通过观察种子或果实形态来鉴定其是否属于黏附传播，黏附传播的实验研究存在较大的技术困难，但最近研究表明，小型（木鼠）和大型（鹿、牛）哺乳动物都可以有效地进行种子传播，最远可将种子运输 100 m 和 1 km（Kiviniemi，1996；Kiviniemi et al.，1998）。

延伸阅读

3.1　为什么植物会结有毒果实

大量的证据表明，对于肉质饱满的果实而言，首要功能是吸引潜在的动物种子传播者，那么植物为何还会产出带有有毒次生代谢物的果实呢？Cipollini 等（1997）汇总了关于这一明显悖论的证据，回顾了 6 种适应性假说的现状，认为次级代谢物可能包含以下功能：①提供果实奖励的觅食线索；②抑制种子萌发，帮助调节萌发时间；③迫使传播者不在单一植物上过长停留，降低种子被传播至亲本植物下的可能性；④改变种子通过传播者消化道的速度（无论是积极的还是消极的）；⑤对潜在种子捕食者释放毒素（通常为哺乳动物），但对种子传播者无害（通常为鸟类）；⑥主要防御微生物病原体与无脊椎动物种子捕食者。

Cipollini 等的结论是，上述假设都有相关证据支撑，假设间并不相互排斥，尽管大部分属于轶事或有相互关系的证据。例如，氰苷在鸟类传播的果实中很常见，并且对多数哺乳动物有毒，但雪松太平鸟却能够摄取致老鼠死亡剂量的 5 倍以上，且没有任何中毒迹象（Struempf et al.，1999，假设 5）。许多果实含有抑制种子萌发的化合物（假设 2），有的还会含有泻药成分，如蔷薇科果实（如李子）中的山梨糖醇与鼠李属物种（*Rhamnus* spp.）中的糖苷（假设 4）。尽管这些证据看似相对简单，实则并非如此。例如，对于含有氰苷的种子而言，哺乳动物对其传播的效果未必很差，多数哺乳动物喜食果实（而非种子），并且被认为是种子的有效传播者，如狐狸与熊（Willson，1993b）。

此外，Eriksson 等（1998）认为 Cipollini 等忽略了零假设，即含有有毒果实的植物通常也具毒性，它们无法从其果实中排除掉次生化学物质，或者种子传播并不因这些化学物质的存在而受过多影响。支持这一观点的是一项对瑞典植物区系果实的调查，研究显示有毒果实都来自绿色组织中含有相同化学物质的植物（Ehrlén et al.，1993）。Eriksson 等认为，如果这些化学物质只出现在果肉中，那么可以充分地说明，次生代谢物是果实适应性变化的产物，但目前几乎没有证据表明这一点。作为回应，Cipollini 等（1998）否认了任何基于果肉特有毒素的假设。这场争辩无疑表明，我们对果实中次生代谢物的作用知之甚少。例如，尽管 Cipollini 等（1997）提出了几种可能的假设检验，但大多数有关果实化学成分的分析都未能将果肉与种子分开，且此类主题的试验研究也少之又少。

3.3　蚁传播

由蚂蚁进行种子传播的现象称为蚁传播（myrmecochory）。这是动物—植物互惠互利的典型案例，植物从传播中受益，蚂蚁得到食物奖励。根据现有记录蚁传播现象分布在全球 80 多个植物科中，在许多群落中发挥着重要的作用，特别是欧洲与北美的温带落叶林（Beattie et al.，1982）及澳大利亚与南非的干旱灌丛群落（Berg，1981；Bond et al.，1989）。在某些情况下，如在美国东部的林下草本植物群落中，大多数物种都依靠蚂蚁来传播种子（Handel et al.，1981）。在澳大利亚的欧石南丛生地区，有 1500 多种运用蚂蚁来传播的植物（Berg，1981）。对一些植物而言，它们只能采用蚁传播，如血根草 *Sanguinaria canadensis*（Pudlo et al.，1980）；但对另一些植物来说，就像许多豆科植物一样，这可能是豆荚爆裂传播后的一种补充机制。Bennett 等（1987）与 Handel 等（1990）对蚁传播进行了系统的综述。

大多数依靠蚂蚁传播的物种在种子表面都有一个油状体结构（油质体，elaiosome），为蚂蚁提供奖励。油质体会吸引蚂蚁并诱导它们捡起种子，将种子运送回巢穴。在蚂蚁啃食完油质体后，种子会被丢弃在蚁窝旁的垃圾堆上，此刻种子完好无损，仍具生命力（Beattie et al.，1982）。在一项使用常绿大戟（*Euphorbia characias*）作为试验材料的研究表明，如果一粒具有油质体的种子被蚂蚁发现，那么蚂蚁将其带回巢穴的概率会增加 7 倍（Espadaler et al.，1997）。蚂蚁会优先选择具有较大油质体的种子（Mark et al.，1996）。受油质体中的化学物质诱导，蚂蚁惯于进行种子搬运（Brew et al.，1989），但也涉及蚂蚁学习行为的影响。有经验的蚂蚁在寻找与处理种子方面更有效率（Gorb et al.，1999），至少对于黄堇（*Corydalis pallida*）等少数植物而言，油质体似乎具有双重功能：吸引蚂蚁搬运，同时防止啮齿动物对种子进行捕食（Hanzawa et al.，1985）。

种子的传播距离视情况而异。在一项全球数据中，Gómez 等（1998）发现，蚂蚁传播的距离范围为 0.01～77.0 m，全球平均距离仅为 0.96 m。显然，远小于其他传播方式。种子传播曲线在较短距离处有一个峰值，但在较少出现的长距离处又保持一条长线，这种形状可能适合将种子传播至较稀疏的安全地点。此外，在同一地点，不同种类的蚂蚁搬运种子的平均距离不同（Horvitz et al.，1986a）。

蚁传播可能亦会在其他方面使植物受益。在某些情况下，种子搬运和贮存的微生境可能特别有利于植被定殖。据报道，在澳大利亚干旱地带环境中，尽管蚂蚁窝土壤上的幼苗生长不一定会增加（Horvitz et al.，1986b），但蚂蚁窝土壤中的氮和磷浓度均高于周围土壤（Davidson et al.，1981）。在其他情况下〔如在凡波斯周围 Fynbos，非洲最南端独有的硬叶树木和灌木〕，蚂蚁也会将种子搬运至养分浓度较低的土壤中（Bond et al.，1989）。不过，与种子通常埋在地表下一小段距离相比，微生境的营养状况可能并不重要。种子被埋在地下可以保护其免受啮齿动物的捕食（Heithaus，1981；Ruhren et al.，1996；Boyd，2001）及火灾的破坏（Gibson，1993a）。在对黄堇的实验中，通过蚁传播定植的种子比人工种植的种子多 90% 的幼苗，且种子成活率明显更高（Hanzawa et al.，1988）。Gibson（1993a）在对 *Melampyrum lineare* 的研究中发现，与随机种植的种子相比，蚁传播定植的种子具有更高的发芽成功率、成活率和繁殖率。一些学者认为，蚂蚁将种子放置于有利的微生境中是定向传播的一种形式，当然，这也可能仅是一次"美好的意外"。

蚁传播植物具备诸多促进二者互惠互利的性状。蚁传播植物的开花与结果物候期可能与昆虫季节性活动的高峰期相契合（Oberrath et al. Gaese，2002）。在某些物种（如猪牙花 *Erythronium japonicum*）中，植物通过错峰脱落种子使得蚂蚁采集种子效率更高（Ohkawa et al.，1996）。研究认为，相比于啮齿动物，*Melampyrum Lineare* 在早间释放种子更有利于蚂蚁的采集（Gibson，1993b）。与种子的化学成分相比，油质体的化学成分与昆虫的更相似（Hughes et al.，1994b）。这表明，种子油质体的演化过程中，植物可能利用了以前的捕食者—猎物关系。蚁传播对植物还有另一个优势：就资源分配而言，它的成本较低。在澳大利亚干旱地区，相思树属（*Acacia*）树种完全依靠蚂蚁传播，蚂蚁所获奖励占种子重量的 2% ～ 17%，平均为6.4%（Davidson et al.，1984）。与那些果实需要牺牲肉质饱满的中果皮相比，这无疑是一种高效的、低成本的传播机制。证据表明，在贫瘠的土壤中，因缺乏钾，该地难以生产出肉质饱满的果实，故蚁传播在此更为常见（Hughes et al.，1993）。

在某些群落中，外来蚁群会因不适应所在生境而被当地蚁群所取代，体现了本土蚂蚁在植物繁殖方面的重要作用。虹臭蚁属蚂蚁 *Iridomyrmex*（＝*Linephema*）*humilis* 于 1984 年入侵开普省的天然灌木林，入侵者对山龙眼科灌木僧帽丽塔木（*Mimetes cucullatus*）种子的传播方式与被取代的本土蚂蚁传播方式存在明显不同。入侵者寻找种子的速度较慢，搬运种子的距离较短，且不能将种子埋藏于地下，使种子更容易被捕食。在对两处火烧后地点的比较中，未被入侵区域的幼苗出现率为 35.3%，而被入侵区域的幼苗出现率为 0.7%。从图 3.7 可以得知，入侵物种未能将种子传播至亲本植物的冠层之外（Bond et al.，1984）。外来蚂蚁的入侵，对依赖本地传播者的大种子物种的繁殖造成了不利后果，影响了未来群落的物种组成（Christian，2001）。Zettler 等（2001）在南卡罗来纳州落叶林中也发现了类似情况，这凸显了在某些蚁传播下，植物与传播者间互惠互利关系的脆弱性。

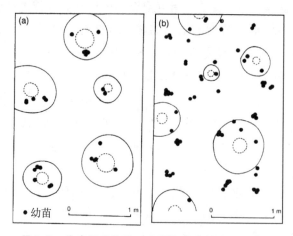

图 3.7 外来蚂蚁物种对当地蚂蚁传播种子的影响

［图表为在火烧之后，有阿根廷蚂蚁（*Iridomyrmex humilis*）介入（a）和没有阿根廷蚂蚁介入（b）进行南非灌木僧帽丽塔木（*Mimetes cucullatus*）种子传播的不同情况。实线为亲本树冠，虚线为亲本树根。引自 Bond 等（1984）。］

3.4 弹射传播与水媒传播

弹射传播与水媒传播均属于小众的种子传播模式。在特定的极小部分群落内可能会频繁出现（Willson et al.，1990）。短距离传播是弹射传播与蚁传播的共性特点（Willson，1993a；Gómez et al.，1998），事实上，较多物种都兼具这两种传播方式。不过，单凭其中一种来实现远距离传播都是不现实的（Stamp et al.，1983）。Stamp 等（1983）提出，此类植物的传播过程通常有两个阶段。弹射传播在前，蚁传播或水媒传播在后。弹射传播虽然非常普遍，但却很少被使用（Willson et al.，1990），弹射传播至少成本低廉且不需要提供动物奖励，所需的专属结构也很少，这进一步证明，许多植物似乎未经历过远距离传播的自然选择。

由于水媒传播较为稀少，Willson 等（1990）对其进行研究存在一定难度。事实上，其传播效果十分有效。Danvind 等（1997）在瑞典的一条河流中释放了种子类似物（小木块），发现大多数都是在下游约 20 km 处再入视野。一些外来入侵物种的迅速传播常常被归咎于水媒传播（Thebaud et al.，

1991；Pyšek et al.，1993）。水也可以进行有效传播增加物种的分布。例如，在湿草甸，其他的种子传播方式难以进行（Skoglund，1990）。

仅观察传播体的形态往往很难识别其采用的是水媒传播，虽然许多物种拥有明显的浮力辅助形态，但其他无明显形态适应变化的物种也可以漂浮于水面。与其他传播方式相关的结构（如风），也可能有助于漂浮。在一些群落中，对水媒传播的主要适应当属植物结实期与年度可预测的洪水同步（如Kubitzki et al.，1994）。因此，水媒传播主要是生境的特征，而非植物的特征——任何水生或沿河岸栖息的物种都能在一定程度上采用水媒传播。Danvind 等（1997）测量了 17 种高山物种种子的漂浮能力，并试图将其与在瑞典河流下游的分布情况联系起来，尽管无法忽视下游植物分布受到生境可用性的限制及下游植物种群本身可能是其他种群的种子来源，但种子漂浮能力与植物分布情况无明显关系。不过，其他证据表明，水媒传播可能在构建植物群落中发挥着重要作用。在瑞典的十条河流中，每条河流的物种频度与其传播体的漂浮量之间呈正相关，而同一地区的北方森林与草原中却没有发现类似关系（Johansson et al.，1996）。

3.5 人类活动与家畜

自人类开始对自然景观产生严重影响以来，就一直是重要的种子传播者。Poschlod 等（1998）曾论述过与欧洲传统农业实践有关的各种种子传播模式，其中包括①对已播种种子的污染——根据 Salisbury（1953）的数据，每年仅三叶草和草籽就有 20 亿～60 亿粒种子受到污染；②粪便中的种子（表 3.1）；③作物收割传播；④牲畜传播；⑤对草场的人为漫灌。这些传统做法在不同生境内部和生境间形成了一个传播网络（图 3.8）。农业的现代化转变减少或切断了种子的传播环节（图 3.9），包括改进种子清理方法、更早地收割（作干草或青贮）、采用机器收割及停止牲畜的季节性迁移等。传统农业不仅使种子传播的数量惊人，而且传播的物种也是多种多样。例如，对德国钙质草原上放牧的一只绵羊的羊毛进行的 16 次采样，发现毛皮中存有 85 个物种 8511 个繁殖体（Fischer et al.，1996）。此外，尽管从绵羊身上发现的有钩状或冠毛的传播体占了很高的比例，但绵羊的体型与长时间的种子释放同样重要。仅在一个夏季，400 只羊就可以传播 800 多万粒种子，其中许多（传统牲畜的季节性迁移）传播距离超过数百千米（Poschlod et al.，1998）。现有研究认为，许多植物种子在被放牧动物吃掉后会传播出去，但其形态上无明显的适应性变化（Janzen，1984；Malo et al.，1995；Sánchez et al.，2002）。对英国 10 个地区的研究中，Pakeman 等（2002）发现，这些地点生长的 98 种植物中，37% 的种子存在于绵羊或兔子的粪便中。值得注意的是，粪便中存在的理想的种子形态特征与土壤种子库中存在的最佳种子形态特征完全相同：相比大的、扁平的或细长的种子，小的、圆形的、坚实的种子更有可能出现在粪便中（Packeman et al.，2002）。而种子在土壤种子库中生存所需的适应力与在动物肠道中生存所需的适应力是否相同，还有待实验研究。

表 3.1　各种饲料、凋落物及用作肥料的粪便中繁殖体的含量

用作饲料、凋落物或肥料的物质类型	繁殖体	物种数量
脱粒废料	16 500～1 734 500/kg	14～27
粗糠、谷壳、箔条	4500～170 000/kg	?
干草棚碎屑	182 500/kg	13
秸秆饲料/凋落物	No number given	10～17
麸皮/谷物粗粉	80～6800/kg	?
磨坊中的冲刷废料	287 800/kg	22
马粪（发酵且储存时间<0.5 年）	326 440～958 960/60 t*	?
牛粪（发酵且储存时间<0.5 年）	58 960/60～488 230 t*	?
猪粪（发酵且储存时间<0.5 年）	326 440～511 490/60 t*	?
羊粪（发酵且储存时间<0.5 年）	825 000/60 t*	?
鸡粪（发酵，储存时间未知）	1 042 039/60 t*	?
堆肥（田野边缘、路边等的粪便和土壤等）	19 000 000/40 t*	?
池塘淤泥	＞6000/1	最多至 42

注：* 施肥面积为 1 公顷。引自 Poschlod 等（1998）。

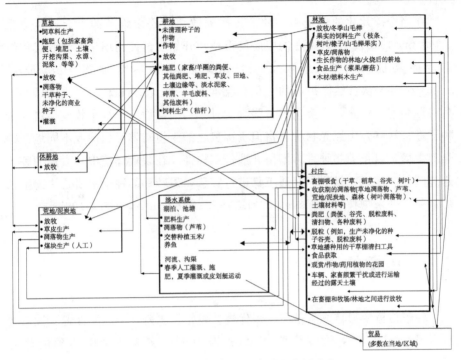

图 3.8 欧洲传统农业中的种子传播流程

[引自 Poschlod 等（1998）。]

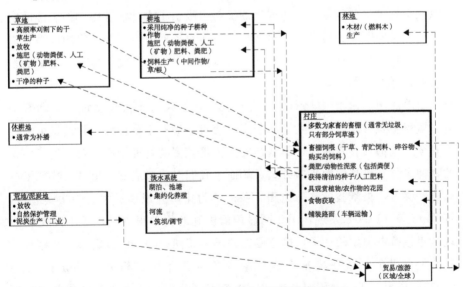

图 3.9 欧洲现代农业中的种子传播流程

[虚线表示与历史景观相比，重要性显著降低的种子传播方式。引自 Poschlod 等（1998）。]

在当今碎片化的环境中，种子传播失败会对许多物种的生存产生威胁（Opdam，1990）。这种潜在的威胁使得植物开始尝试使用现代方法取代传统的传播功能。例如，事实证明，割草机非常有效地将 *Rhinanthus angustifolius* 从自然保护区的一侧传播至另一侧（Strykstra et al.，1996）。具有讽刺意味的是，人类仍具备强大的种子传播能力。传统畜牧业会将大量种子进行转移，由原先物种丰富但资源贫乏的生境转移至相同或不同地区的类似生境，以帮助物种维持繁衍和遗传多样性。在现代环境中，大量的种子通过园艺、建筑、景观和交通工具进行转移，但转移的种子主要是快速生长的杂草与外来物种（McCanny et al.，1988；Hodkinson et al.，1997）。

3.6 传播的演变

种子传播使得植物具备了众多优势，包括：①避开专性捕食者（被亲本吸引或由亲本滋生的致病菌）；②分摊种子在多变环境中遇到的风险（Venable et al.，1988）；③防止或减少亲本与子代间的竞争；④找到种子可以成功萌发与定殖的"安全地点"。安全地点通常（但并不总是）位于植被间隙或干扰较强的区域。上述假设的优势也吸引了大批学者探讨种子传播的关键生态学问题，相对来说，这些优势有多重要？是否存在特定的传播方式使得优势最大化？这些问题的答案是否取决于具体的环境，传播又会受到系统发育怎样的制约？

简单的图形模型（Green，1983）表明，如果对于植物来说，找到安全的生境很重要，那么这些生境的密度也会对传播有重要影响。假设每个物种的安全生境都具有专属性，那么与安全生境较多的物种相比，安全生境稀少的物种应具有更高效的传播方式。然而，我们对传播或安全生境的特征了解得还不够多，很难验证这一预测。在迄今为止研究规模最大的一次实验中，Willson 等（1990）发现：①无明显传播机制的物种很常见；②不同生物地理区相似植被类型的种子传播范围往往不尽相同；③不同传播方式与植物所处的生境差异、微环境幅度或群落内盖度并非始终相关。Thompson 等（1999）指出，无论是国家范围或区域范围（分别在英国与英格兰北部）都与传播终端速度（一种测量风媒传播能力的方法）无关。另外，在澳大利亚的相思树属（*Acacia*）与桉（*Eucalyptus*）属中，物种的传播效率越高

（鸟类传播、蚁传播或无传播辅助），其传播范围就越大（Edwards et al., 1996）。需要注意的是，上述所有研究都没有对传播的最终结果进行考量，传播结果与种子传播的形态适应或并无直接联系。尽管如此，如果我们接受了上述研究结果，则可以得出如下结论：一是植物缺少独有的传播机制往往不是劣势；二是物种在提升传播效力后，会进一步受到自然选择的压力，系统发育在物种所选的传播方式中起到了重要作用。之所以得出结论一，或是因为许多物种不需要大量传播就可以获得种群增长的机会，或是因为许多没有明显传播机制的物种仍然得到充分传播，抑或二者兼而有之。

结论一的证据来自沙漠地带，其中具有专性传播机制的植物不大于15％，许多物种甚至具有主动阻碍传播的相关结构（Ellner et al., 1981）。Ellner 等认为，推动种子传播演化的两种主要力量在沙漠中较微弱或不存在。首先，过高的非密度制约死亡率使植物成体与幼体的密度保持在较低水平，因此，种子无须逃离附近聚集的亲本植物。其次，降雨量是影响种子萌发与定殖的关键，这通常与几十或数百平方千米区域相关，因此，种子定殖要想获得显著提升，唯有通过较难实现的远距离种子传播。Bolker 等（1999）设计的模型也表明，植物的多数繁殖体主要进行本地传播，以保留亲代的优良环境，而少数繁殖体则进行远距离传播，向外探寻合适的生境。这或许是植物的最佳传播策略，且大多数植物似乎都遵循这样的规律。

不同繁殖体传播路径产生的种子域有明显区别吗？经整合所有可获得的已发表数据后，Willson（1993a）与 Porrtnoy 等（1993）试图对该问题进行解答，首先，Willson 对种子实现的最大传播距离与方程 $\ln y = mx + b$ 的远端部分的斜率 m 进行了比较，其中 y 为距离种子源 x 处的种子数量。大多数数据集都呈现出与这种负指数分布的合理拟合。与没有特定传播机制的物种相比，风媒与弹射传播的草本植物的最大值更大，斜率更小。换言之，植物对特定传播方式的适应性变化确实改善了传播效率。对于乔木与灌木而言，相关最大值记录较少，二者或采用风媒传播，或采用脊椎动物传播，选择余地较小，且采用圆形分布还是线性分布对传播结果起着决定性影响。在对种子传播分布末端的深入分析（Portnoy et al., 1993）中，数据呈现出两种分布模式：代数的（较长，具有较大的"可及性"）或指数的（较短，具有较小的"可及性"，图 3.10）。代数末端很常见，即使在没有特定传播机制的种子也是如此，末端行为与特定传播方式无关。现有数据集的缺陷和一些统计问题使得研究人员难以从上述实验中得出任何定论。不过，可以假设，植物对传播方法进行适应性变化通常会增加某些种子的移动距离，且在此方面，风媒传播与脊椎动物传播都不会做到一直有效。令人惊讶的是，没有任何一种传播方式对末端行为进行限制，因此，自然选择对末端传播方式的演化没有起到任何帮助。总之，我们对种子传播末端的生态与演化重要性知之甚少。

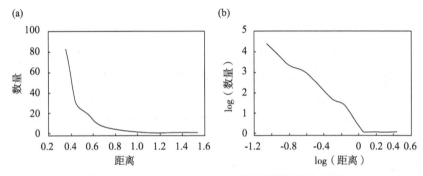

图 3.10   Mirabilis hirsuta——种子传播数据集示例

〔此图仅绘制了模式之外的数据：（a）未转换的数据；（b）双对数函数图，代数末端呈线性。引自 Portnoy 等（1993）。〕

　　Janzen（1970）和 Connell（1971）提出，种子传播是维持热带森林高大树种多样性的关键因素。靠近亲本植物的种子、幼苗和（或）幼株死亡率更高，死亡原因主要来自捕食者、致病菌（Augspurger，1983；1984a）、亲本竞争（Augspurger et al.，1984；Aguera et al.，1993）或子代间的竞争（Matos et al.，1998）。总之，通过种子传播远离亲本会提高其生存概率。一些研究已经表明，种子传播具有明显优势。许多处于萌发阶段，落在亲本树下的苏里南油脂楠（*Virola surinamensis*）种子被一种象鼻虫（*curculionid weevil*）杀死（Howe et al.，1985），而距亲本 45 m 的种子遭受同样命运的可能性低了 44 倍。然而，哺乳动物的捕食行为会导致一半以上的种子和幼苗死亡，且与距离无关；在一片龙脑香科植物中，米仔兰属（*Aglaia* sp.）种子在亲本树冠下被捕食的速度大于远离亲本的种子（主要是被啮齿动物捕食）。靠近亲本的幼苗死亡率较高（Becker et al.，1985）。Schupp 等（1989）发现，由于果树附近存在动物捕食现象，棕榈树（*Welfia Georgii*）的种子存活率在距亲本约 10 m 的林下达到最高。Matos 等（1998）认为植被更新存在最小临界距离，在其范围内更新便不会发生。Clark 等（1984）整合了相关数据试图综述"逃避假说"，所获数据多与假说相符，研究表明，种子及幼苗会因距离因素、密度因素或二者兼有而产生死亡。此外，逃避假说也存在较少案例的特殊情况，其认为亲本临界距离内的幼苗存活率为零。但如Hubbell（1980）所述，几乎所有的种子都落在亲本附近，故捕食者与致病菌可能难以消除亲本附近的所有幼苗再生。Maeto 等（1997）对色木枫（*Acer pictum*）、Grau（2000）对 *Cedrela lilloi*，以及 Nathan 等（2000）对叙利亚松（*Pinus Halepensis*）的研究都与 Janzen-Connell 模型相符。

在一项具有开创意义的研究中，Augspurger 等（1992）通过试验操控了两棵热带树木 *Tachigalia versicolor* 的种子传播，以产生① "均匀" 分布，其密度始终等于自然尖峰分布的平均值；②与自然分布相同的由两树种子组成"混合"分布；以及③低密度的"延伸末端"分布，最高超出自然分布 1.8 km。种子与幼苗被捕食是造成其规模死亡的主要原因。两年之后，均匀分布的种群增长数量较大，而延伸末端则较少。陆生哺乳动物善于在延伸末端寻找、捕食种子与幼苗，而在靠近亲本植物密度较高的环境下，陆生哺乳动物或已饱食，或搜寻不完整。一个令人惊讶的发现是，只要传播可以提升种子域的均匀性（而不是显著提升远距离传播效率），自然选择会对传播表现出一定的倾向性。Wenny（2000b）对哥斯达黎加 *Beilschmiedia Pallula* 所做的研究一定程度支持该假说。大多鸟类传播的种子分散在距亲本树冠边缘 10 m 以内的地方。因致病菌和种子捕食者的存在，幼苗死亡率较高。对琼楠属（*Beilschmiedia*）植物而言，种子传播在一定范围内是有利的；从冠层边缘起，传播距离＞30 m 的种子的存活率低于那些仅移动 10～20 m 的种子。由此可知，亲本所处位置为子代提供了良好的生长环境，种子传播距离不宜过远实为最理想的传播策略。

然而，许多关于幼苗更新的研究表明，幼苗更倾向在亲本附近进行更新，造成物种的聚集分布。此类高密度的物种分布可能是因为捕食者在种子密集的地方已饱食所致（Burkey，1994）。即便早期死亡率很高，但从长远的角度来看，亲本附近的种子存活率或最高。这一点在巴拿马 *Ocotea whitei* 进行的一项为期 6 年的研究中得到了证明（Gilbert et al.，2001）。Schupp（1992）指出，捕食者饱食效应更有可能在相同物种密度较高的地方作用。在个体较为分散的地方，树下高密度的种子会吸引种子捕食者，但不会让其饱食。因此，种子捕食者对植物种群更新（最终对间距的影响）的影响可能取决于物种在种群水平的传播方式。其他情况下，在亲本植物附近更新可能仅仅是因为亲本在一定程度上改变了生境，通常是通过提供幼苗更喜欢的荫蔽条件来促进后代定殖。例如，这种正反馈效应在 *Quercus emoryi*（Weltzin et al.，1999）和 *Tsuga candensis*（Catovsky et al.，2000）中均有体现，会引导该物种在当地占据统治地位。

Condit 等（1992）的大规模调查是对 Janzen-Connell 模型进行的最佳检验之一。在巴拿马巴罗科罗拉多岛的热带潮湿森林中，他们绘制了 50 公顷内涵盖 80 种木本植物的成体与幼苗，记录了年龄大于 3 年的幼苗。研究发现，大约只有 1/3 的冠层树种表现出局部更新减少的现象（即符合逃避假说的预测），较矮小的树种中呈现相反的结果，而大多数植物却无明显效应。矛盾的是，迄今对 Janzen-Connell 假说最有利的支撑也来自巴拿马（Harm et al.，2000）。在 4 年多的时间里，学者将 200 个种子捕捉器捕获的 386 027 粒种子与相邻林地的 13 068 棵幼苗进行了比较，数据表明所有的 53 个物种中，幼苗的更新强烈依赖于密度。幼苗的物种多样性与已定殖植物的物种多样性相似，远远高于种子的多样性，这与 Janzen-Connell 效应促进热带森林多样性的假设一致。

在一项仅针对两个物种的研究中，Cintra（1997a）认为，植被更新的空间格局可能取决于物种、捕食者类型、调查的空间规模，甚至是特定的年份。如果传播者（貘 tapirs）将大多数 *Maximiliana maripa* 的种子搬运至同种植物成体且有一定距离的地方，那么种子成活率会提高很多。若在同一地点进行大规模种子沉积，则会导致幼苗聚集（Fragoo et al.，2003）。虽然，在不同程度上，Janzen-Connell 效应可能会经常作用。但很明显，热带森林的多样性是多种机制相互作用的结果（Wright，2002）。

3.7　最后几个问题

尽管历经一个多世纪的研究，种子传播生态学的许多内容仍令人费解。很大程度上，传播的重要性很像是在问杯子是半满还是半空，也就是说，角度不同，选择的相关证据不同，问题的答案也不同。毫无疑问，绝大多数的传播距离是以厘米或米为单位，也期待看到在这种尺度下群落结构出现聚集性的本土植物种子传播。Kurin（1998）提出，由于相邻群落的繁殖盈余维持了次优生境中的物种，当地传播应会引起"群体效应"，即增加群落边界的物种多样性。通过对 Rothamsted 公园的草地试验发现，草地的群体效应非常微弱，只有极少数物种表现明显，Kunin 的调查并没有直接观察种子传播，在这种茂密的多年生植被中，定殖比传播更为困难，也更为关键。Kadmon 等（1999）在以色列的一个沙漠群落对群体效应进行了研究，由于这片栖息地的开放性，人们直观地认为种子传播应发挥着重要作用。在 4 年多的时间里，他们移除了灌木下方或灌木之间的一年生植物，监测该行为对另一栖息地一年生植物的存活率和多度的影响。结果显示，两个栖息地的 34 种一年生植物无一因该实验而灭绝，且仅有一种植物的多度发生了改变。以上两项研究都选择了最适合的生境条件，以期能对"群体效应"或"源库动态"进行论证，但最终呈现的效果却十分微弱。尽管二人都没有直接对种子传播进行调查，但所得结论一致，即种子传播对当地群落的净影响较小。

尽管如此，短距离和长距离种子传播有效性的证据仍在不断积累。已有明确证据表明，林地草本植物的种子传播极其缓慢（例如，Matlake，1994）。Cain 等（1998）研究了蚁传播林地中草本植物北美细辛（*Asarum canadense*）的传播情况，发现其种子传播距离长达 35 m，创下林地草本植物蚁传播的世界纪录。基于该结果的传播模型显示，自上一次冰期以来，该地的细辛理论上应该移动了 10～11 km，而实际上却已经"走"了数百千米。相关文献综述表明，细辛的这种迁移并非罕见。此外，对于大多数草本植物的分布情况而言，目前尚未有相关机制能阐明其缘由。Cain 及其同事所构建的模型表明，细辛的传播移动速率，每年都必须以很高的概率（每个种子≥0.001）发生远距离传播事件才能得以实现。Cain 等的研究激励着其他学者，探索这些现象会对遗传、繁殖和集合种群动态产生生态后果（大多情况仍未可知）。

最近研究进一步证明了自然选择对种子传播强烈的影响。在岛屿上的一些通过风媒传播的菊科（Asteraceae）植物中，风媒传播能力出现急剧下降（Cody et al.，1996）。在短短五代，瘦果与冠毛就在尺寸上发生了巨大变化，进而引起种子传播的减少，证明了这种传播在正常条件下的有效性。

显然，关于种子"旅行"的距离、频率及其种子后期命运的研究，仍有大量空白需要填补。然而，在追求这一目标时，生态学家也应该注意到 Scott（1985）的事迹。在英国的道路上进行了一项关于盐生植物使用除冰盐而导致种群扩散的研究中，Scott 发现了两个新物种，且每个物种都距现有已知生长地区至少 20 km。其中一个物种在他试验盐源的盐库中发现，另一种则在其家乡发现。

延伸阅读

3.2 萌发与传播过程中的亲本—子代冲突

起初，我们认为母体植物与其子代在萌发及传播策略上应完全一致，即任何对一方有利的也会对另一方有利。但事实上，二者存在较大的分歧，且至少出于两个不同的原因。如果子代幼苗间存在较强竞争，那么亲本的适合度就会通过把控时间或空间上的种子传播来获得最大化。然而，幼苗群体将具有最高的适合度，不属于该群体的幼苗其适合度都将低于最大适合度。从理论上讲，子代间竞争引起的亲本—子代冲突是很有说服力的（Ellner，1986；Nilsson et al.，1994），但这种冲突会延迟种子传播或种子萌发的证据却不是很充分（Zammit et al.，1990；Cheplick，1992；Hyatt et al.，1998）。

此外，在不可预测的环境中，风险分摊也会引起亲本—子代冲突（Haig et al.，1988）。许多环境本质上就不可预测，例如，当漫长炎热的地中海夏季结束、雨季开始之前，或会出现单个或零星的降水事件。对于种子个体而言，最佳萌发时机往往只有一次，它可以最大限度地降低过早萌发（或因干旱而死）或过晚萌发（所处环境已经挤满了过早萌发的幼苗）导致的综合风险。相反，母本植物的最佳策略是调控子代的萌发时间，即使一些过早或过晚萌发的子代存活率较低。关键是在种子"决定"发芽时，无法预测育苗环境的适宜性。这种风险分摊的主要好处在于避免集体性的繁殖失败。分散萌发时间常发生于无持久性种子库的结一次果的物种，对于此类物种来说，萌发失败的代价太过惨重。多年生多次结果的植物及具有持久性种子库的物种总可以在下一年重新来过。

如何解决这些冲突呢？子代组织被种皮与果皮包围，这两种组织具有母本植物的遗传物质，无疑赋予了母本植物一种固有优势。对于种子传播来说尤其如此，与传播有关的结构（如翅、芒、冠毛、肉质组织）皆具母本的遗传物质。在具有单籽果实的植物中，植物间传播特性的变异尤为常见，母本植物为子代提供不同的传播结构相对容易，但这不仅只局限于此类植物。这种异质性的极端形式，即产生两种或两种以上不同类型的种子（种子多态性）在菊科（如 Venable et al.，1987；Chmielewski，1999；Porras et al.，2000；Imbert et al.，2001）与禾本科（如 Cheplick et al.，1989）中较为常见。

重要的一点是，在时间与空间上进一步对种子萌发进行调控，即使导致了部分种子的死亡，但也有效地降低亲本—子代的冲突。在不可预测的环境中，即便是"牺牲"了部分子代，如果它们的遗传物质通过幸存的其他种子进行了扩散，那么也可以从风险分摊策略中获益（Haig et al.，1988）。

有关其他植物特征（包括胚乳、种子供应与雌性两性异体）在演化过程中出现冲突的综述，请参阅 Haig 等（1988）与 Domínguez（1995）。

第四章　土壤种子库

　　成熟的种子从亲本脱离，最终将落于土壤表面，之后种子或立即萌发，或可能无限期延迟并于特定时间段萌发。在延迟种子萌发的这段时间内，种子或停留在土壤表面，或埋入土壤内形成土壤种子库。目前，已有众多公布的研究旨在对不同类型的种子库进行描述与分类（Csontos et al.，2003）。在温带地区，Thompson 等（1979）的研究方案使用范围最广泛，他们将种子库分为四种类型（图4.1）。类型Ⅰ：秋季萌发物种，该物种的种子仅在夏季成熟。类型Ⅱ：春季萌发物种，该物种的种子只在冬季成熟。以上两种类型的种子在脱离亲本后经常（但不一定总是）会处于休眠状态。当二者遭遇较高温度（类型Ⅰ）或较低温度（类型Ⅱ）时，会退出休眠状态，进而萌发。这两种类型被称为短暂种子库，因为基本没有种子会在土壤里存留超过一年。不过，对于类型Ⅲ与类型Ⅳ而言，种子产量的一小部分（类型Ⅲ）或一大部分（类型Ⅳ）会进入土壤并形成持久土壤种子库，且存留时间超过一年以上。事实上，类型Ⅲ与类型Ⅳ是一个事件的两种情况，目前可知，同物种会因时间和地点而异，表现出类型Ⅲ或类型Ⅳ（Cummins et al.，2002）。此外，出于上述原因及该分类体系缺乏种子寿命的相关信息（持久种子库可能会留存几年至几十年）等考量，Thompson 等（1997）提出一种基于种子库时间有且只有3个类型的分类系统。在此系统中，短暂种子库中的种子在土壤中存留不到一年，种子的休眠时间（夏季休眠或冬季休眠）未进行区分，不过，在热带地区也没必要对此区分。短期持久物种的种子在土壤中存留至少一年但不多于5年，而长期持久物种的种子至少存留5年。Thompson 等（1997）汇总了有关西北欧植物区系种子库类型的现有信息。

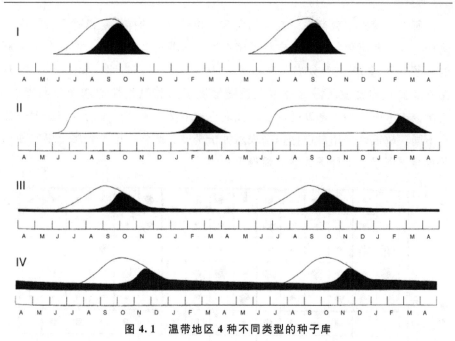

图 4.1　温带地区 4 种不同类型的种子库

［曲线表示立即萌发种子的季节多度（阴影区域）与处于休眠状态的可萌发种子（未涂阴影区域）。引自 Thompson 等（1979）。］

4.1　种子库的实践操作

在绝大多数种子库研究中［远超 Thompson 等（1997）的汇总数量］，研究人员会采集不同深度的土芯样品，在适合萌发的条件下将其铺在托盘上，并对幼苗进行计数，以此完成种子库的分析。在少数研究中，研究人员会直接将种子从土壤中提取出来进行计数。但该方法存在一些缺点，从土壤中提取种子并非易事，有的种子非常小，既容易丢失，又难以辨别，无法推测种子是否存活，所以种子的提取工作应与种子活力检测工作并行开展（Gross，1990）。然而，与采用萌发的方法相比，采用物理提取的方法往往会发掘出更多物种（如 Brown，1992）。这表明，采用萌发来进行种子库调查的方法可能无法检测到特定物种的种子是否正在休眠，或对萌发条件有严格要求。为解决上述问题，通常会采用折中且有效的办法：筛选土壤，减少体积，最后促使留存在土壤内的种子萌发。这样既能减少所需空间，又可以加速种子萌发（Ter Heerdt et al.，1996）。

所需试验样本数量视研究目的而定。相对较少的样本足以确定种子库的物种构成，若要更精确的确定种子密度通常需要更多的样本。留存在土壤中的种子一般呈斑块型分布（Schenkeveld et al., 1984, Thompson, 1986；图 4.2），测定密度所需的样本数量随密度下降和斑块性增加而急剧增加。因多数土壤内的种子密度随深度增加而迅速下降，不同试验的取样深度也各有不同，故最好采用单位体积来表示种子密度。此外，位于表层土壤的种子数量会被深层土壤种子数量"稀释"。

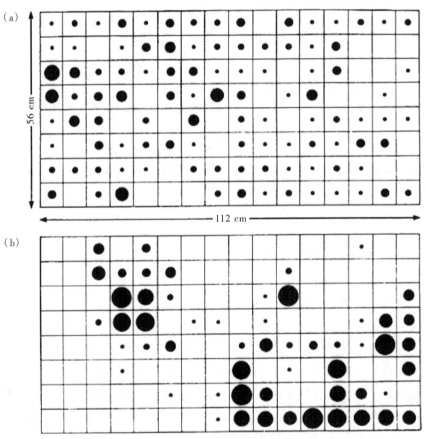

图 4.2　在 128 块相邻土壤中（英国德文郡达特穆尔的酸性草地）

可萌发种子（被掩埋）的分布情况

[（a）细弱剪股颖（*Agrostis capillaris*）与（b）平卧扁芒草（*Danthonia decumbens*）可萌发种子（被掩埋）的分布情况。每块土壤的尺寸为 7 cm×7 cm×5 cm（深）。图示实心圆表示种子数量，从 1（最小）至大于 20（最大）。平卧扁芒草未出现在取样区域。引自 Thompson（1986）。]

　　不同类型土壤内的种子密度差异较大，在林地（热带与温带）、北极与高山群落的土壤种子密度较低，而在受干扰生境（如耕地、欧石南灌丛及一些湿地）的土壤种子密度较高（Leck et al.，1989）。多项研究都发现，北极冻土带地下无有活力的种子，但在几处湿地中，却发现发现了远超 100 000 粒/m^2 的种子。例如，草地等其他一些生境的土壤中，种子密度也各有差异。在本章，我们会探讨造成这些差异的原因。由于小种子物种比大种子物种产种数量更多，且小的种子更有可能在土壤中持续留存（见下文），单个物种的密度与种子大小呈明显负相关（尽管种子质量仅能解释 33％的种子库密度变化，K. Thompson，1998，未发表）。在美国俄亥俄州的内陆盐沼中，记录到拟漆姑（*Spergularia marina*）的种子密度最高，为 488 708 粒/m^2（Ungar，1991）。牛膝姑属（*Sperularia* spp.）的种子都很小，约 0.05 mg。此外，优势类群（帚石南属 *Calluna*、灯芯草属 *Juncus*、香蒲属 *Typha*）的种子极小，这也是欧石南灌丛与一些湿地成为种子密度较高区域的原因之一。

　　对自然界土壤种子库进行研究会为土壤中的种子寿命提供直接信息，通常是以物种的形式，虽然这些物种不再存活于植物群落中，但却仍以种子的形式存在于土壤中。原来开垦过的草地内的杂草种子、林地内需光物种的种子及已知栽种时间的种园内的种子，都提供了最短种子寿命的证据。其他有关种子寿命的更直接证据来自于埋在已知建造时间的建筑物下的种子。有时，这样的信息似乎表明埋藏的种子寿命极长（如 Odum，1965），不过，这些文献应该谨慎对待。Priestley（1986）对埋藏种子的长寿纪录进行了讨论。很少有证据直接体现土壤中种子的垂直分布会影响种子库的寿命。通常人们认为，深埋于地下的种子一定比靠近地表的种子更长寿，相关证据也支持这一观点（Grandin et al.，1998）。通过检测两个或更多个土层的研究发现，上层和下层种子的比例可以作为寿命的替代测量（Thompson et al.，1997）；令人惊喜的是，这种测量方法与直接测量种子寿命的结果具有很好的一致性（Bekker et al.，1998a）。

　　此外，还可以通过埋藏实验来获得关于土壤内种子寿命的数据，即种子被埋藏后经特定时间段（可能是几年，甚至数十年）后掘出。这一方法的经典案例当属 W. J. Beal 在 1879 年对 21 个物种的种子进行的埋藏试验，自那时起，研究人员每隔 5 年、10 年（现在为每隔 20 年）对其进行监测，在 120 年后，圆叶锦葵（*Malva pusilla*）、毛瓣毛蕊花（*Verbascum blattaria*）

及一种身份不明（可能是杂交）的毛蕊花属种子仍然存活（Telewski et al.,
2002）。经过 25 年来的不懈努力，最近，Harold Roberts（1986）及众人在
英格兰中部前国家蔬菜研究站，建立了一个关于温带可耕种杂草与其他草本
植物短期寿命的大型数据库。

几乎所有关于年代久远的种子记录都属于间接证据，其间，最可靠的来
自处于物理休眠的物种（Shen-Miller et al.，1995）。研究人员从中国东北一
个湖泊的干燥河床中获得莲（*Nelumbo Nucifera*）的种子。使用加速器质
谱技术对其进行萌发与放射性碳年代测定得出，萌发年龄最大的种子为
（1288 ± 250）岁，由于这种技术只需要少量的果皮样本，故不会导致种子
死亡。

4.2 休眠和种子大小

时常有研究人员［原著作者之一（Fenner，1985）也是如此］会认为种
子休眠等同于种子在土壤中的持久性。然而，土壤中的种子可能处于不同的
生理状态中，其中多数状态与生理学家所理解的"休眠"相去甚远。近年
来，一项关于种子休眠与种子持久性关系的研究表明，处于非休眠状态的种
子，其持久性会轻微降低。但休眠既非持久种子库积累的必要条件，也不是
其充分条件。通过种子休眠来预测种子持久性并不现实；种子休眠与种子持
久性可以存在多种排列组合方式（Thompson et al.，2003）。

在一篇重要的论文中，Vleeshouwers 等（1995）试图调解生态学家与
生理学家在种子休眠问题上经常出现的观点矛盾。他们的结论是，种子处于
未萌发状态即认为其处于休眠状态是错误的观点，休眠是种子的特征之一
（而不是环境的特征），目前为止，温度是唯一被证明可以改变种子生理休眠
水平的环境变量。因此，种子通过萌发而退出持久种子库是因为受到环境刺
激（通常是受光影响，但不总是因为光），而不是休眠解除。对于大多数种
子而言，休眠对种子持久性的作用仅限于调控种子对萌发刺激做出响应的时
间，或阻止其在脱离亲本后立即萌发。需要注意的是，多数在土壤中的种子
大部分时间都处于非休眠状态，只有光才能使其萌发，故使用常规种子萌发
的方法研究种子库是可行的。更多有关休眠的内容，请参阅第五章。

在温带气候条件下，多数持久土壤种子库的种子处于吸胀状态，而非休

眠状态。降低温度与（或）降低种子含水量，或同时降低温度和水分含量，可以延长正常种子在干燥贮藏环境中的寿命，极大地减缓了遗传物质与膜损伤的累积速度，以防降低种子存活率并最终导致种子死亡。土壤内持久种子的环境条件与那些在干燥环境内有利于存活的条件进行对比后，发现二者有相悖之处。这主要是源于一个事实，即在一定水分含量以上，只要有氧气，种子寿命就会随水分增加而延长。在此期间，即使种子只是间歇性出现吸胀作用（Villiers et al.，1975），也会对种子产生危害，但这种程度的危害会被代谢活跃的种子迅速修复（Villiers，1974）。在潮湿气候条件下，土壤种子库的持久性似乎更依赖于这种主动修复机制（Priestley，1986）。因此，尽管持久种子库的种子不活跃，但我们也不能视其是惰性的。除了在许多物种中发现的周期性休眠变化之外，最近的研究表明，埋藏在土壤中的种子中有强烈的蛋白质合成现象（Gonzalez-Zertuche et al.，2001），这些蛋白质与种子发育过程中合成的蛋白质相似，可以提高种子萌发的速度与均匀性，但其生态意义仍有待考证。

形成持久土壤种子库的第一个关键步骤是种子埋藏。当种子在土壤表面时，它很可能要面临两种截然相反的命运：发芽或被捕食。一旦种子被掩埋，上述两种结果将不太可能发生：对于被捕食，大多数种子捕食者都在土壤表层觅食（Thompson，1987；Vander Wall，1994；Price et al.，1997）；对于萌发，多数种子的萌发是通过光来刺激诱导的，或者种子对光的需求是通过埋藏来诱导的（Wesson et al.，1969a，1969b）。未能存留在土壤中的种子（即使只是很短的时间），通常对光并无要求，即使埋入地下也很可能萌发。一旦种子被掩埋并形成持久种子库后，真菌或细菌病原体的攻击则是其主要面临的危险（Crist et al.，1993；Lonsdale，1993；Dling et al.，1998；Le Ishman et al.，2000a；Blaney et al.，2002）。具体请参阅第 7.2 节。

小种子更有可能被埋藏（Peart，1984；Thompson et al.，1994），因为它们既不太可能被捕食（Hulme，1998），又对光照要求较低（Milberg et al.，2000）。种子大小、种子埋藏与种子捕食之间的关系使得小种子与种子在土壤中的持久性之间的关系变得有规律可循、也更为普遍（Leck，1989；Tsuyuzaki，1991；Thompson et al.，1993；Funes et al.，1999；Kyereeh et al.，1999；Dling et al.，2002）。因此，生境偏好性以一种可预测的方式与种子大小、种子持久性联系在一起（如在林地，图 4.3a）。有趣的是，在为数不多的生境中，种子大小与种子持久性的关系会随种子大小与种子埋藏的可能性关系的变化而发生变化。众所周知，耕地作业频率的增加与种子持久性的提高有关（图 4.3b），但翻耕掩埋与种子大小无关，即使是种子较大的可耕种牧草〔如野燕麦（*Avena fatua*）〕也可以形成持久种子库。近期，一个有趣的发现是，与土壤内种子持久性有关的性状（种子个体小、圆形和物理休眠——见下文）也是预测动物粪便中的种子的良好因素（Pakeman et al.，2002）。目前，我们尚不知晓，种子在动物内脏生存所需的适应性变化与在土壤中留存所需的适应性变化是否相同，或者种子与粪便结合是否为种子埋藏的第一步，抑或是两者兼而有之。

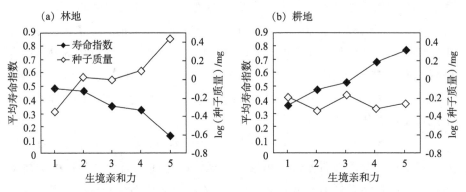

图 4.3　种子寿命、种子质量与林地、耕地生境的亲和力关系

〔增加对林地的限制伴随着种子大小的增加与种子持久性的下降，而增加对耕地生境的限制只伴随着种子持久性的增加。引自 Thompson 等.（1998）。〕

4.3　种子持久性的预测及硬实种子

持久种子呈现出个体小又紧实的趋势，使得研究人员通过种子大小与形状便可轻易地预测出其持久性。在英国（Thompson et al.，1993）、欧洲（Bekker et al.，1998a；Cerabolini et al.，2003；Peco et al.，2003）、南美洲温带地区（Funes et al.，1999；图 4.4）及伊朗地区的植物区系中，上述现象更明显，预测结果也更为准确。在新西兰，持久种子库规模比短暂种子库规模要小得多，这种情况完全是由种子较小（＜0.5 mg）的物种缺乏所致（Moles et al.，2000）。Moles 等表明，小种子无法避免被埋入土壤的命运，只有当他们"坚持"到对环境的扰动足够大，才能将其重新带回到地表，而这是一个种子可行生态策略的部分内容。

　　然而，在澳大利亚，种子大小与种子持久性之间完全无关（Leishman et al.，1998），这引出了一个有趣的科学问题：为什么会完全无关？其原因与我们到目前为止还未探讨过的话题有关，即硬实种子，或物理休眠。在温带与相对潮湿的热带植物区系中，多数持久性种子至少有一部分时间处于吸胀状态。然而，由于硬实种子的种皮或果皮不透水，胚会处于干燥状态，保持这种干燥状态对维持休眠至关重要，很少有硬实种子存在其他休眠形式。种皮一旦破裂，种子便会迅速萌发（Baskin et al.，1998；另见第五章）。Leishman 等（1998）的数据集涵盖了许多硬实种子的数据，硬实且持久性种子大小（3～30 mg）比非硬实的持久性种子（<3 mg）要大得多。

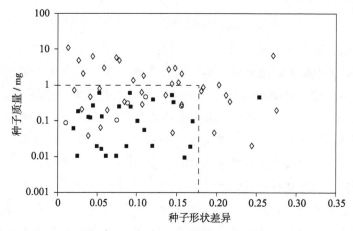

图 4.4　阿根廷中部温带山地草地 71 个物种的种子质量与种子形状间的关系

　　[具有持久土壤种子库的物种（■）；具有短暂土壤种子库的物种（◇）；种子库类型未知的物种（○）。框中区域为持久土壤种子库物种的典型存在区域。引自 Funes 等（1999）。]

　　这一实验观察促使人们重新审视硬实种子的生态意义。研究人员对物理休眠在种子萌发过程中的作用提出各类观点，其中普遍认为物理休眠会被高温打破，尤其是与较大的日温差波动及火灾有关（Baskin et al.，1998）。不过，具有其他休眠方式的种子也会对这些外界刺激做出反应。然而，物理休眠在萌发过程中的作用并没有解释为什么个体较大的硬实种子具有持久性，而个体较大的非硬实种子通常不具有持久性。尽管在澳大利亚等气候干燥的国家，具备物理休眠、个体较大的持久性种子资源最为丰富，但在温带气候中也会偶有存在，如荆豆（*Ulex Europaeus*）、旋花（*Calystegia Sepium*）、

Robinia Seudoacacia、救荒野豌豆（*Vicia Sativa*）。个体较大的持久种子的物理休眠可能发挥着防御捕食者的作用。Vander Wall（1993b，1995，1998）的研究认为，啮齿类种子捕食者通过嗅觉搜寻种子，故无法找到埋于地下的干燥种子。当然，硬实种子在理论上应是干燥的，虽然这一假说尚未得到实验证实，但这与物理休眠、大粒种子的大小及大粒持久性硬实种子在干燥生境中高频率出现之间存在普遍联系。事实上，在干旱与半干旱气候下，即使大种子不具备物理休眠，如果种子持续干燥，啮齿类动物也很难通过嗅觉检测到。因此，在潮湿与干旱的气候下，土壤中种子持久性的"规则"存在较大差异。

延伸阅读

4.1　种子在土壤中的持久性属于植物性状吗？

持久性是种子的特征还是环境的特征？这是一个十分有趣的问题。换言之，每个给定的物种是否都存在持久种子库，或者持久种子库会随生境而异？诸多证据纷纷指向了前者，即持久性是种子的特征。例如，Thompson 等（1979）发现，同一物种的种子库往往要么是持久的，要么是短暂的，即使所处生境不同亦是如此。对欧洲西北部的种子库数据库调查后，也得到了相同的结果（Thompson et al.，1997）。

然而，也有证据表明，土壤与气候会对种子寿命产生影响。由于渍水的土壤通常缺氧，不耐受的陆生植物种子在实验室中很快就会因缺氧而死（Ibrahim et al.，1983），因此可以认为土壤含水量显著影响着种子的存活。在一项初步研究中，Bekker 等（1998c）发现，当天然的种子库暴露在两种潮湿条件下时，多数湿地植物的种子在渍水条件下存活得更好。最近研究表明，湿地土壤中陆生物种种子对真菌病原体的易感性可能导致其寿命缩短（Blaney et al.，2001），有关致病菌造成种子损失的更详细的论述，请参阅第 7.2 节。相反，通过对在英国与荷兰 5 个地点的 14 个沼泽草甸物种进行研究发现，没有证据表明土壤肥力会影响种子寿命（Bekker et al.，1998b）。

Funes 等（2003）对阿根廷中部海拔 1000 m 以上丛状草原的种子库进行了研究，在多个海拔高度均出现的 28 个物种中，仅有两个物种沿海拔梯度改变了其种子库类型。种子库的密度与物种丰富度随纬度升高而加大，符合凉爽、潮湿的环境利于持久种子长期保持的假说，但对于该趋势的成因尚不可知。捕食者与致病菌的活动减少，以及低温下种子萌发的减少都可能与此有关。Cavieres 等（2001）进行的一项类似试验揭示了遗传物质与环境复杂的叠加组合对种子持久性的影响。来自智利安第斯山脉不同海拔区间的 *Phacelia Secunda* 的种子被埋在整个海拔范围，较高海拔的种子的持久性最高，且与所有埋藏的种子都有相似的寿命；较低海拔的种子的持久性较差，但寿命随埋藏海拔的升高而增加。

我们的结论是，种子持久性是植物的一个重要性状，但可以被环境条件改变。目前，该问题几乎还未进行过试验研究，值得进一步探讨。

4.4　种子库动态

绝大多数关于种子库的研究都仅仅着眼于特定的一个方面。有的研究探寻种子库的构成，有的关注种子库多样性，还有的聚焦种子库密度，然而，这些特征因何而生、如何变化、变化速率多快却鲜有关注。通过了解种子库的其他信息，将有助于理解这些特征产生的规律并提出有趣的假设，从而展开后续的科研工作。例如，Cummins 等（2002）沿海拔梯度对比了苏格兰凯恩戈姆山脉（Cairngorm Mountains）的帚石南（*Calluna vulgaris*）种子库密度与种子雨。值得注意的是，尽管种子雨随海拔的升高而急剧减少，但种子库密度变化较小（图 4.5）。在海拔 300 m 以下，种子库约占年均种子雨总量的一半，而在海拔 800 m 以上，种子库却是年均种子雨总量的 200倍。显然，种子在高海拔的土壤中留存的时间更长。不过，出现该现象是因为低温阻碍了种子萌发，还是因为高海拔的条件特别有利于种子的存活（或兼而有之），目前还尚未可知。

在近来的一项研究中，Akinola 等（1998b）通过试验微环境观察了 7年前建植的草甸群落的土壤种子库。正如在真正的草甸上工作所预期的那样，通过播种建植的草甸群落对种子库的贡献很小。目前，种子库内多度最高的就是仰卧漆姑草（*Sagina procumbens*），他们自实验之初就留存在土壤内；此外，还有由临近树木衍生而来的垂枝桦（*Betula pendula*）。从深度分布来看，仰卧漆姑草的种子持久性极高，而垂枝桦种子也具有一定的持久性（图 4.6）。

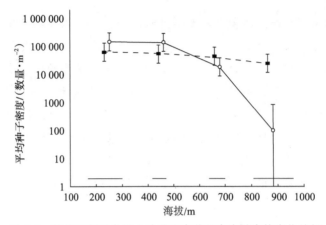

图 4.5　苏格兰凯恩戈姆山脉帚石南种子密度随海拔变化特征

〔种子雨（○）；种子库（■）。图示横线为种子收集地点凯恩戈姆山脉（*Cairngorm Mountains*）的海拔范围。引自 Cummins 等（2002）。〕

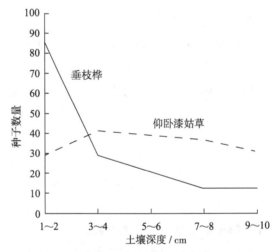

图 4.6　两种植物种子在不同土壤深度的分布

〔仰卧漆姑草（*Sagina procumbens*）在试验之初就已经存在于土壤中，但后续没有增长。紧邻树木每年都有一次垂枝桦（*Betula pendula*）的种子雨。二者的深度分布表明，仰卧漆姑草具有很强的持久性，垂枝桦也具有一定的持久性。数据引自 Akinola 等（1998b）。〕

　　在没有太多证据的情况下，有的研究人员认为持久种子库主要是在特定的利于植物生长的年份由大种子的植物产生，并且土壤内种子的空间格局反映了种子生产的空间格局。就此观点，Cabin 等（2000）对荒漠多年生 *Lesquerella fendleri* 植物进行了试验，在优势种灌木三齿团香木（*Larrea tridentata*，又称 *creosote bush*）种群的斑块内和斑块间，他们对植物密度、种子产量与种子密度展开了为期 4 年的监测。在研究进行的第二年，灌木下斑块内的大种子植物没有出现在种子库内，而多数灌木斑块间的小种子植物在第 3 年着实为种子库做出了贡献。一些其他证据（Cabin et al.，2000）认为，啮齿动物的捕食效应具有很强的密度依赖性，这也是为什么多数大的种子被啮齿动物迅速移走，而多数小的种子却幸免于难。这种高强度的种子捕食在沙漠中很常见。Price 等（1997）表明，莫哈韦沙漠（Mojave Desert）的种子库规模约相当于其一年的种子产量，但种子雨的输入没有积累在土壤种子库中。相反，在种子传播后不久，几乎所有种子都不见踪影，这可能是因为多数植物种子被啮齿动物搬走。此外，由于食种动物的分散分布及囊鼠贮藏种子的习惯，种子库在空间上比种子雨呈现出更明显的斑块状。食种动物对大种子青睐有加，会优先进行采集，故种子库内大种子数量相对较少。

尽管监测一组同生群植物种子难度较高，但 Hyatt 等（2000）做到了这一点，在宾夕法尼亚州一片落叶林地的空地上，Hyatt 等将一年的种子产量放置在一盘无菌土壤中，只有 3 种植物种子大规模出现在种子库中［阿勒格尼黑莓（*Rubus allegheniensis*）、垂序商陆（*Phytolacca americana*）和毛泡桐（*Paulownia tomentosa*）］，而且只有前两种显示出持久种子库的积累迹象。种子对种子库的输入在空间上呈斑块状，但对持久种子库的最终空间格局影响较小，更多地取决于种子死亡或萌发地的情况。对于阿勒格尼黑莓植物种群斑块，阿勒格尼黑莓与垂序商陆表现出相反的响应。不出意料，阿勒格尼黑莓种子倾向于在阿勒格尼黑莓斑块内进行积累，但阿勒格尼黑莓斑块既抑制了种子输入，又诱导了捕食者对垂序商陆种子的捕食。阿勒格尼黑莓通过这种方式垄断土壤种子库，阿勒格尼黑莓斑块可能会在受到干扰后（也许是几十年后）抢先在该地定殖。

在沙漠与温带林地两种截然不同的环境中所进行的研究表明，所观察的土壤种子库的格局与其多样性可能与种子传播一样，取决于传播后发生的事件。这类事件可能会对种子库的组成及空间格局产生非常特殊的影响。

4.5 植冠种子库

到目前为止，我们只谈及了土壤种子库。在一些植物群落中，种子成熟后并不立即脱离母体开始传播，而是在母体植株上停留一段时间后再开始传播，这一现象通常被称为植冠种子库。植冠种子库与火存在较强联系，火烧后，种子就会释放出来。模型表明，中等频率的火灾有利于球果开裂，因此两次火灾的间隔一般不会超过树冠种子库的寿命，而且两次火灾期间植物更新的可能性也较低（Enright et al.，1998）。此外，在相对较大的结构（如松属和山龙眼科的球果）中储存种子，可以保护种子免受捕食与火灾，有利于球果无延迟开裂。在地中海东部常见树种叙利亚松（*Pinus halepensis*）上，每年结实的种子大部分都留在树上，其中许多可以存活 20 余年（Daskalakou et al.，1996）。树冠种子库与土壤种子库经常共存。例如，希腊的松树与岩蔷薇亚种（*Cistus* spp.）经历火灾后，前者通过球果无延迟开裂实现种群更新，后者通过土壤种子库实现更新。

4.6　种子库的生态意义

不论是从理论出发还是凭直觉、经验，种子库应该抵消环境异质性的影响（Venable et al.，1988）。也就是说，不具备种子库的一年生植物在第一次繁殖或定殖完全失败时就有可能灭绝，而拥有种子库的植物种群则不会。任何植物繁殖完全失败的概率越高，就越应该投资种子库（Cohen，1966）。当然，种子库也涉及植物的生存成本问题，包括种子死亡风险的增加和延缓那些会成功萌发的种子植物的繁殖。然而，虽然在积累持久种子库的过程中会产生繁殖代价，但拥有积累种子库的能力并不会对植物产生明显的代价；持久种子的萌发并不比短暂种子慢，而且持久种子对病原体的化学防御支出相对较低（Thompson et al.，2002）。除了持久种子，其他几个植物性状也降低了环境异质性（或植物对这种异质性的感知），包括多年生植物、大种子与种子的有效传播。当异质性主要体现在时间尺度时，即植物的定殖机会在时间上不可预测，但在空间上相对可测时，种子库是最有效的植被更新手段（McPeek et al.，1998）。

我们能够很容易地预测，一年生植物群落的种子库往往是收益最高的，因为这些植物的生境经常发生灾难性的变化，但相对不可预测的是，发生在典型耕地的干扰。另外，我们认为种子库在成熟林地等稳定的生境中是并不重要的。但果真如此吗？Thompson 等（1998）的研究表明，一年生植物的种子持久性大于相关的多年生植物。他们还研究了英格兰北部 7 个开阔生境中典型物种的种子持久性分布，发现正如预期一样，林地与可耕生境分别代表了种子寿命的最小值和最大值（图 4.7）。林地的种子持久性很低，至少有以下 3 个原因：

• 成熟的林地属于稳定生境，埋藏种子的潜在寿命亦是如此，即使是最长寿的埋藏种子，在其生命周期内，同一地点的扰动也不太可能反复发生。几项研究表明，纯粹的种子库战略（即无有效传播）在无人管理的林地中是不可行的（Marks，1983；Murray，1988）。

• 遮阴林地的环境会筛选出增加种子大小的物种，进而减少了环境异质性对种子萌发、生长的影响（Venable et al.，1988）。

• 大种子对捕食者更具吸引力，因为它们不太可能被掩埋起来，难以演化出种子持久性（Thompson，1987）。

需要注意的是，在一些生境中［矿山与采石场废墟、废土、煤渣和碎石（图 4.7）］的种子持久性较高。由于难以预测这些生境的种子分布位置，故而多由具有有效传播机制的植物定居。如果此类生境的植物定居经常涉及种子在土壤或在交通工具上的运输，那么种子在土壤中的持久性本身就可以构成有效传播机制的一部分（Hodkinson et al.，1997）。

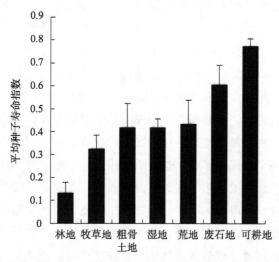

图 4.7　7 种主要生境类型中，寄生物种的平均种子寿命指数（平均值±标准误差）

［引自 Thompson 等（1998）。］

值得强调的是，图 4.7 中涉及的生境通常会受到干扰，其时间、空间上的规律使得种子寿命与特定生境类型之间形成强烈关联。因此，如果人类的采伐增加了林地的干扰频率，使连续干扰之间的间隔在种子持久性的可承受范围内，那么种子库在林地更新中就可能发挥重要作用（Marks，1974；Brown et al.，1981；Tierneey et al.，1998）。相反，减少对耕地的干扰（如引入简化的耕作制度）则可以降低持久种子库的重要性（Froud-Williams et al.，1983）。一些生境类型，如草地和湿地就与种子持久性的高低没有明显关系，主要因为这些植物群落与众多的干扰方式相适应。例如，草地遭受的干扰可能会较少，但也可能会受到食草动物、干旱与火灾的频繁侵扰，这些干扰的严重性与可预测性相互作用，共同决定了草地地下种子库的持久性程度。所以，许多草地存在种子寿命各异的物种也就不足为奇了。在德国的26 个石灰质草地斑块中，种子寿命超过 5 年的物种，其局部灭绝率仅为种子寿命较短的物种的一半。不幸的是，这种影响不能完全归因于种子寿命，据之前对特定物种的研究发现，生境专一性较高的物种局部灭绝率较高，与种子寿命呈负相关（Stocklin et al.，1999）。

Peco 等（1998）沿海拔梯度研究了西班牙中部的五片草地植被与秋春季种子库的构成，气温随海拔升高而下降，降雨量随海拔升高而上升，最重要的是，夏季干旱的持续时间与可预测性都随海拔上升而降低。这些气候变化对植物区系及种子库的影响均可预见。低海拔与漫长、干燥的夏季支撑着典型的以一年生植物为主的地中海草地，在这里，秋季种子库储量丰富，种子萌发主要在 10 月进行，填补因夏季干旱而留下的众多植被间隙。因此，秋季种子库与植被之间的相似性可以通过秋季土壤裸露比例进行推测，该比例是夏季干旱严重程度的一个衡量指标（图 4.8）。春季留存的种子库规模较小。在低海拔地区，多数短暂种子库与植被紧密相连，二者依次接替形成一个季节循环。在高海拔地区，植物区系中含有较多的多年生植物，种子库规模较小，往往全年保持不变。这种沿海拔进行的草地种子库样带变化就像是从地中海行至北欧的缩影。在地中海气候下，夏季通常漫长且干燥，生命周期短、种子库秋季萌发的一年生植物占主导地位，秋季植被与种子库间具有诸多相似之处。在欧洲西北部，封闭的多年生草地占主导地位，受干扰程度较少，也更难预测，优势草地通常由多种物种混合而成，植物区系与种子库的相似性通常很低。在英国，相邻的北坡与南坡可以看到两种截然相反的现象（Thompson et al.，1979）。在草地土壤出现持久种子库较大的地方，通常是以前耕作留下的"遗迹"（Chipindale et al.，1934）。需要注意的是，尽管地中海草地受到干旱的重度干扰，但这种可预测的季节性干扰并不能选择出持久种子库。正是干扰的不可预测性会选择出持久种子，而非干扰的严重程度。Sternberg 等（2003）发现了一个有关该话题的新变体，在以色列的地中海草地上有一个规模巨大且丰富多样的种子库，几乎全部为一年生植物，短暂种子库中的禾草在秋季通过大规模季节性萌发占据大量裸地土壤。在种子库中同样丰富的双子叶植物往往是持久种子，似乎利用了由动物啃食带来的不可预测的机会。在没有动物啃食的情况下，季节性更新以禾草为主。在受重度啃食的地方或时间内（强烈抑制了适口性高的种子出产），通常种子较小的双子叶植物能够占据裸地土壤。

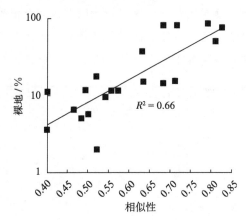

图 4.8　地中海草地秋季种子库、植被的相似性指数与秋季土壤裸露比例的关系

［由 Peco 等改绘（1998）。］

大规模火烧干扰倾向于选择出持久种子库（Lippert et al.，1950），尤其是还未形成种子库的禾草地表种子会被火烧死，而埋藏在土壤下的持久种子则得以幸存（Peart，1984）。

土壤种子库在温带多年生草地上的作用尚不清楚，许多试验结果也颇为矛盾。研究发现，种子库在植物定殖的小斑块干扰生境中起着重要作用，而另一些研究则发现这种作用微不足道［更多相关讨论，请见 Thompson（2000）］。Kalamee 等（2002）认为，研究结果出现的差异多半由于研究方法不同所致。一些研究人员通过移除植被来创造空隙，但几乎没有对土壤造成干扰。所以，一般来说，这类研究会得出种子库并不重要的结论（Bullock et al.，1994；Edwards et al.，1999b）。Kalamees 等（2002）认为，野猪、兔子与鼹鼠会造成较显著土壤干扰。在爱沙尼亚石灰岩草地进行的一项完全析因研究表明，土壤被干扰到 10 cm 深时，在 10 cm×10 cm 间隙上定居的植物 36％来源于种子库，46％来源于种子雨（但只有 12％来源于间隙距离 0.5 m 以上的植物），18％来源于入侵植被（Kalamee et al.，2002）。Pakeman 等（1998）在英格兰东部的酸性草地上也得到了相似结果。

　　湿地也与众多种子库行为相适应，Leck 等（2000）的研究阐明了一些极端特例。新泽西州的哈密尔顿沼泽是一个淡水潮汐湿地，每天都有潮汐淹没，经观测，其水文 25 年一直保持稳定不变。鲜有物种具备持久种子库（图 4.9），几乎整个种子库在春季萌发时都会大规模的周转；3 月的种子库比 6 月的种子库最多高 28.6 倍。Leck 等将这片湿地与澳大利亚新南威尔士州的一些临时高地湿地对比发现，这些较浅的湿地完全依赖于不可预测的降雨来进行补给，可能会泛滥数年，而后干涸数年。不足为奇的是，在这种极其不可测的环境中，短暂种子库很罕见（图 4.9）。此外，值得注意的是，新

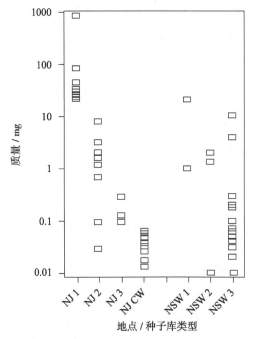

图 4.9　北美永久淡水潮汐湿地（美国新泽西州 NJ）与澳大利亚（新南威尔士州 NSW）临时湿地的种子质量与种子库类型

　　［此外，本研究也对新泽西州的自然沼泽与由植物定居而最近形成的湿地（NJCW）进行了比较。对于每个类别，绘制了物种的范围。种子库类型：NJ1、NSW1 表示暂时性＜1 年；NJ2、NSW2 表示持久性＜5 年；NJ3、NSW3 表示持久性＞5 年。改绘自 Leck 等（2000）。］

泽西州因植物定居而形成的湿地也是以小种子物种为主，且均具备持久种子库。大多数湿地的状态处于这两种极端情况之间。不过，所有经历了不可预测的水位变化的湿地都积累了大量的持久种子库（van der Valk et al.，1976；Keddy et al.，1982）。

以上事例阐明了种子持久性背后的诸多重要原则。一些生境，包括许多（但不是所有）草地，通常在干旱或低温期结束时，为幼苗建成提供了可靠的季节性机会。短暂种子库会充分利用这样的机会，或多或少地同步萌发，暗示着有利时期的开始。在大多数林地中，短暂种子库占主导地位，因为干扰太少，无法选择出持久种子。相反，在耕地、易起火的灌木和临时湿地等遭遇不可预测且灾害性较强的生境中，大多数物种具备持久种子库。然而许多植物群落所在生境处于二者之间，故物种可以在短暂种子库或持久种子库间进行选择。

种子持久性的其他生态后果更难以预测，只有通过严密的田间试验才能得以揭示。Peart（1984）对澳大利亚昆士兰州禾草种子更新的研究充分证明了这一点。在5年多的时间里，Peart追踪了9种禾草的2193颗萌发种子，这些禾草种子分为3种类型，各代表不同的更新策略：被动芒、主动芒及无芒（图4.10）。前两种类型的种子具有短暂种子库，而后一种的种子容易被埋藏，形成了持久种子库。Peart的研究证明，在干燥的气候下，成功定殖的关键在于幼苗胚根对土壤的快速渗透。反过来，胚根渗透取决于种子在土壤中的锚定，而3种草种的锚定方式各不相同。主动芒推动种子进入土壤表层和凋落物中，而被动芒就像飞镖上的翼，控制种子下落的方向，使其尖端能够嵌在土壤中。无芒的种子很容易被雨水或动物掩埋。Peart所得结论很明确：所有存活至开花的幼苗，其种子都曾牢牢固定在土壤中，或埋藏在土壤下，而所有散在土壤表层的种子，其幼苗都会在开花前死亡。种子埋藏在土壤下还会带来意想不到的后果。在Peart的前两年研究中，近3/4的幼苗属于具芒物种。但在第三年伊始，一场大火毁坏了所有幼苗及土壤表层的种子，只有被掩埋的种子得以幸存。火灾发生后，90％的新生幼苗为无芒物种，随后的两年里，无芒物种的这种优势持续降低。在一系列实验室研究中，Sheldon（1974）在多种菊科植物的瘦果中发现了非常相似的行为，水分主要通过附着的种脐或种痕等部位吸收，任何阻止种脐或种痕与土壤基质接触的瘦果方向都会导致种子萌发不良。这些结果都有力地表明，在世界许多地区，特别是在降雨量较少的地区，幼苗固定的选择往往会导致种子形态的演变，这些种子形态与快速埋藏（小而光滑的种子）或固定种子的结构（主动和被动芒、倒钩和向前的刚毛）是始终如一的。

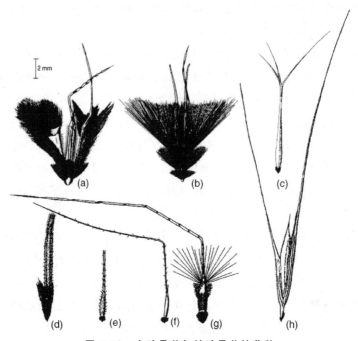

图 4.10　主动具芒与被动具芒的草种

［只有种子于萌发前牢牢固定在土壤表面，两种类型的幼苗才能成功定殖。种子被埋藏的物种的幼苗（种子小而致密－未显示）只有在萌发前将种子埋藏才能定殖。(a) 斜须裂稃草（*Schizachyrium fragile*），（b) *Danthonia tenuior*，（c) *Aristida vagans*，(d) 黄茅（*Heteropogon contortus*），(e) *Stipa verticillata*，(f) *Dichelachne micrantha*，(g) *Dichanthium sericeum*，(h) *Microlaena stipoides*。引自 Peart（1979，1981）。]

第五章　种子休眠

对植物而言，确保种子在正确的时间与地点进行萌发至关重要。有时，种子一脱离亲本就会立即萌发；但多数种子会出现延迟，少则几天，多则几十年。实现这一延迟的重要机制之一即是种子休眠。

5.1　种子休眠的类型

种子休眠有 3 种截然不同的类型，其中至少有两种已经通过不同方式得以演化（Baskin et al.，1998）。休眠类型包括形态休眠、物理休眠及生理休眠。形态休眠指种子在未成熟时即脱离亲本，在其萌发之前，种子需要经历一段生长期与（或）分化期。物理休眠的种子具有不透水的种皮或果皮，直至种皮破裂，水分进入前，种子的胚将一直处于干燥状态。生理休眠指在种子体内发生某种化学变化前，会持续抑制种子萌发。此外，种子可能会将不同的休眠方式进行结合，其中，形态休眠与生理休眠的结合（形态生理休眠）最为常见，物理休眠与生理休眠的结合则较为罕见，而形态休眠与物理休眠则不能结合。需要注意的是，生理休眠具有可逆性，而其他二者皆不具备此特性。也就是说，在一般情况下，生理休眠较其他二者而言，对环境做出的响应更为灵活，而形态休眠是最为原始的一种休眠方式（Baskin et al.，1998）。

在某种程度上，不同的休眠类型限制着物种所能占据的生境与气候，这在形态休眠及其变体——形态生理休眠（MPD）中最为明显。解除形态生理休眠需要种子进行吸胀作用以使胚进行生长与（或）分化，不过，有时干燥的种子亦可解除形态生理休眠中的生理休眠部分。形态生理休眠最常现于湿润季风气候区，且多为林地植物和潮湿的草地植物。延龄草属（*Trillium*）、猪牙花属（*Erythronium*）与独活属（*Heracleum*）均为典型的形态生理休眠植物。此外，破除物理休眠需要高温、较大的温度波动或火灾，且不需要种子吸胀。物理休眠多见于具有明显旱季的生境中，如热带落叶林、稀树草原、炎热的沙漠、干草原与灌丛。据推测，在易受火灾侵扰的生境中，其物种幼苗会因高温而加快生长，但目前所掌握的证据还不充足。不过，具有物理休眠的种子，其胚确实比其他的物种更耐高温（Hanley et al.，1998）。种子生理休眠在世界各地都很常见，但热带常绿森林中种子无任何休眠方式的物种占大多数。

5.2 种子休眠的功能

常常有人声称（至少是暗指），种子休眠的首要作用就是防止种子在不适宜萌发与定殖的时段内萌发。事实上，休眠并非种子的目的；种子在干旱季节并不会萌发，适宜的高温足以抑制种子在寒冷季节"破土而出"。其实，休眠最重要的作用是防止那些符合萌发条件的种子萌发，即阻止在幼苗生存与发育概率较低的时机下进行种子萌发。在日本一个只有春季萌发的草地上，Washitani 等（1990）发现，所有在生长季早期脱落种子的物种，其种子在萌发前都会有一段时间的"冷静期"。有些物种会在季末将种子脱离，不进行休眠，此时，环境气温已经足够低，可以有效地抑制种子不在春季到来前萌发。对休眠真实功能的认识会得出一个令人惊讶的结论，那些经历过最长、最严峻不利期的物种，其解除休眠的要求并不一定是最苛刻的。例如，在一项关于苏格兰海拔梯度的研究中，Barclay 等（1984）发现，来自高海拔地区的北欧花楸（*Sorbus aucuparia*）种子只需要 6 周的休眠期即可解除休眠，而来自低海拔地区的种子休眠期最长可达 18 周。之所以会出现这样有悖常理的情况，是因为低海拔的种子如果不休眠，可能会在仲冬的温和时期被诱导萌发，进而对幼苗造成致命后果。而在持续严寒的高海拔地区，种子不会有春天前萌发的危险，为了确保生命的绝对延续，高海拔的种子需要较高的温度才能萌发（Barcly et al.，1984）。上述论点只有在有利季节与不利季节保持相同关系的情况下才会适用，如上例所示：尽管冬季的严酷程度因海拔而异，但夏季对处在任何海拔的植物来说都是有利季节。在更大范围的气候梯度上，有利季节的特性可能会发生转变，从而对种子休眠产生戏剧性后果。在地中海东部，从克里特岛到希腊北部，土耳其松（*Pinus brutia*) 的生长纬度范围较广。该地区的南部为典型的地中海气候，冬季温和湿润，夏季炎热干燥。因此，来自克里特岛的土耳其松种子不进行休眠，并于秋季萌发 (Skordilis et al.，1995)。而希腊北部的色雷斯，其气候更具大陆性，冬季大部分时间都处于冰点以下的温度。这里的种子会进行深度休眠，只有经过 3 个月的冷冻后才能完全解除，故其几乎只在春季萌发。而有的地区介于二者之间，如爱琴海北部，没有适合种子萌发的理想季节，来自这种气候条件的种子会出现中等程度的萌发行为；他们能够在不降温的情况下萌发，种子暴露在低温下会提高种子萌发率并扩大可以萌发的温度范围。因此，它们在春秋和秋季都会萌发，这种平衡可能在很大程度上是受到气候年际变化的影响（图 5.1）。

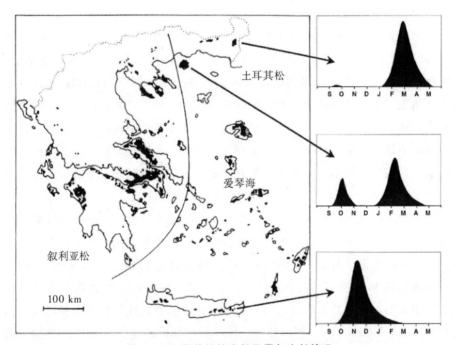

图 5.1　土耳其松的生长位置与生长情况

［在地中海东部，土耳其松（*Pinus brutia*）生长的纬度与气候范围很广。在南部，种子不休眠，新鲜的种子于秋季萌发。在北部，种子需要降温，于春季萌发。地理上位于中部的种群具有中等萌发行为。引自 Skordilis 等（1995）。］

5.3 定义休眠

打破形态休眠或形态生理休眠需要胚的生长和（或）分化，而打破物理休眠需要种皮的实质性破裂。在这两种情况下，休眠与打破休眠都很容易被观察到。但观察生理休眠却并非易事，它在休眠深度上可以连续变化，且通常可逆。正如 Murdoch 等（2000）指出的那样，目前，休眠只能用不发芽这一指标来衡量，由于种子只有萌发或不萌发两种表型状态，故被错误地认为种子处于休眠状态，或未休眠状态。因此，关于生理休眠应如何定义与衡量出现了争论。

为了调解生态学家与生理学家经常争执的观点，Vleeshouwers 等（1995）认为①休眠不应等同于种子未萌发；②休眠是种子（而不是环境）的特征，决定了萌发所需的条件。可见，Harper（1957）将休眠划分为先天性休眠、诱导性休眠及强制性休眠是错误的。处于"强制性"休眠状态的种子因环境限制（过冷、过干、高度缺氧等）而不能萌发，这样说来，强制性休眠不仅成了环境的特征（而非种子的特征），而且其界定过于模糊，实际操作性较差。强制性休眠包括所有未处于真正休眠状态及未进行实际萌发的种子。Murdoch 等（2000）提议，将未达到萌发最低要求，保持不萌发状态的种子称其处于静止状态会更好。不过，对于这样一个定义较模糊的状态是否真的需要专门的术语来描述，目前还有待商榷，而"先天性"及"诱导性"休眠这两个术语仍然普遍使用。值得注意的是，Baskin 等（1998）更喜欢称其为"初级"（primary）与"次级"（secondary）休眠。这些术语的运用表明，他们并未听说过具有完全非休眠状态的成熟种子物种能发生诱导性休眠。Vleeshowers 等（1995）推荐种子休眠的定义为，休眠是种子的特性之一，休眠程度决定种子萌发的条件，因此，休眠制约了种子的萌发条件，种子萌发是环境满足其条件后的结果。他们还进一步解释，到目前为止，只有温度被证实可以改变种子的休眠程度。这一颇具争议的论断源于明确区分了休眠变化与萌发过程本身。如果种子被保存在自然条件下，每隔一段时间在不同条件下进行萌发测试，会发现萌发条件通常会随时间推移而发生变化。试验表明，萌发条件的放宽与缩小仅由温度引起。而其他因素，如光照与硝酸根离子，并不会改变种子的萌发条件，但通常对发芽本身是必不可少的，它们是发芽的触发器或诱导物（Vleeshouwers et al.，1995）。

　　许多关于休眠的困惑都源于温度的双重作用，温度既调节休眠也可触发萌发。例如，夏季一年生植物的休眠会被低温解除，但萌发本身通常需要更高的温度。春蓼（*Polygonum persicaria*）的种子在冬季不休眠，如果暴露在阳光下，可能会在春季进行萌发（图5.2），如果它们继续处于黑暗环境下，触发萌发的相同温度将重新对种子实施休眠，尽管这两个过程发生的速度极其不同。相反，在冬季，一年生植物的休眠会被高温解除，打破休眠通常需要逐渐降低萌发所需的最低温度。再加上低温造成的重新休眠，确保了冬季一年生植物（通常是位于冬季温和、夏季炎热干燥生境的植物）只在秋季萌发。具有持久种子库的冬季、夏季一年生植物种子通常会经历季节性休眠周期（图5.2），如果种子萌发未被触发，休眠可以持续多年。在多数冬季或夏季一年生植物中，休眠的诱导与解除所需的温度差异巨大，但二者的温度范围也可能存在重叠。故有时（或经常），表面上相当复杂的行为可能源于同时发生的诱导种子休眠与破除种子休眠（图5.3）。最后，种子对温度做出更为复杂的非线性反映也可能是源于种子休眠诱导与破除的同时作用及种子活力的丧失，每一过程对温度都有其独特响应（Ketreb et al.，1999）。

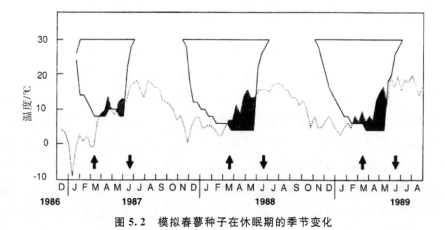

图5.2　模拟春蓼种子在休眠期的季节变化

［实线表示水中50%的春蓼种子（*Persicaria maculosa*，现更名为 *Polygonum persicaria*）萌发所需的最高与最低温度。虚线是气温。阴影区域表示气温与萌发温度范围的重叠部分。箭头表示室外培养皿中的萌发率实际超过（↑）或低于（↓）50%。引自 Vleeshouwers 等（1995）。］

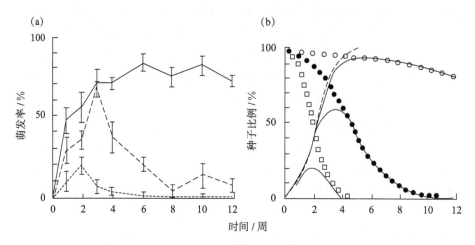

图 5.3　钝叶酸模种子在不同温度下萌发情况

[（a）钝叶酸模（*Rumex obtusifolius*）经过 4 周 25 ℃的光照后，分别在 1.5 ℃（实线）、10 ℃（长虚线）及 15 ℃（短虚线）不同时期的萌发情况。（b）在调查范围内，温度分异（长虚线）引起的种子休眠与温度无关的预期种子萌发情况。种子休眠随温度的升高而增加，无二次休眠的种子比例在 1.5 ℃（ο）、10 ℃（●）、15 ℃（□）下萌发情况。预测萌发率等于无二次级休眠的种子比例×由于温度分异（实线）失去初始休眠的种子比例。将（a）中的观测曲线与（b）中的预测曲线进行比较。据推测，诱导休眠所需时间的对数与温度呈线性相关。引自 Probert（2000）。]

　　支持种子休眠的观点被称为"瓦格宁根观点（Wageningen view）"，但并没有特别声称这是种子休眠的最终定论。对于种子休眠，其他观点也是可能的。例如，"乌特勒支观点（Utrecht view）"（Pons，2000）认为，光照可以破除种子休眠。在某种程度上，该观点成立与否在于如何划分休眠过程与萌发过程。人们可以合理地争辩说，种子在光照下会改变其内部状态，因此其可以在黑暗环境中萌发。按此说法，受光是解除种子休眠的最后一步，而非种子萌发的第一步。还有研究继续深入（Bewley et al.，1994），认为几乎所有影响种子萌发的因素（光照、硝酸盐、交替变化的温度等）都会对种子休眠产生制约。对于上述观点，我们没有反对的决定性论据，或许只有在种子休眠研究达到分子水平时，才会出现更完备的观点作为最终结论。我们仅能观察到，种子对萌发诱导物的直接响应就是萌发本身（根据定义），而种子对休眠状态改变的直接响应却不一定是萌发，除非休眠状态的改变满足了种子对当前环境条件的萌发要求。事实上，一粒种子可能会在休眠与非休眠间循环往复数年甚至数十年而不萌发。在我们进一步探索之前，将种子新陈代谢变化与那些导致立即或强制萌发的变化分开似乎更为合理。

严格意义上讲，解除物理休眠是不可逆的（Van Assche et al., 2003）。一些温带草本豆科植物的种子，都具有物理休眠，在自然条件下掩埋后于春季萌发。实验室研究表明，温度交替变化可以打破种子休眠（即"硬实"的种子变得可渗透），但这种响应只有在先前暴露在低温后才会发生。这种对温度交替变化的响应能力会因随后暴露在高温下而消失，但在进一步降温后又会重现。因此，一些豆科植物会呈现出典型的季节性休眠周期，尽管这种休眠机制与绝大多数物种的截然不同。事实上，这种机制仍旧令人困惑，降温本身不允许种子吸水，胚保持不吸胀，但降温后的干燥种子不会对交替变化的温度做出响应。

5.4　微生物与种子休眠

如上文所述，高温对于打破种子物理休眠至关重要。但在实验室中，通过物理或化学磨损种皮也可以达到打破物理休眠的目的。或正出于此，许多教科书与综述研究认为，可以通过物理磨损或微生物攻击来破除物理休眠（Baskin et al., 2000）。然而，Baskin 等（2000）认为该观点存在错误，原因有二。首先，并没有实验证据表明，上述两种过程中的任何一个在野外条件下解除过种子的物理休眠。其次，具有物理休眠分类群的种子存在一个被高温破坏的特殊结构区域［如豆科植物的晶状体或种阜、锦葵目科（Malvales）的种脐合点、美人蕉科（Cannaceae）的吸胀蒴盖及盐麸木属（*Rhus*）的种孔］，致使水分进入（Baskin et al., 1998）。在没有物理休眠分类群中，尚不清楚是否存在此类特殊结构。有证据能够充分表明，种子的物理休眠是一种高度专化的信号检测系统，通过对种皮的普遍损害并不能轻易打破休眠。这一观点触及了种子休眠功能的核心。种子休眠只有在提高植物适合度的情况下才是适应当地生境的，这种适应性是通过增加种子在环境中的萌发机会来实现的（保障幼苗后期存活和繁殖的最大概率）。这需要通过环境的特定变化来打破休眠，而不是通过如微生物活动或土壤颗粒磨损等随机性较高、可预测性较低的方式。

之前，几乎没有证据提及微生物在种子萌发中起何作用，直到最近才有所收获（Baskin et al.，1998）。一段时间以来，人们已经知晓，许多温带物种打破休眠需要先经过温湿贮藏后再进行湿冷处理。而需要此过程的多为形态生理休眠的种子，因为胚生长的最适温度与打破生理休眠的最适温度不同。然而，在一些物种中（包括几个蔷薇属植物），上述要求与种子的形态生理休眠并无关联。近来对 Rosa corymbifera 的一项研究表明，厚实的果皮只有在暖期被微生物攻击破损后，生理休眠才会解除（Morpeth et al.，2000）。如果培养的是无菌种子，休眠则不会解除，而在培养促进细菌生长的营养物质后，种子萌发率最高。有营养物质培育但无微生物介入的种子不会萌发，用微生物重新接种无菌种子会将其发芽能力恢复到以前的水平，这满足科赫法则（Koch's postulates）。目前，尚不清楚这种打破休眠机制的存在范围，它可能会发生在一些木本蔷薇科植物中，不过，这也表明，种子休眠仍有待我们进一步的探索。

5.5 亲本环境对种子休眠的影响

亲本植物所处环境也是影响种子休眠程度的因素之一。已有试验对众多物种所处环境进行研究，探索多种环境因子对种子休眠的影响程度，包括温度、光照强度、日长、干旱情况、营养物质情况及种子成熟时间、子代在亲本上的所处位置。Roach 等（1987）、Fenner（1991a）、Baskin 等（1998）与 Gutterman（2000）就亲本对种子产生的影响进行了综述。

许多关于亲本对种子影响的实验工作都在农业与园艺环境中进行，这是因为，生产易萌发的栽培植物种子快捷且方便。研究人员对杂草展开了众多研究，很大程度上证实了种子产量受影响的总体趋势。要想体现出环境因素对萌发产生的影响，在不同地点同时种植同种类植物是方法之一。例如，对 Chenopodium bonus-Henricus（Dorne，1981）与野胡萝卜 Daucus carota（Lacey，1984）进行的相互移栽试验发现，休眠期随地点纬度的增加而增加。

除了位置效应外，当每年在同一地点对单个种群进行采样时，还会发现物种内萌发水平存在年际变化。在鹰嘴紫云英 Astragalus cicer（Townsend，1977）、旱雀麦 Bromus tectorum（Beckstead et al.，1996）、Lepidium lasicarpum（Philippi，1993）和白云杉 Picea glauca（Caron et al.，1993）中都有相关年际变化的记录，推测这是由于年际间气候差异造成。在豆科植物中，这种变异通常表现为种群中硬实程度的差异（如在紫花大翼豆 *Macroptilium atropurpureum* 中；Jones et al.，1987）。有时，种子萌发水平与特定环境因素相关，如 *Arenaria patula* 与降雨量（Baskin et al.，1975）、野燕麦（*Avena fatua*）与温度（Kohout et al.，1980）。即便在同一生长季，不同成熟时间的种子其萌发水平也存在较大差异，这在花期较长的物种中尤为凸显。在反枝苋 *Amaranthus retroflexus*（Chadoeuf-Hannel et al.，1983）与野老鹳草 *Geranium carolinianum*（Roach，1986）中，早熟种子的休眠程度高于晚熟种子，而在 *Hieracium aurantium*（Stergios，1976）与 *Heterotheca latifolia* 中，（Venable et al.，1985），休眠程度则相反。对于 *Spergula maritima* 而言，在季初与季末成熟的种子都需要经过降温处理后才能萌发，而季中成熟的种子则无须处理（Okusanya et al.，1983）。由于多种环境因素（如温度、日长与降雨量）同时作用，因此，无法将对萌发产生的影响归因于特定某一因素，阻碍了我们对试验结果的进一步解读。实际上，随着花期的推进，种子萌发水平的变化主要受其在母株位置的影响，而非外部条件变化。较晚形成的种子往往位于二级和三级分枝，而非主茎，这改变了正在发育的种子的微环境。随时间的推移，母本植物也会发生生理变化，可能会出现其他因素影响种子萌发，这使得该问题变得更为复杂（Kigel et al.，1979）。

　　研究人员已经进行了广泛的试验，以确定种子发育过程中单一环境因素对后续萌发水平的影响。通过这些研究（Fenner，1991），可以探寻出一些趋势。尽管几乎任何结论都会存在许多例外，但相同因素对不同的物种确实有相似的影响。因此，萌发水平的提高与高温（如大翅蓟 *Onopordum acanthium*；Qaderi et al.，2003）、短日照（如马齿苋 *Portulaca oleracea*；Gutterman，1974）及干旱情况（如石茅 *Sorghum halepense*；Benech Arnold et al.，1992）紧密相关。特定营养物质对种子萌发的影响目前尚未明确，亲本植物高氮含量（Varis et al.，1985；Nayler，1993）与低钾含量（Harrington，1960；Benech Arnold et al.，1995）通常都会促进种子的萌发。在水牛草（*Cenchrus ciliaris*）的研究中，详细探讨了种子发育过程中4种环境因素对种子休眠与萌发的影响（Sharif-Zadeh et al.，2000），发现其萌发水平会因较高的亲本温度、较充足的营养物质及较短的日照而升高，但也会因干旱而下降。

　　亲本环境影响种子萌发程度的生理机制可能会因各种因素而异。在干旱条件下发育的高粱（*Sorghum bicolor*）种子的胚胎对脱落酸的敏感性大幅降低，这可能是其发芽率增加的原因（Benech Arnold et al.，1991）。对于豆科植物有钩柱花草（*Stylosanthes hamata*）的种子而言，高温增加了硬实种子的硬实度，降低了萌发水平（Argel et al.，1983）。在其他多数情况下，高温可能通过影响激素的合成或活性来提高萌发水平，诸多案例发现，是亲本植物（而非种子本身）改变了种子的休眠程度。例如，开花前的温度会影响烟草（Thomas et al.，1975）与野燕麦（Sawhney et al.，1985）种子的休眠程度。即使果实被覆盖，日照时长也可以影响 *Carrichtera annua*（Gutterman，1977）、*Trigonella arabica*（Gutterman，1978）和 *Datura ferox*（Sanchez et al.，1981）的种子休眠。显然，在这些情况下，母本植物探测到了某些影响种子休眠的刺激物，并将特定物质输送到种子来调控其休眠程度。目前，种子休眠是由亲本和（或）亲本环境施加的，其详细的生理机制在很大程度上仍未可知。

　　目前，很难证明试验观察到的种子休眠是其对不同环境因素的适应性响应，例如，Noodén 等（1985）认为，干旱导致大豆种皮变厚可能是对干旱条件的适应性响应。这种反应在其他豆科植物中也存在（Argel et al.，1983a；Hill et al.，1986），还可能会导致萌发延迟，直至生境中有足够的水分。生长季末种子的休眠程度较高（Stergios，1976；Venable et al.，1985），这可能是阻止种子在冬季前萌发的一种机制。然而，许多响应措施似乎没有特别的优势，例如，休眠时间随着白天时长的增加而增加。邻近种间竞争植物的种子与无竞争植物的种子相比，前者更容易休眠（Jordon et al.，1982；Pltenkamp et al.，1993）。此外，研究发现野燕麦种子的休眠程度根据亲本竞争植株种类的不同而不同（Richardson，1979）。很难想象这些反应的差异存在何种适应性意义，可能仅仅是由冠层（种子在此成熟）的细微差异而造成的生理结果。不过，种子种群中休眠的表型变异，可能会扩大种子萌发的条件范围，从而拓宽物种的更新生态位。在不可预测的生境中，休眠的变化可以被视为一种两头下注的对策（Philippi，1993）。很少有实验跟踪母体效应对幼苗定殖的影响，但 Peters（1982）的研究就是其中之一，在该研究中，实验人员对干旱条件下的野燕麦与对照组的田间出苗情况进行了监测，发现在第一个秋季，干旱条件下的野燕麦种子产苗率为66%，而对照组只有 4%。

除亲本植物所处的环境条件外，个体种子还将承受来自亲本植株特殊位置施加于微环境的影响。种子在一个果实不同部位（Maun et al.，1989）、一个花序的不同部位（Forsythe et al.，1982）或同一植株的不同花序上（Hendrix，1984），可能表现出不同的发芽需求。在禾草植物中经常能见到这样的案例，小穗下部的基粒通常比上部的休眠要少，例如，*Agrostis curtisii*、*Avenula marginata*、*Pseudarrhenatherum longifolium*（Gonzalez-Rabanal et al.，1994）及普通早熟禾 *Poa trivialis*（Froud-Williams et al.，1987）。当物种产生两个或两个以上不同的种子形态时（见第1.7节），其萌发水平通常各异，这扩大了种子种群能够萌发的条件范围。例如，菊科管状花的种子通常比舌状花的种子休眠得少。从 Baskin et al.，著作中提取出的该族16个例子中（1998），只有一个种子 *Emily Sonchifolia*（Marks & Akosim，1984）与上述规律不符。在伞形科（Apiaceae）中，来自初级伞形花序的种子在萌发要求上与来自二级与三级伞形花序的种子不同（Thomas et al.，1979；Hendrix，1984）。Thomas 等（1978）表明，种子在母株上的位置不仅影响萌发，还会影响到苗期的表现。

萌发水平的差异通常与邻近的姊妹种子有关联。种子的休眠程度可以通过人工剥离穗上的相邻种子得以改变（Wurzburger et al.，1973；Wurzburger et al.，1976）。因此，种子在发育过程中可能对相邻种子的激素与资源获取产生影响。

Cresswell 等（1981）通过试验证实了发育微环境对种子萌发条件的重要性。他们发现，草本植物的亲本对各组织投资的叶绿素含量决定着后续种子对光的需求。如果种子的周围结构（如子房壁、花萼或苞片）在种子成熟过程中保持绿色，则种子在脱落亲本萌发时需要光照。如果投资的组织在种子成熟过程中失去了叶绿素，那么种子就能够在黑暗环境中萌发（图5.4）。这个简练确切的试验表明，即通过一个相对简单的装置，亲本植物能够有效控制其后代的萌发条件。

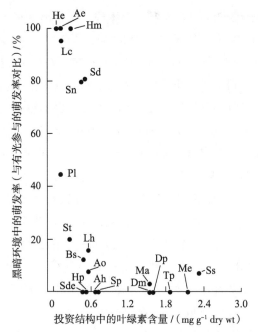

**图 5.4　种子成熟过程中亲本对各组织投资的叶绿素含量与种子
于黑暗环境中的萌发水平的关系**

[成熟过程中的叶绿素过滤光诱导了对光的需求。实验对象为原产于英国的多种草本植物。Ae，燕麦草（*Arrhenatherum elatius*）；Ah，*Arabis hirsute*；Ao，黄花茅（*Anthoxanthum odoratum*）；Bs，短柄草（*Brachypodium sylvaticum*）；Dm，岩荠苈（*Draba muralis*）；Dp，毛地黄（*Digitalis purpurea*）；He，*Helianthemum chamaecistus*；Hm，*Hordeum murinum*；Hp，贯叶连翘（*Hypericum perforatum*）；Lc，百脉根（*Lotus corniculatus*）；Lh，糙毛狮牙苣（*Leontodon hispidus*）；Ma，野勿忘草（*Myosotis arvensis*）；Me，粟草（*Milium effusum*）；Pl，长叶车前（*Plantago lanceolata*）；Sd，迪奥卡蝇子草（*Silene dioica*）；Sde，*Sieglingia decumbens*；Sn，欧亚蝇子草（*Silene nutans*）；Sp，魔噬花（*Succisa pratensis*）；Ss，牛津千里光（*Senecio squalidus*）；St，染色伪泥胡菜（*Serratula tinctoria*）；Tp，婆罗门参（*Tragopogon pratensis*）。引自 Cresswell 等（1981）。]

第六章　种子萌发

　　种子萌发过程涉及水分吸胀、呼吸作用急速增加、储备养分调动及胚开始生长。这是一个不可逆的过程，一旦种子启动萌发程序，胚就不可避免地生长或死亡。从外部来看，种子萌发表现为种皮的破裂及胚芽、胚根的伸长。在本章，我们探讨各种环境因素这一过程的影响。

6.1　温度与种子萌发

恒定温度

　　温度除了会产生诱导或打破种子休眠的影响外，对萌发本身也有重要的影响。方便起见，我们把这些效应粗略地分为恒温效应与变温效应，后者，将在后续提及。在季节性气候中，温度无疑清晰地指示着四季的轮回，因此在决定萌发时间方面发挥着举足轻重的作用。Washitani 等（1990）对日本某草地进行了非常详细的研究，发现物种的萌发时间几乎都集中在春季—初夏期间。在标准化筛选程序中，当温度逐渐升高时，种子开始萌发的温度与田间所观察的出苗时间存在密切联系（图 6.1）。有趣的是，种子的出苗时间与种子休眠或打破种子休眠的条件并无关联，这说明了一个极其重要的问题，即休眠通常并不对种子的萌发时间起决定性作用。Washitani 等所观察的多数物种在 4 ℃（试验所用最低温）时开始萌发。在 Grime 等（1981）开展的实验室大规模筛选研究中，许多物种能够在 5 ℃开始萌发，这是该试验所用的最低温度。在该研究中，其他需要湿冷处理来解除种子休眠的物种，在黑暗条件下也可以于 5 ℃进行萌发，主要属于林地或灌木草本植物（原拉拉藤 *Galium aparine*、多年生山靛 *Mercurialis perennis*、蓝铃花 *Hyacinthoides non-scripta*），或者来自土地肥沃的高大草本植物（羊角芹

Aegopodium podagraria、峨参 *Anthriscus sylvestris*、欧独活 *Heracleum sphondylium*）。据推测，在这些群落中，即乔木冠层郁闭之前或大型（植物）竞争者生长发育前，提前萌发的物种具有压倒性的优势。目前，尚不可知低温会对种子萌发起到何种限制，不过在许多种群中，只有冰冻才会使种子停止萌发。一些英国物种（几乎包含了所有受测试的禾草）能够在 2 ℃萌发（K. Thompson et al., 1992，未发表）。

由于种子的萌发温度与萌发时间密切相关，所以几乎很少能探测到生境对种子萌发所产生的具体影响。然而，在对薹草属（*Carex*）的研究中做到了这一点，该属内大多数物种都生活在北温带气候中，并具有高度一致的种子萌发生理特征，几乎所有物种都可以通过湿冷处理的方式打破休眠，都拥有持久种子库，也都需要光照条件，且在低温条件下无法萌发（Schütz，2000）。虽然种子的这种生理一致性通常是由生态环境一致性引起，但莎草却既可以在林地，又可以在开阔生境内定居。所有的种子最好都在 25 ℃下萌发，但林地的莎草也可以在 10 ℃萌发（Schütz，1997）。将两组莎草种子分别播种到林地后，只有林地莎草在树冠郁闭前有幼苗破土而出，而来自开阔生境的莎草种子却没有萌发。从 4 月下旬至 5 月中旬，林地的莎草似乎已经准备好在凉爽的温带林地对这段"稍纵即逝"的时间进行充分的利用。

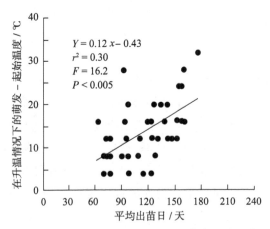

图 6.1　日本草地 39 种共生植物在升温条件下，种子萌发开始温度（休眠完全解除后）与平均出苗日期（1 月 1 日＝1）间的关系

［引自 Washitani 等（1990）。］

严格的休眠制度、持久种子库及对光与高温的要求都是莎草"更新生态位"的特征（Grubb，1977），且通常发生在春末或初夏植被相对不可预测的生长间隙。这种生态位并不局限于幼苗，与大多数共生物种相比，成年莎草的生长也开始得较晚（Grime et al.，1985）。这种较晚的萌发和生长方式在与快速生长的物种竞争时具有潜在的致命性，而这种生理特征可能与莎草所处的半自然生态系统有关（Grime et al.，1988）。

萌发温度和地理分布

纵观全球，没有比温带和热带物种分布更大的生物地理鸿沟。如果热带物种处于 10 ℃以下，多数会遭遇寒灾，或多或少将导致物种死亡，种子的萌发也是同理。随着环境温度的下降，温带与热带植物的萌发也会以相似的速率下降。在环境温度约为 14 ℃时，热带物种的萌发速率急剧下滑，在低于 10 ℃时停止萌发（Simon et al.，1976）。目前，尚不清楚热带物种在低温下遭受的损害是由于膜的变化或是蛋白质的变性，但其生态学意义显而易见，即热带植物生活史的所有阶段都易受到低温影响。

在一系列关于欧洲植物种子萌发温度地理变化的研究中，P. A. Thompson（引自 Probert，2000）认为，种子萌发的最低温度和最高温度随南北梯度而变；与北欧物种相比，地中海物种植物种子的最低萌发温度与最高萌发温度都较低。事实上，研究人员已经发现了一种典型的"地中海"萌发现象，其中最为关键特征之一是种子萌发的最适温度较低（通常为 5～15 ℃；Thanos et al.，1989）。与此相反，处于北极的物种需要更高的温度才能萌发（Baskin et al.，1998）。地理分布广泛的物种，其种内趋势与种间趋势基本一致。之所以如此，是因为随着我们向欧洲南部移动，寒冷逐渐被干旱取代，并成为幼苗的主要胁迫因素。在地中海地区，目前对幼苗危害最轻的季节当属潮湿、凉爽但基本无霜冻的冬季。在北欧，优先事项是避免植物在严冬期间或之前萌发，萌发也需要相对较高的温度。在 31 种英国草本植物样本中，位于北极高山的仙女木（*Dryas octopetala*）拥有最高的萌发基础温度（Trudgill et al.，2000）。令人惊讶的是，很少有北极植物的种子休眠会因低温而打破休眠（Baskin et al.，1998）。

交替变化的温度

许多物种在恒定温度下的种子萌发会减少，甚至不萌发。温度的交替变化次数与幅度往往会促进种子萌发，而种子对温度变化的响应似乎取决于体内含量较低且呈活跃状态的光敏色素 P_{fr}（Probert，2000）。种子萌发对光需求、交替变化的温度需求及二者间相互作用的需求因物种而异。有时，光可以完全替代变化的温度，而有时，光仅仅是降低了萌发所需的温度变幅。在其他情况下，尤其是对于种子非常小的物种（如灯芯草 *Juncus effusus*）而言，在光参与下的温度交替变化会促进种子萌发，而在黑暗中则完全不会萌发（Thompson et al.，1983）。

一项关于萌发对温度交替变化响应的调查显示，有光参与的温度变化对种子萌发的刺激与生境密切相关；在受测的 66 种湿地物种中，温度变化对种子萌发起到的促进作用占比 42%（Thompson et al.，1983）。这一要求最具潜力的生态意义是，在春季，由于水位下降与温度上升，浅水或裸露的泥土会经历较大的温度变化，这为湿地植物的种子萌发创造了有利条件。此外，对单个物种的详细研究发现，种子萌发对温度变化的响应会在一定程度上提供了种内生态位分化机会。通常宽叶香蒲（*Typha latifolia*）与芦苇（*Phragmites australis*）是共生的大型湿地多年生植物，两者都对温度变幅的增加有强烈响应，但芦苇在整个平均温度范围都出现响应，而香蒲对平均温度更敏感，只有在平均温度较低的情况下才能对温度变化做出明显响应（Ekstam et al.，1999）。上述结果表明，芦苇避免在温度变幅较小的地方（如水下或植被下）萌发，而香蒲会因土壤或水升温而降低其萌发要求。虽然二者在萌发行为上具有相似性，但在试验中发现，香蒲积累了大量的持久种子库，而芦苇则没有。芦苇的萌发不受黑暗条件的抑制，这可以一定程度的解释上述现象（Ekstam et al.，1999）。土壤种子库的积累能力是湿地植物适应水位变化的种群动态的一个重要因素（Vandervalk et al.，1978）。

在光照参与下，对温度变化做出积极响应的大多为湿地植物，而在黑暗条件下，受干扰的生境中也存在大量植物种子对温度变化做出响应的现象，例如在草地植物也有一定程度的响应（Thompson et al.，1983）。这与植被是否拥有持久性种子库密切相关，而这可能发挥着植物间隙感知能力与深度感知机制的作用。昼夜温度的变化随土壤深度的增加而降低，植物冠层亦能起到"隔热层"的作用，致使温度变幅较低。Benech Arnold 等对高粱（*Sorghum halepense*）进行了一些独创性的试验，证实了温度变化在调节种子萌发时间与萌发位置方面起到了关键作用（Benech Arnold et al.，1988；Ghersa et al.，1992）。就像许多可利用耕地的杂草一样，温度变化极大地促进了高粱种子萌发，但随着土壤深度的增加与植物冠层的存在，高粱种子的萌发会受到极大程度地抑制。从裸露的土壤中萌发的高粱种子的数量显著高于从植物树冠下萌发的种子，而这种效果可以通过人工加热未受损植物冠层的土壤来进行重现，使其与裸露土壤保持相同的温度变化（Benech Arnold et al.，1988）。同样地，种子萌发率与温度变化幅度都随土壤深度增加而下降，倒置土芯也不会改变这一响应模式，深埋于土壤的种子与接近土壤表层的种子对温度变化的响应完全一致（Ghersa et al.，1992；图 6.2）。Ghersa 等将一些土芯置于 25 ℃的恒定温度中，另一些则置于交替变化的温度（20/30 ℃）中。变温条件下的土芯中，种子萌发与深度无关，恒温条件下土芯中，种子萌发主要局限在土壤表层。因此，高粱种子对温度的响应，在其感知埋藏深度中发挥着重要作用，其他因素（如土壤中的空气）也会有影响，此外，这些响应是非常持久的，即高粱种子在埋藏 8 年后恢复萌发仍受到温度变化的强烈作用。

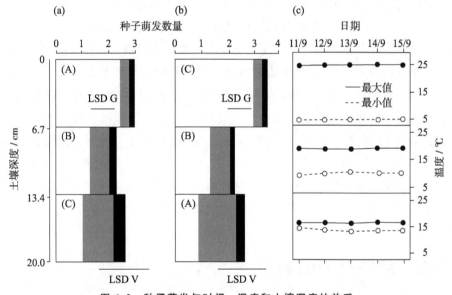

图 6.2　种子萌发与时间、温度和土壤深度的关系

［室外高粱种子的土壤埋藏深度对其萌发的影响（a）埋藏于原始土层顺序（ABC）与（b）倒顺序（CBA）；（c）各土层的最高、最低温度。在原位萌发的种子数（□），种子恢复后在交变温度下萌发的种子数（▨）及休眠种子数（■）。可成活种子（LSD V）与萌发种子（LSD G）的最小显著差在以上两种图层顺序中均有体现。引自 Ghersa 等（1992）。］

　　较小的幼苗（来自小种子）不能从掩埋较深的土壤中破土而出，也无力与定殖的植物竞争。温度变化通常意味着物种间存在间隙或种子被浅埋，抑或两者兼而有之，因此在种子相对较小的物种中，通过温度变化来刺激种子萌发相当普遍。不过，有时种子大小与种子对温度的响应并非是如此简单的关系。在巴拿马半落叶雨林中，16 种先锋树种都需要林间间隙才可萌发，但都需要用温度来区分大的林间间隙与小的林间间隙（Pearson et al.，2002）。相比于黑暗条件，小种子先锋物种（种子质量＜2 mg）在光照条件下萌发效果更好。在达到物种特有的阈值前，小种子先锋物种不受温度波动影响，但超过阈值，其萌发率会大幅下降。大种子先锋物种在光照与黑暗条件下的种子萌发情况大致相同，多数大种子植物的种子萌发亦对温度波动幅度的增加表现出积极响应。较大的温度波动表明存在较大的林间间隙（＞25 m²）。由于较大林间间隙的表层土壤水分会快速流失，故只有能够迅速发育较深根系的大种子植物才能成功定殖。小种子物种也可以通过对光的响应检测林间间隙，但因其定殖可能性不高，小种子物种会避免在大的林间间隙内萌发。上述萌发要求的差异可能是导致成年树种分布与林冠间隙大小的原因之一。有关对林间间隙的更详细论述，请参阅第九章。

尽管野外条件下的种子萌发定会受温度变化的影响（温度升高之后总会出现相应的温度下降），但实验室内详细的试验表明，种子其实只会对温度上升做出响应。Van Assche 与 Van Nerum（1997）将钝叶酸模（*Rumex obtusifolius*）种子置于单一的温度变化中，发现升温对种子萌发有促进作用，而降温则不会。此外，升温速度也尤为关键，种子在快速升温（3.3 ℃/h）环境下比在缓慢升温（2 ℃/h）环境下更容易诱发种子萌发。对野外土壤升温速率的测量表明，这种响应通常会在空间上（植被间隙下的浅层土壤）与时间上（春季和夏季）限制种子的萌发。

6.2　种子对光的响应

为防止种子在不利于自身定殖的时间与地点萌发，种子对光的响应发挥着举足轻重的作用。对光环境不同方面的探测使种子在一定程度上能够控制其萌发时间与萌发地点。处于萌发阶段的种子是埋于土壤还是散落在土壤表层可能是顺利定殖的决定性因素，如果种子埋于土壤，那么精确的深度对其日后出苗至关重要；如果种子散落在土壤表层，那么遮阴程度（特别是周围植被的遮阴程度）则更为关键。某些情况下，萌发时间也会受到日照时长的影响（Densmore，1997）。在上述所及的所有情况中，通过探测光照强度、质量或周期性等可为种子提供它所需要的环境信息。

在黑暗条件中，如果种子在土壤表层以下萌发，那么它的芽可能无法到达地表。这种危险对于小种子而言最为致命，因此种子的光探测能力（或探测光是否缺失的能力）对其生存有很高的参考价值。在土壤表层附近，接收到的光量随深度的增加迅速减小。尽管沙子中存在高比例的半透明颗粒（如石英颗粒），光可能会透射得稍深一些，但可测量的光量很少能穿透超过几毫米（Bliss et al.，1985；Tester et al.，1987）。在粉砂黏壤土中，只有不到1%的入射光线能穿透2.2 mm，但这或足以诱导光敏感的种子进行萌发，相当于种子在晴日曝晒一天（Wooley et al.，1978）。不足为奇的是，许多小种子物种是需光型萌发物种，或受黑暗条件的显著抑制。在一项对271个物种的调查中，Grime 等（1981）发现，种子质量小于0.1 mg的物种大多为需光型萌发物种，种子对光的依赖程度随种子大小的增加而下降。然而，种子的光敏感性萌发条件是植物系统发育的部分内容，如某一些科的植物〔如豆科（Fabaceae）与禾本科（Poaceae）〕，无论种子大小，都可以在黑暗条件中萌发，而莎草科（Cyperaceae）与菊科（Asteraceae）的种子则大多需要光照。不过，即便是在黑暗条件下萌发的物种，通常也会有少数种子对光敏感。对于某些物种而言〔如钝叶酸模（*Rumex obtusifolius*）〕，高温条件下的短时间照射（如35 ℃下5分钟）即可绝对满足其光照需求（Takaki et al.，1981）。

位于土壤表层的种子可能会经历不利于其萌发的高强光照射，特别是暴露在强烈的阳光下。已经在许多物种中证明，高光子通量密度对种子萌发存在抑制效应，即便是那些需光型萌发的物种（Pons，2000）。这种反应被称为高辐照度反应（HIR），在莴苣（*Lactuca sativa*）中得以充分体现（Górski et al.，1979）。高辐照度敏感性可能是降低土壤表面高温干旱条件下幼苗死亡概率的一种机制。不过，这些因素本身就会抑制种子萌发，例如，伞房花耳草（*Oldenlandia Corymbosa*）[①]（Corbineau et al.，1982），即使在弱光下也会受到抑制（即它们是非光型萌发物种）。目前，高辐照度反应与非光敏感性的生态意义仍尚未探索。

温带草地与杂草植物区系中存在一个普遍的现象，即种子埋藏一段时间后，种子的萌发仍需光的参与（Wesson et al.，1969b；Doucet et al.，1997；Milberg et al.，1997）。对多刺曼陀罗（*Datura ferox*）而言，短时间的埋藏

---

① 已修订为 *Hedyotis corymbosa*——译者注。

使其对光的敏感度增加了约 10 000 倍（Scopel et al.，1991）。Wesson et al.（1969a，1969b）所做的试验是这一现象的经典例证，该试验在黑暗条件下的草地上挖数处小坑，其中一半被玻璃覆盖（透光），另一半被石棉覆盖（保持黑暗）。结果，只有玻璃覆盖的坑出现了幼苗。通过将种子样本埋藏在土壤中一年后发现，大多数物种的新鲜种子并非绝对需光型，但经埋藏后就转变为需光型植物。虽然 Wesson et al. 将种子放于土壤一年后才测试，但后续的试验发现，若温度适宜，只需埋藏几天足以使种子转变为需光型（Pons，2000）。在种子不受干扰的情况下，这种需光响应具有阻止种子萌发的作用，有利于形成持久性土壤种子库。有趣的是，该响应只需少量光就足以满足种子的光需求。例如，在某些情况下，仅仅几毫秒的光闪烁就足够了（Scopel et al.，1991）。Hartmann 等（1998）发现，对于完全光敏的种子，置于圆月下 3 秒或星光照射 5 分钟就可以萌发。这对耕地土壤中杂草的萌发具有现实意义，因为耕作等一系列操作可以触发种子库中的种子萌发。犁地期间对草皮的翻转会使种子暴露在充足的光照下，以满足萌发要求，即便种子被重新掩埋也同样奏效。现已证明，夜间耕作会导致出苗较少（Sauer et al.，1964），相比夜间，日间耕作会使被埋藏种子的萌发率增加 70% ～ 400%（Scopel et al.，1994）。此外，至少在双子叶中，日间耕作期间通过试验的方法减少耕作机具下的辐射照度，也会使出苗数量减少。通过 Milberg 等（1997）研究的 8 种一年生杂草，发现埋藏的种子具有较大的光响应型季节性周期，这暗示了夜间耕作作为一种减少杂草种子萌发的手段，其效率强烈地依赖于时间（Hartmann et al.，1998）。

　　光谱组成是种子光环境的一个重要特征。透过植被的阳光不仅在体量上有所减少，在质量上也发生了变化。相比于远红光部分的波长，光谱中红光部分的波长更容易被植物吸收。因此，与直射光而言，树冠荫蔽具有较低的红光/远红光比率。红光/远红光比是以 660 nm 与 730 nm 为中心的 10 nm 带宽的光子通量密度比值。未经过滤的日光其红光/远红光比约为 1.2，而完整的叶冠通常将这一比率降低至约 0.2（取决于叶面积指数；Pons，2000）。在植物冠层滤光处理后，多数需光型种子会因红光/远红光的低比值而受到抑制。在 Górski 进行的一系列调查中，共有 271 种野生与栽培植物受到类似光子通量密度的叶冠透射光与漫射白光的影响（Górski，1975；Górski et al.，1977；1978），研究发现所有需光型植物的萌发都受到叶片荫蔽的抑制，甚至在许多对光无响应和非光敏感型的物种萌发也会受到此类抑制。值得注意的是，许多栽培物种并不受光谱组成影响，这表明该特征在物种驯化过程中已丧失。对于一些杂草种子对滤光后的光线响应已经被人们熟知多年（Taylorson et al.，1969），后经研究证实，至少在草本植物中，野生植物的种子广泛存在冠层敏感性（Fenner，1980c；Silvertown，1980）。相反，小种子、热带雨林具浆果的种子似乎对光谱组成没有响应（Metcalfe，1996）。在某些情况下，低红光/远红光比值的抑制作用会在较高的温度下消失（Van Tooren et al.，1988）。

种子能够探测周围光线的红光/远红光比值，这将清晰地告知种子附近的叶冠信息。植被的存在就意味着存在潜在的竞争，在这种情况下，种子的最佳策略是保持不萌发，静静地等待一场对它更有利的环境干扰出现。即便是在黑暗条件中萌发率高的物种，若将其置于树冠荫蔽一段时间后再进行掩埋，新鲜种子也会对光照保持一定的需求（如鬼针草 *Bidens pilosa*；Fenner，1980b）。因此，种子似乎对其埋藏情况留存着"记忆"。光线中红光含量高将意味着植被的缺失，成为无竞争区域。相比冠层下的光，植被间隙中的光具有更高的红光/远红光比值（Sendon et al.，1986），故冠层敏感性被视为一种"间隙探测"机制（Grime et al.，1981）。多项研究表明，种子确实会对植被中的间隙做出响应（VázquezYanes et al.，1994）。在较小的尺度上，Silvertown（1981）认为，*Reseda luteola* 种子的萌发集中在白垩草地草皮中较为开阔的微生境中。一般来说，在土壤水平上，草地上的植物冠层高度对种子萌发有显著影响（Fenner，1980a；Deregibus et al.，1994；Hutchings et al.，1996），即便冠层稀疏，种子也具有较强的敏感性。当小麦的叶面积指数远低于 1.0、红光/远红光比值远高于 0.8 时，杂草种子的萌发仅在小麦出苗后 15 天就受到了抑制（Batlla et al.，2000）。

除了探测光的体量与质量外，一些物种的种子对光周期也很敏感，即光周期和暗周期的相对长度与昼夜对应（Isikawa，1954；Cumming，1963）。白昼长度的探测通常与温度状况密切联系，尤其是低温（Black et al.，1955；Stearns et al.，1958）。由于白昼长度存在较大的季节变化，种子光周期敏感性的重要性可能会随纬度的增加而升高。通过测定白昼长度，可以将种子萌发限制在有利的季节进行。Densmore（1997）测试了来自阿拉斯加内陆的北极苔原植物种子，通过对比短日照与长日照（分别为 13 小时与 22 小时）处理的种子萌发情况，发现一些种子会在短日照下受到抑制，特别是在低温层积之后。在自然界，秋天的短日照与低温相互作用抑制了种子萌发，但在第二年春季融雪时，日照时长足以促进萌发。关于野生物种对日长敏感性的研究很少，但其发生概率或比文献中所述情况更为广泛。在已发表的实验中，研究人员并不总是区分光照体量与光周期对种子萌发具体影响。一些研究表明，光照体量与光周期是同时参与种子萌发的（Baskin et al.，1976）；Bevington（1986）对纸桦（*Betula papyrifera*）的萌发试验是为数不多对此给予充分认识的科学研究。

种子对光环境的探测是由一系列统称为光敏色素的分子介导的。这些光感感受器在植物生理学中有诸多作用，现已成为许多文献综述的主题（Smith et al.，1990；Fankhauser，2001），并对它们在种子萌发调控中的具体作用进行了描述（Shinomura，1997；Casal et al.，1998）。目前，光敏色素至少有 5 种类型（光敏色素 A 到光敏色素 E），其脱辅基蛋白由不同的基因编码，其不同功能主要通过利用鼠耳芥（*Arabidopsis thaliana*）光敏色素的缺失突变体来研究。光敏色素 A 参与探测极低强度的光，促进种子萌发并诱导其对光产生需求。这就是所谓的低辐照度反应（光敏色素介导的、由 $1\sim1000$ μmol/m^2 的低强度光启动的反应，也称诱导反应），包含了在低光子通量密度下的广波长范围。研究表明，光敏色素 A 也参与了高辐射照度反应，即在高强光下种子萌发受到抑制（Shichijo et al.，2001）。光敏色素 B 参与了一个光可逆反应，在光可逆反应中分子在日间从红光吸收型（P$_r$）转变为远红光吸收型（P$_{fr}$）。该反应可以通过暴露在叶片过滤光（或低红光/远红光比）下而逆转，也可以在黑暗条件下自行发生。在所谓的"逃逸时间"之后，远红光吸收会促进种子萌发。光敏色素 B 吸收光的波段非常固定（660 nm 和 730 nm）；然而，相比于光敏色素 A，它使用的通量大约高出 4 个数量级（Shinomura，1997）。在黑暗处理下，光敏色素 B 在几小时内从促进萌发自发地逐渐转变为抑制萌发，而这被认为是一种"时钟"机制，用来检测日照时长（或夜间时长；Bewley et al.，1982）。目前，尚不清楚其他光敏色素（C、D 与 E）在种子萌发中发挥何种作用。

显然，种子光感受器色素系统的存在，不仅可以检测光的存在，也可以检测其光谱组成，具有非常高的生存价值。光敏色素位于种子的胚中。光在穿过种皮时会被过滤，但用微型设备进行的光纤试验表明，适当波长的光确实能够穿过种皮至胚（Widell et al.，1988）。在低地植物、藻类甚至蓝细菌中都存在光敏色素。这表明，光感受器具有悠久的历史，比种子的进化早了数亿年。

6.3　种子萌发过程中的水分有效性

大多数种子在水分含量很低的情况下仍能保持活力。事实上，将种子放置于－350 MPa的干燥环境中可以延长这些所谓的"正常型"种子的寿命。相反，具有所谓"顽拗性"种子的物种需要较高的水分（相当于约－5 M～－1.5 MPa）才能保持活力（Murdoch et al.，2000）。对6919个物种种子的调查中，约有7.4%被归为顽拗性物种（Hong et al.，1996）。直至种子脱落，顽拗性物种的种子会积极代谢并积累储备，种子脱落后，种子保持含水状态并立即萌发（Kermode et al.，2002）。种子脱水敏感性在非先锋常绿热带雨林树种中最为常见，尽管其中有很大比例为耐脱水型（Tweddle et al.，2003），抑或种子部分脱水并非总是常致命因素（Rodriguez et al.，2000）。在持续温暖潮湿的气候中，种子快速萌发可能会降低其被捕食的风险。Finch-Savage（1992）已经证明，对于夏栎（*Quercus Robur*）而言，种子是否丧失活力由子叶（而非胚）的临界含水量决定。

种子除了具有维持活力的临界含水量外，每个物种也都具有萌发所需的临界含水量（或水势；Hunter et al.，1952），且不同物种间差异明显。在对湿地与旱地物种的调查中，Evans等（1990）发现，湿地植物的种子都不能在低水势条件下有效萌发。一些旱地植物在－1 MPa的干燥土壤中萌发率非常高。耐性最强的物种是皱叶酸模（*Rumex crispus*），可在水势下降至－1.5 Mpa仍可萌发。

水分是种子萌发必不可少的资源。种子在萌发期间对水分的吸收通常分为3个阶段：①吸胀，水分渗透种皮，被胚（胚乳，如果有此结构）吸收；②活化，即胚进入发育过程，但水分吸收相对较少；③生长，胚根伸长，种皮破裂。吸胀速率受种皮的渗透性、种子与基质间的接触面积及土壤水分与种子间的相对水势差等多种因素控制（Bradford，1995）。如果不能满足打破种子休眠或诱导种子萌发的要求，即使种子会完全吸胀，但也处于无限期的不萌发状态。例如，形成持久性种子库的种子可以在土壤中存活多年，在土壤中它们可以保持（至少是间歇性地）完全吸胀状态（Thompson，2000）。

种子大小可能会影响满足其水分需求的发生率，较大的种子有更高的绝对需求。Kikuzawa 等（1999）认为，对于不超过 1000 mg 的种子而言，种子质量与完全吸胀时的绝对吸水率存在线性关系。大种子的表面积与体积之比相对较小。Wilson 等（1998）发现，4 种豆科植物种子的吸胀次数与种子大小密切相关。通过对 14 种种子进行的试验，Kikuzawa 等（1999）认为，较小的种子在萌发方面主要有两大优势：它们比大种子能更快地达到最大吸水量，更有可能会降落在一个可促进吸水、没那么干燥的微环境中。对于非常大的种子，如椰子（*Cocos nucifera*），其吸胀就可能存在严重问题，在此类种子中，"椰乳"可以为内部进行水分供应，克服了大种子从外部吸收水分的多种机械困难（尤其是当它们生长在热带沙滩）。无论怎样，坚硬的椰子壳或会在一定程度上阻碍吸胀作用。复椰子亦称海椰子（*Lodoicea maldivica*），其种子最长可达 50 cm，在吸收萌发所需的水分时，会明显受到种子大小的影响。然而，复椰子生长于气候相对潮湿的森林中（塞舌尔群岛），与椰子不同的是，它体内不含椰乳。因复椰子的种子是世界上最大的植物种子，所以它的萌发过程（由 Edwards 等调查研究，2002）引来诸多研究人员的关注。

对于田间萌发的种子来说，最为常见的危害可能是种子萌发过程结束之前经历一段时间的干旱。在种子萌发的几日或几周内，种子可能会遭遇多次降水与干旱气候。为了确定种子水合作用和脱水作用周期性循环对萌发的影响，目前，已经进行了大量的实验。具体的响应因物种而异。许多关于干/湿循环效应的研究的共同特点是，在实施持续补充水分时，处理过的种子表现出更快的萌发速度，如皱叶酸模 *Rumex crispus*（Vincent et al.，1978）。Hanson（1973）认为，小麦谷物等通过湿/干预处理会变得"活跃"。在特定情况下，种子萌发率随干/湿循环次数的增加而增加（Hou et al.，1999）；也就是说，过往种子吸胀作用的次数会形成累积效应（Baskin et al.，1982）。最终的种子萌发率不受干/湿循环次数的影响，但种子萌发所需时间显著降低。由于种子似乎保留了水合作用中发生的生理变化，Dubrovsky（1996）认为种子保留了它的水合作用"记忆"。

水合过程中一个关键点是水合作用的时间跨度。如果水合作用时间延长，即会发生相应的生理变化，且这一生理变化不可逆转，甚至不能暂停。黑麦草（*Lolium perenne*）经过 0～40 小时的水合作用期，后经脱水与复水，在水合作用的前 36 小时内，黑麦草种子萌发率均不受影响（Debaene-Gill et al.，1994）。若大麦在经历 24 小时的水合作用后脱水，其种子会丧失活力；对于车轴草属（*Trifolium*）的几种植物而言，这一时间相当于 16 小时（Jansen，1994）；而绿豆只有 8 小时（Hong et al.，1992）。在水合作用周期较短的地区，种子萌发可能不会进入关键阶段，所以多次干/湿循环效应的作用可能微小甚微。例如，Hou 等（1999）对 *Krascheninnikovia lanata* 种子反复进行 2 小时水合作用/22 小时脱水的循环，即便经历 10 个循环，种子的总体萌发也没有受到影响。"不可挽回点"只发生在胚开始生长发育后，此时，由于干旱对细胞分裂与细胞增大的不利影响，组织很容易受损（Berrie et al.，1971）。澳大利亚一年生豆科牧草（车轴草属物种）因干燥期的延长降低了其活力与萌发速度（Jansen，1994），但在其他情况下，干燥期的影响微乎其微（Vincent et al.，1978；Basskin et al.，1982）。

不同物种的种子在萌发时对降水模式的响应可能决定了相应物种的幼苗建成。如果降雨季足够长，幼苗经过充分生长可以有效抵御接踵而来的干旱期，那么种子对雨的快速响应是有利的；如果降雨持续时间较短，那么种子缓慢的响应策略则有利于物种的更新，在此情况下，即使种子萌发受旱期阻断，种子的萌发数可以通过不断累积进而增加物种体量。Frasier 等（1985）研究了 7 个草种的种子对干/湿循环的响应，发现种内与种间存在一系列生态策略。Elberse et al.（1990）将共存物种混合播种，置于不同的湿润与干燥处理下，研究发现，缺少长时间间歇性干旱的降雨模式有利于种子快速萌发的植物。干旱适用于缓慢萌发的植物（对干旱耐受），但这对快速萌发物种来说是致命的。他们认为，降水频率与降水时间对于一定比例的已定殖物种有显著影响。

6.4　土壤化学环境

除了一些附生植物物种（于树枝上萌发）与红树林物种（附着于亲本萌发），土壤为大多数种子萌发提供了物理介质。土壤的化学成分是土壤环境的重要组成部分。在本节中，我们将谈及种子周围一系列气体与液体物质对种子萌发的影响。

氧气与二氧化碳

土壤中氧气和二氧化碳的浓度与大气中的浓度有着翻天覆地的变化。这在很大程度上归因于土壤中的生物活动,特别是微生物和植物根系的活动。一般来说,相对于地上,土壤中氧气趋于枯竭,二氧化碳含量增加。环境差异随土壤深度增加而增加。这些气体在土壤中的活动主要通过扩散的方式来进行。如果空气中充满水分,扩散速度就会大幅降低,扩散阻力会增加几个数量级,在这种情况下,氧气含量可能会变得极其有限。此外,局部微环境也可能会存在极端浓度,如靠近植物根系或腐烂物质旁边的单个种子(Hilhorst et al., 2000)。

一般来说,种子萌发与早期幼苗生长都需要氧气来进行呼吸作用,但一些物种(尤其是水生植物)也可以在缺氧条件下萌发,如宽叶香蒲 *Typha latifolia* (Bonnewell et al., 1983)、萤蔺 *Scirpus juncoides*[①] (Pons et al., 1986)、稗 *Echinochloa crus-galli* (Kennedy et al., 1980)。这些物种或都会对无氧呼吸产生的乙醇产生耐受性。水淹会加重无氧条件。许多水生生境物种在水下解除种子休眠并开始萌发。值得注意的是,沉水被子植物大叶藻(*Zostera marina*)的种子在缺氧条件下比在有氧条件下萌发得更好(Moore et al., 1993;Probert et al., 1999)。这样,可以确保该物种在其所青睐的沉水沉积物中定殖幼苗。不过,在缺氧情况下的种子萌发并非水生生物所独有。在 100% 氮气环境中,*Veronica hederifolia* 也可以被诱导萌发(LonChamp et al., 1979)。即便在良好的有氧条件下,进行吸胀的种子内部胚分生组织的氧浓度也可能很低,这是因为,种皮与胚乳组织会吸收氧气,而氧气在水中的扩散速率却很低(Hilhorst et al., 2000)。

由于不同物种对氧气浓度降低的响应方式不同,故目前还未能确定氧气在调节萌发与休眠中起到何种生态作用。现已证明,降低氧气浓度可以诱导许多物种的休眠,如阿拉伯婆婆纳 *Veronica persica* (LonChamp et al., 1979)、水生半边莲 *Lobelia dortmanna* (Farmer et al., 1987)、婆罗门参属物种 *Tragopogon* spp. (Qi et al., 1993)。在某些情况下,植物种子对缺氧的响应与温度密切相关,如稗 *Echinochloa crus-galli* (Honek et al., 1992)与野燕麦 *Avena fatua* (Symons et al., 1986)。

二氧化碳浓度随土壤深度和影响微生物活动的环境因素(即土壤中的水分、温度与有机质含量)而变。二氧化碳浓度在 2%～5% 可以促进种子萌发,一旦超过 5%,许多植物的种子萌发会受到抑制(Baskin et al., 1998)。

---

① 已修订为 *Schoenoplectus juncoides*——译者注。

Richter 等（1995）在一项为期 3 年的研究中发现，在 1.75～4.0 m 的土壤深度间，二氧化碳浓度为 1%～4%。目前，环境大气浓度约为 0.036%（Calow，1998）。在相对较深的土壤中，种子对高二氧化碳浓度进行响应可能不会产生较大的生态意义，因为①即便在高二氧化碳浓度的刺激下，种子也不能从如此之深的土壤中出苗；②在大多数幼苗出苗的土壤表层，通常不具备高浓度的二氧化碳，其浓度约为 0.1%（Baskin et al.，1998）。

目前，对未来全球二氧化碳浓度升高的潜在影响存在诸多猜测。虽然这可能会影响植物营养生长（Amthor，1995；Kirschbaum，2000），但对种子萌发的具体影响还有待研究。Stmer et al.（1983）对 3 种当地一年生植物进行了浓度高达 0.21%（约为环境的 6 倍）萌发的试验，结果并未发现明显影响。由于全球二氧化碳浓度的预期值要远低于试验数值，故他们的数据表明，二氧化碳浓度增加对种子萌发的影响可能微乎其微。不过，也有其他研究发现，即便试验所使用的二氧化碳浓度仅是环境浓度的两倍，也会对种子萌发产生显著影响。Ziska 等（1993）对 6 种作物与 4 种杂草的种子萌发率与最终萌发率进行了测试，发现其中一种作物与两种杂草的种子萌发率与最终萌发率都有所提高。在田间试验中，与环境对照组相比，高二氧化碳浓度（为环境两倍）会导致耕作 3 周后出现更多的杂草幼苗。如果全球二氧化碳浓度升高在不同程度上利于特定物种再生，那么，它可能会对植被的组成产生深远影响。另请参阅第 6.5 节。

硝酸盐

硝酸盐（NO_3^{-1}）是土壤中最普遍、最具营养价值的无机盐之一。它与铵根离子（NH_4^+）一道，是植物氮元素的主要来源。众所周知，硝酸盐可以刺激种子萌发，特别是杂草物种。例如，在 Steinbauer 等（1957）试验的 85 种杂草种子中，有一半对硝酸盐产生了积极响应，而且这种响应发生在土壤中常见的硝酸盐浓度范围中（Freijsen et al.，1980）。种子对硝酸盐的响应可以视作打破种子休眠（Pons，1989），但这里却将其视为促进了非休眠种子的萌发，即种子只有在满足其休眠要求（如降温或后熟）后才被认为对硝酸盐有响应。

种子内硝酸盐含量与萌发能力存在明显的相关性。在不同浓度的 KNO_3 溶液中生长的 *Sisymbrium officinalis* 种子显示，每粒种子的硝酸盐含量与萌发率呈正相关关系（Bouwmeester et al.，1994）。然而，硝酸盐很容易从土壤中的种子流失，与种子对外部硝酸盐离子的敏感性相比，内源硝酸盐含量的生态意义相对较小。研究证明，埋藏于土壤的种子敏感性会随时间的推移发生变化（Murdoch et al.，1993；Bouwmeester et al.，1994）。

Pons（1989）提出了一种假说，即种子对硝酸盐的响应可作为探测植被间隙的一种机制。他认为，与未受干扰的植被相比，白垩土草地植被间隙中的硝酸盐含量更高。森林土壤中的干扰也会引起硝化作用的激增（Hintikka，1987）。因植物会吸收硝酸盐，植物的存在降低了土壤中的硝酸盐含量，故土壤中硝酸盐含量的增加通常意味着干扰的出现。土壤中硝酸盐的含量也会呈现季节性变化。土壤中硝酸盐含量偏高时期，也是一些物种的萌发高峰期。例如，Popay et al.（1970）在无障碍的土壤小区内发现，在 9 个月的时间里，荠（*Capsella bursa-pastoris*）与欧洲千里光（*Senecio vulgaris*）的出苗与硝酸盐含量密切相关。不过，在不同的土壤类型中，似乎没有一种明确的季节有效的通用模式（Hilhorst et al.，2000），这使得种子对硝酸盐的响应不太可能用作"季节检测"的手段。

在许多情况下，种子萌发对硝酸盐的响应受到其他环境因素（或同时作用）的高度影响，特别是光照与温度波动（Vincent et al.，1977；Probert et al.，1987）。由于光照、温度波动与硝酸盐在出现植被间隙时都会同时发生变化，因此植物对这 3 个因素的响应将形成有效的植被间隙探测机制。最佳的种子响应可能只有在适当影响因素组合出现时才能诱导种子萌发。事实上，许多杂草种子需要光照才能对硝酸盐做出响应，这一事实对杂草控制具有现实意义。添加到土壤中的硝酸盐肥料通常不会诱导杂草种子萌发，这可能是因为多数种子被掩埋了。有研究人员提出，若在复种处理后再添加肥料，使种子暴露在光照刺激下，就有可能会成功诱导萌发（并使用除草剂；Hilton，1984）。目前，尚不明确种子探测硝酸盐的生理机制，但 Hilhorst（1993，1998）提出一个综合了光照、温度与硝酸盐对种子萌发影响的模型。

盐度（Salinity）

生活在潮汐盐沼上的植物要经历两次非常严酷的盐度变化。海水含有大约 3.3%（或 $0.56\ mol \cdot L^{-1}$）的溶解盐，主要是氯化钠（NaCl）溶液。当潮水退去，蒸发（特别是在晴天）会导致地表附近的土壤水变得更为浓缩。在雨天，土壤水的盐分可能会被雨水冲淡，再加上潮汐冲刷土壤表面的机械作用，这些条件给种子萌发带来了困难。Ungar（1978）综述了与种子萌发有关的一系列物种的耐盐性。

　　考虑到成年植物很好地适应了盐分环境，但令人惊讶的是，多数盐生物种的种子萌发会受到盐水的抑制。大多数物种的种子在淡水中的发芽率最高，但随着盐度的增加，萌发率也会迅速下降（Khan et al.，1994；Noe et al.，2000；Davy et al.，2001；Gulzar et al.，2001），海洋盐沼物种与内陆盐漠物种皆是如此。通过文献综述，Baskin 等（1998）列举出 65 种种子萌发受盐度影响的盐生植物。盐度影响种子吸胀、萌发和根伸长。然而，也有少数物种表现出显著的盐度耐受性。在适当条件下，大叶藻（*Zostera marina*）种子在完全海水盐度（3.3%）下也可以萌发（Harrison，1991；Probert et al.，1999）；*Salicornia pacifica* 即使在 5% 的盐度下也显示出一些萌发的趋势（Khan et al.，1986；图 6.3）。在一些物种中，低浓度的氯化钠（0.25%～0.5%）实际上促进了种子的萌发，例如 *Salicornia brachiata*（Joshi et al.，1982）。比较滨藜属（*Atriplex*）物种对氯化钠和聚乙二醇溶液的响应发现，氯化钠对滨藜属物种的影响是渗透效应与特定离子效应的组合（Katebe et al.，1998）。

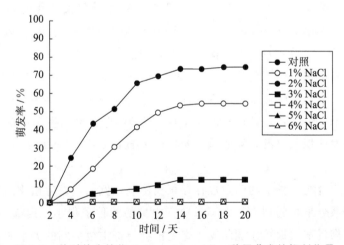

图 6.3　盐对盐生植物 *Salicornia pacifica* 种子萌发的抑制作用

［图为不同氯化钠浓度下的萌发曲线。引自 Khan 等（1986）。］

　　由于盐分对大多数盐生植物种子萌发有抑制作用，种子的萌发时间可能与土壤水分被雨水稀释的时间一致，可能还会伴随较低的环境温度，这将减少水分蒸发。在巴基斯坦的盐碱沙漠，季风雨与凉爽的温度使 *Atriplex griffithii* 种子萌发（Khan et al.，1994）。许多温带盐沼物种需要降温来打破种子休眠，并需要较低的温度种子才能萌发。这样，就会使种子萌发时间限定在早春（Baskin et al.，1998）。对于海洋盐沼物种而言，供种子萌发的机会可能并不频繁，而且短暂，仅限于一年中特定时间——两次潮汐之间的降雨时段，故也被称为"机会之窗"。Shumway 等（1992）发现在新英格兰的一处盐沼中，自然条件下的幼苗更新相当罕见，在人工林地的裸露林隙中，种子萌发受到高盐度的严重限制，退潮后用淡水进行试验处理的林隙中出现了大量幼苗就很好地证明了这一观点。

有机化合物

除了无机物，土壤中的种子还被大量的有机化合物包围，这些有机化合物由生命体死亡后分解产生，或由活着的有机体分泌产生。目前，已知其中一些物质会影响种子萌发。农业类的文献记录了无数案例，作物残留物会抑制萌发（Leigh et al.，1995；Kalburtji et al.，1997；Sene et al.，2000）。有时，植物可能会通过化感作用（产生生长抑制剂）来主动抑制其附近的种子萌发。有关化感作用抑制种子萌发的实验大多涉及植物种子提取物的生物检定。在某些情况下，种子本身会分泌抑制相邻种子萌发的化合物，如飞廉 *Carduus nutans*（Wardle et al.，1991）与细叶百脉根 *Lotus tenuis*（LaTerra et al.，1999）。许多植物的提取物会抑制培养皿中种子的萌发，但这种作用在土壤中往往会消失（Krogmeier et al.，1989），这是因为土壤淋洗、吸附与降解会降低毒素的有效性。尽管试验表明，土壤中也存在化感作用（LaTerra et al.，1999；Wardleetal，1991），但在自然生态系统中化感作用抑制萌发的现象仍没有被明确证明（LaTerra et al.，1999；Wardle et al.，1991）。

有机化合物对种子的萌发也存在积极影响。例如，寄生植物的种子会受到寄主根系分泌物的刺激。由于多数寄生植物的种子很小，内部储备很少，故必须在靠近宿主根系才能萌发。寄生植物与寄主植物间的关系通常高度特异，因此种子必须能够识别并响应寄生植物释放的高度特异的化合物。在 *Striga hermintheca* 中，化学触发物（来自几种谷物根部中的一种）会导致种子产生内源乙烯，启动种子萌发（Logan et al.，1992）。

乙烯是土壤空气的一种常见成分。它可由多种类型的细菌产生，往往集中在根际附近（Hilhorst et al.，2000）。现已发现，乙烯能够刺激少数物种萌发。例如，在 Taylorson（1979）试验的 43 种杂草中，9 种杂草种子受到刺激进行萌发，2 种杂草种子受到抑制，其余无影响。土壤中的乙烯对田间植物种子萌发的生态意义（如果有）还尚未可知。此外，在特定物种中还发现了乙烯与硝酸盐间的协同作用（Saini et al.，1986），同时对这两种化合物做出响应可能会为种子探测微生物活动激增（土壤受到新的干扰）提供帮助。

延伸阅读

6.1　种子对烟的响应

在容易发生火灾的生境中，烟与其他的燃烧产物构成了种子萌发化学环境的重要组成部分。de Lange 等（1990）对南非灌木 *Audouinia capitata* 的调查，是最早确定烟作为萌发刺激物的具体研究之一。在接下来的十年里，人们进行了大量的试验，来探索易发生火灾的植物群落对烟的响应是否是一种普遍现象，其中许多研究均以植物群落为基础。3 种地中海植被类型（加州常绿阔叶灌丛、南非凡波斯及西澳大利亚矮灌丛地）中，已发现许多对烟敏感的植物（Keeley et al.，2000），其中约有 1/2～2/3 的物种在受测时均表现出对烟的积极响应（Brown，1993；Dixon et al.，1995；Keeley et al.，1998b；Read et al.，1999；Roche et al.，1997；Tieu et al.，2001）。Keeley 等（1997）将南非与加利福尼亚州众多植物的萌发行为进行了比较，发现在两个大陆的植物远亲科中独立地产生了对火灾后化学诱因的响应。其他研究以分类学为基础，调查单个科或单个属物种对烟响应的发生率。例如，在试验的 32 种帚灯草科（Restionaceae）植物中有 25 种对烟响应积极（Brown et al.，1994），40 种欧石南属（*Erica*）植物中有 26 种对烟响应积极（Brown et al.，1993），7 种银桦属（*Grevillea*）全部对烟响应积极（Morris，2000）。

上述物种通常对烟（视为其种子萌发的诱因）具有高度依赖性。这种响应被认为是一种控制萌发时间的机制，即限制作用，使其可在火灾后萌发，因为此时竞争相对较低，对物种定殖条件有利。由于火灾对植被的影响巨大（改变了光、湿度、温度与化学环境），因此烟很可能只是种子能够做出响应的众多诱因之一。在一些物种中，烧焦的木材本身似乎能非常有效地刺激种子萌发（Keeley et al.，1998b）。Gilmour 等（2000）发现，虽然烟本身能刺激 *Epacris tasmanica* 的萌发，但烟、热激与黑暗环境三者结合才能获得最有效的植物响应。

　　尚不清楚植物种子对烟做出响应是出于何种生理机制，部分因为是没有明确的迹象表明，烟中的何种成分导致物种发生响应。试验发现，烟是非常有效的诱因，即使是较冷的条件，或作为水提取物，或并入熏过的滤纸中（Dixon et al.，1995）。虽然一些对烟敏感的物种对硝酸盐也有响应（Thanos et al.，1995），但人们认为它并不是烟本身产生的诱因。Keeley 等（1998a，1998b）否认硝酸盐是影响物种响应的关键物质。有人声称乙烯和脂肪酸应为重要物质（Sutcliffe et al.，1995）；但也有人驳斥这一观点，理由是烟的水萃取物可以承受高压蒸气灭菌且不失活性（Jager et al.，1996）。此外，还有人认为燃烧或氧化气体产生的酸是重要诱因，至少在某些物种中，二氧化氮被视为最有可能的诱因（Keeley et al.，2000）。最有可能的是，不同物种机制各异，对不同的化学物质存在多样的响应。一项对烟敏感物种的解剖研究发现，其种皮往往具有一系列特征，包括能阻止大分子进入的差异性渗透膜。据推测，烟可以改变这层膜的渗透性（Keeley et al.，1998b）。

　　研究发现，烟作为种子萌发的诱因，对烟具有响应的种子并不局限于易发生火灾的生境。例如，Pierce 等对 Mesembryanthemaceae 科 5 个火灾易发种与 5 个非火灾易发种对烟的响应进行了对比，发现烟均促进了两组物种的萌发。对 19 种冷温带耕地杂草物种的研究中，有 12 种对烟水溶液呈现出积极响应，证实了物种对烟（或烟内的某种成分）存在普遍响应（Adkins et al.，2001）。不过，有些非火灾易发种并不会对烟产生响应，如澳大利亚的草原林地与森林物种（Peter et al.，2000）。对于这种现象在火灾易发植物群落的重要性，响应强度的变化是最令人信服的证据。Brown 等（1993，1994）发现，经烟处理后，*Erica clavisepala* 与 *Rhodocoma capensis* 的萌发率分别提高了 81 倍与 253 倍。*Emmenanthe penduliflora* 的种子（种子具有高度休眠）可以通过烟处理使其萌发率从 0 提高至 100%（Keeley et al.，2000）。Brown 等（1993）提出，对于这些具有十倍响应的物种来说，烟可能是控制野外种子萌发的主要因素。有迹象表明，这些高度敏感的物种主要集中在火灾频发的生境。

6.5　气候变化的影响

　　气候变化对种子萌发、生长发育的影响复杂而深远，有些影响甚至超出了我们的讨论范围。

　　人们普遍认为，种子的萌发将得益于气候变暖，但这可能是因为关注点往往集中在全球较冷的地区。例如，高山植物 *Gentianella germanica* 可能在凉爽的年份几乎不会产种，而在气候变暖后，预计会产生更多普通种子（Wagner et al., 1998）。同样，在 4 个冻原地区进行的增温试验也提前了仙女木（*Dryas octopetala*）的物候期（Welker et al., 1997）。与休眠的隐花植物相比，南极西部仅有的两种本土维管植物（*Colobantus quiensis* 与 *Deschamsia antarctica*）对气候变化更敏感，其种子成熟率、萌发率与幼苗存活率明显增高（Smith, 1994）。然而，种子产量的提高并不一定意味着北极和高山植物种群数量的增加。通过模拟气候变化，发现无论是高毛茛（*Ranunculus acris*），还是 3 种北极和高山的挪威虎耳草（Saxifraga oppositifolia）种群，其种群密度都没有增加。然而，来自其他对气候改善有较大响应的物种的种间竞争，对毛茛属植物的生存、生长及虎耳草属植物种子生产产生了负面影响（Stenstrom et al., 1997；Totland, 1999）。气候变暖可能也会对高山植物产生一些意想不到的影响。例如，对新西兰 5 种大量结实的白穗茅属植物（*Chionochloa* spp.）长期监测发现，前一年异常高的夏季温度是导致后一年大规模开花的原因（McKone et al., 1998）。显然，大量结实可以让白穗茅属避免其种子在传播前遭受昆虫型种子捕食者的攻击，这表明，温度的升高会降低植物开花时间的变异，使种子捕食者每年都可以攻击植物种子。植物响应气候变暖而改变的大年结实模式可能会对其他物种产生类似的影响。另请参阅第 1.3 节与第 7.1 节。

　　因气候变暖，种子产量的增加和幼苗的存活率提高将可能导致林木线的延伸。在过去的 50 年里，种子更新条件的改善使得一些树种在斯堪的纳维亚地区的山上前进了 120～375 m。相反，同一时期，大量营养繁殖的地面草本层物种［如黑果越橘（*Vaccinium myrtillus*）与松毛翠（*Phyllodoce caerulea*）］却无法扩大其范围（Kullman, 2002）。在阿拉斯加冻原播种的 5 种树木线植物的种子萌发率随温度升高而增加，这表明，目前的树木线范围可能部分是由于在寒冷条件下植被更新失败造成的（Hobbie et al.，1998）。另一方面，树木线延伸并不一定是因为种子更新能力的提高。最近，北极的树木线沿哈德逊湾东海岸向前推进，似乎完全是因为黑云杉（*Picea mariana*）的垂直茎发育所致（LescopSclair et al.，1995）。

对为数不多的当地物种的详细调查发现，低温在减少或阻止北方的植物种子生产发挥着关键作用（Pigott，1968；Davison，1977；Pigott et al.，1981）。相关分析表明，北方植物引种区划界限也是由温度决定，但不能认为这些物种的生长范围与气候条件相匹配，此外，植物向北方进一步扩张的机制也很少被研究。喜马拉雅凤仙花（*Impatiens glandulifera*）与巨独活（*Heracleum mantegazzianum*）是不列颠群岛上普遍存在的外来驯化物种，二者的分布与气候条件呈相关关系（Collingham et al.，2000）。虽然这两种植物的原生环境都在山区，但在英格兰东北部沿海拔梯度进行的播种试验显示，它们对气候的响应截然不同（Willis et al.，2002）。独活属（*Heracleum*）植物是一种结一次果的多年生植物，因野外观测持续的时间跨度短，故无法监测其种子产量，不过，种子的萌发与幼苗成活率不受海拔高度的影响，繁殖力在其自然生长的范围内也并无差异。在捷克共和国，除较温暖的地区外，独活属植物随处可见，尚不清楚为何会出现此类气候限制（Pyšek，1994）。相比之下，虽然凤仙花属（*Impatiens*）植物在高海拔（大墩瀑布，海拔 600 m）地区也能生产种子，但在高海拔地区，其种子成熟会出现延迟现象。因此，在不列颠群岛上独活属植物和凤仙花属植物呈现低地分布，似乎是由其他因素（包括种子传播、人类活动、适宜的湿度及肥沃的土壤）所致。

物种分布与气候变量间的相关性不应被视为气候限制的证据，因此，在没有证据的情况下，相关性可能会随气候变化上升或下降。事实上，一些物种的地域限制可能与气候条件关联较弱，尽管这与表观的现象相反。一种生长在英格兰南部与欧洲大陆石灰岩上的常见草本植物——羽状短柄草（*Brachypodium pinnatum*），在英格兰中部的德比郡达到了其所能生长的最北端。在这里，一些古老的孤立种群（Clapham，1969）很少或根本不产生可存活的种子（Law，1974）。气候显然与此有关，另一种在同地区达到北端极限的南方物种无茎蓟 *Cirsium acaule*（Pigott，1968）相同，这一点已被证明。然而，令人惊讶的是，如果将原产于南方的短柄草属（*Brachypodium*）物种播种至巴克斯顿（其自然范围的最北端），则每年会产生大量有活力的种子（Buckland et al.，2001）。在德比郡，孤立的短柄草属种群的种子产量很可能（尽管仍未证实）是受到自交不亲和的限制，而非气候的限制。因此，气候变暖可能会导致短柄草属在其北部边界迅速蔓延，这主要是南方物种通过多种方式达成的基因入侵，而非直接通过种子。

降水变化带来的影响很难预测，部分原因是很难预测未来降雨的规律，部分是因为降水对植物的影响关键取决于其降水量、降水时间及降水可靠性。例如，夏季降水时间与降水量很大程度上决定了美国西南部橡树种子的萌发。目前，夏季降水量已呈现出多变、不稳定的趋势，而气候变化可能会加剧这种不稳定。在温室试验中，当 *Quercus emoryi* 种子于播种后两周再浇水，其出苗率减少了80%，如果延迟四周，则几乎无出苗（Germaine et al.，1998），通过操控田间试验的降水量，也得到了类似的结果。在气候变化加剧的情况下，上述现象对 *Quercus emoryi* 的更新具有重要影响；物种更新可能受到夏季"季风"推迟和土壤水分下降的严重限制。基于土壤水分的模型表明，种子萌发与幼苗建成所需的土壤水分条件决定了美国南部两种重要的多年生 C4 丛生禾草（格兰马草 *Bouteloua gracilis* 与 *B. eriopoda*）间的生长边界。据全球环流模型预测，这一边界将向北移动。这表明，南方物种 *B. eriopoda* 可能会向北扩张（Minnick et al.，1999）。HgenBirk 等（1991，1992）认为，更干燥、更温暖的气候，加上火灾频率的增加，将有利于从加拿大湿地种子库引进的杂草物种的生存。

多数证据表明，气候变化对土壤种子库的直接影响是轻微的，例如，Akinola 等（1998b）对几种植物的土壤种子库进行的增温或降温试验，其结果均未发现明显差异。在英国石灰质草地，Akinola 等（1998a）经过6年的增温试验发现，尽管种子库发生了一些变化，但这些变化都是对成熟植物生存与繁殖的影响，而非对种子本身的影响。在另一个英国石灰质草地上，Leishman 等（2000a）发现，与对照小区的种子存活率相比，操控温度及降水的试验小区植物种子存活率无显著变化。此外，同样的试验表明，杀菌剂对地块进行处理可以延长种子寿命，表明真菌病原体是造成埋藏种子死亡的主要原因之一；其他证据也支持这一结论。杀菌剂处理提高了埋藏在加拿大潮湿草甸中的种子存活率，但不能改善附近较干燥地区的种子存活率（Blaney et al.，2001）。上述结果表明，真菌病原体可能有助于将旱地物种排除在湿地之外，增加或降低土壤水分的气候变化可能会改变湿地物种与旱地物种间的平衡。然而，尚不清楚土壤水分变化对种子与成熟植株的影响程度。

一些迹象表明，气候变化可能会对种子库产生较大间接影响。Pakeman 等（1999）发现，尽管种子产量在所研究的梯度上变化不大，但与温暖的南部相比，英国较冷北部的帚石南（*Calluna vulgaris*）种子密度要高得多。Cummins 等（2002）发现，沿苏格兰海拔梯度，帚石南属（*Calluna*）种子库密度随海拔升高而缓慢下降，但在相同的范围内种子产量却急剧下降。这暗示了存在两个相反的过程在发挥作用：低温不仅会减少种子的产量，还会减少种子的萌发数。沿着苏格兰的海拔梯度，这两个过程（种子产量减少与种子萌发减少）大致处于平衡态，因此埋藏的种子密度几乎没有变化，当然，高海拔地区的植物种子库半衰期也更长。在更长的梯度上（从苏格兰至英格兰东南部），种子萌发效应的增加显然占主导地位，但随之而来的是种子库规模的下降。一些证据表明，所处地区越靠北（设得兰与费尔岛）种子库规模越小，这可能反映了夏季低温对种子生产的重要影响（Pakeman et al.，1999）。目前，尚不清楚土壤水分与温度对帚石南属（*Calluna*）种子在土壤中的存活有何影响，但英格兰东南部的帚石南属（*Calluna*）种子库规模已经很小了，这表明未来进一步气候变暖可能会降低火灾或干扰后种子更新的可能性。

许多温带植物的种子休眠是通过低温来解除的，但气候变化对种子的影响也存在这样一种可能：冬季温度过高，导致种子无法解除休眠。不过，目前还未有研究人员对此展开探索。不过，这种猜测似乎并不现实，因为夏季的一年生植物会在最高 15 ℃的条件下打破种子休眠，尽管打破休眠的最佳温度通常是 5～10 ℃（Vleeshouwers et al.，2001）。但无论如何，我们有理由相信，打破休眠所需的温度存在某种可遗传变异，这样，气候变暖就可以加速筛选对温度有更高要求的物种基因。木本植物种子打破休眠的最适温度和极限温度与草本植物相似，但在 15 ℃以上时，其活力损失较快（Jones et al.，1997）。据推测，长寿植物对气候变化响应较慢。若冬季被短暂的暖期打断，导致种子进入次级休眠，那么气候变暖对打破休眠可能会产生重大影响。

此外，冬季变暖的另一个可能的潜在影响是会导致种子不能充分冷冻，以满足萌发前春化作用的条件。许多开阔生境的植物，在种子萌发前进行低温处理会显著增加开花数量与种子产量（Fenner，1995；T. Yoshioka，

2004，未发表），似乎这些植物的繁殖能力会因冬季温度升高而降低。

然而，至少有一些物种的地理分布可以证明，这些物种比我们想象的更能抵抗温度的变化。Kelly 等（2003）发现，在英国谢菲尔德附近的垂枝桦（*Betula pendula*）林内，存在暖年或冷年才进行更新的亚种群。这表明，有些植物个体可能"预先适应"了气温的升高，所以种群有足够的遗传弹性来抵御其他树种入侵。一般来说，种群内温度耐受性的遗传变异（特别是与植被更新有关）可能会对即将升温带来的影响有所缓冲。

第七章　种子传播后的风险

种子传播后，人们对土壤中种子流失的原因知之甚少。事实上，绝大多数种子在传播后均不能成功出苗，埋在土壤中的种子或多或少呈现指数衰减趋势（Roberts et al.，1973）。例如，种子可能被捕食，或受致病菌的攻击，或在较深的土层中萌发但不能出苗，抑或与绝大部分种子一般，随时间的流逝衰老失活。本章我们将依次探讨上述种子命运。

7.1　捕食者

植物种子传播后面临的捕食者通常是食种类哺乳动物（如啮齿动物）、鸟类（如雀类）和昆虫（如甲虫和蚂蚁），但以种子为食的生物范围较广，还包括鼻蛞蝓（Godnan，1983）、蟋蟀（Lott et al.，1995）、鱼（Kubitzki et al.，1994）和螃蟹（O'Dowd et al.，1991）。捕食种子可被视为一种特殊的食草形式，因为它直接影响植物种群的更新，在种群动态中发挥了关键作用。动物采食种子的比例通常较高，在不同物种、不同地点和不同年份间差异较大。例如，据记录，在亚马孙河流域某一地点，卷尾猴吃掉了 99.6% 的 *Cariniana micrantha* 种子（主要通过风媒传播；Peres，1991）。在哥斯达黎加的一棵 *Ocotea endresiana* 树上，啮齿动物在 12 个月内吞食了其已传播种子的 99.7%（Wenny，2000b）。在大多数年份，所有的橡子都可能被啮齿动物搬运采食（Wolff，1996）。Louda（1982）使用杀虫剂除掉加州灌木 *Haplopappus squarrosus* 上的食种昆虫后，其平均成苗数增加了 23 倍。Molofsky 等（1993）、Terborgh 等（1994）、Louda 等（1995）和 Asquith 等（1997）也提供了相关例证，表明种子远离捕食者受到相应的保护后，种群更新会显著增加。

Crawley（1992）总结了 53 篇关于种子传播后被捕食的文献，其中 19

篇文献（36%）所记录的种子捕食率大于90%。当种子捕食主要集中在群落中占主导地位的物种上时，将对物种组成和群落结构产生重大影响。例如，在秘鲁东北部，食用种子的白唇野猪对优势棕榈（木鲁星果棕，*Astrocaryum murumuru*）的幼苗更新有重要影响（Silman et al.，2003）。食种动物甚至可以改变植物群落的演替过程，尤其是当它的目标是大种子、演替后期的物种时（Davidson，1993）。不过，即便种子捕食率非常高，捕食种子也并不一定会影响植物更新，只有在植物更新受到种源数量限制时，上述现象才会发生。正如 Crawley（1992）所指，植物更新往往会受到其他因素限制，如安全位点的可靠性。

　　种子被捕食者食也受诸多因素的影响。例如，种子损失率很大程度上取决于定位种子的难易程度，而这通常由地面的植被决定。在旧田地演替过程中，与草本阶段相比，灌木占主导地位的演替阶段种子被捕食概率更高（Ostfield et al.，1997）。在另一项实验中，从沙丘上移走的羽扇豆种子数量远远高于从草地上移走的种子数量（Maron et al.，1997）。上述两个例子中，植被都具备隐藏种子的能力。在其他情况下，地面茂密的植被可能会产生相反的效果。例如，橡树附近的矮竹可以为啮齿动物提供有利的栖息地，大幅提高了橡子被捕食的概率（Wada，1993）。

　　另一个影响种子损失的因素是动物定位种子前种子的传播程度。在亲本植物周围密集分布的种子比广泛分散的种子更容易受到伤害（Lott et al.，1995）。在对一系列草地植物的种子进行的试验中，Hulme（1994a）发现单一种子遇到啮齿动物捕食的频率极低，不到成群种子的一半。众所周知，若某种食物的密度降到临界水平以下，一些鸟类（如斑尾林鸽）就会停止对其的觅食寻找，这是因为寻找食物付出的代价超过了食物的回报（Murton et al.，1966）。因此，有效的种子传播会减少动物对种子的捕食。种子埋藏也可以降低种子被发现的概率，进而发挥保护功能（Hulme，1994a，1998）。此外，种子大小也是动物捕食的重要因素。研究发现，啮齿动物会优先选择较大的种子（Abramsky，1983；Hulme，1998），较小的种子更容易被埋藏，从而加强了较小种子的选择性优势。在棕榈树（菜棕，*Sabal palmetto*）中，大种子是甲虫产卵的首选（Moegenburg，1996）。种子对捕食动物的敏感性取决于捕食动物的精确要求。在对两种车轴草属植物的研究发现，种子较小的物种更容易被捕食，这可能是因为作为其主要捕食者的蚂蚁，优先选择了这种大小的种子（Jansen et al.，1995）。

植物种子具有多种形式的防御策略。这种防御措施可以是机械的，如坚硬的种皮、有毒或含有适口性差的化学物质。Hendry 等（1994）对英国植物区系的 80 个物种的调查后发现，土壤种子库中的种子持久性与复方邻二羟基苯酚的浓度存在着非常显著的关系。Hulme（1998）进行了一项测试啮齿动物对 19 种草本植物种子去除率的试验，发现形成短暂种子库的植物种子被移除的比例更大，形成持久种子库的物种对啮齿动物的吸引力较小。这表明，能形成持久种子库的种子确实含有一种阻却捕食者的化学成分。例如，豆科植物 *Lonchocarpus costaricensis* 种子含有 7 种黄酮类化合物，而这些化合物被食种类小鼠所排斥（Janzen et al.，1990）；欧洲红豆杉（*Taxus baccata*）的种皮也含有氰苷，但其肉质假种皮不含这些有毒化合物（Barnea et al.，1993）。

种子捕食程度受种子产量和捕食者密度的强烈影响，在大年结实物种（即植物在某些年份同步丰收，而在间隔期产量很少或甚至不产种；见第 1.3 节）中上述两种因素的联系更加紧密。植物大年结实的行为使种子捕食者在挨饿和饱食间交替循环，从而让一些种子于产量丰年逃脱捕食。许多结果有力地证明了大年结实和种子捕食之间的联系：

• 相同种子捕食者的共生物种往往在相同年份同步丰收（Silvertown，1980；Shibata et al.，1998；Koenig et al.，1994；Kelly et al.，2000）。

• 不同种子捕食者的共生物种不会在相同年份同步丰收，如美国东北部的红槲栎 *Quercus rubra* 和红花槭 *Acer rubrum*（SchNurr et al.，2002）。

• 不同步繁殖的木本植物个体吸引的捕食者数量不同。例如，科罗拉多果松 *Pinus edulis*（Ligon，1978）、相思树属 *Acacia*（Auld，1986）和非洲铁属 *Encephalartos*（Donaldson，1993）。

• 种子捕食者的种群数量对种子产量较易做出响应（Wolff，1996；Selås，1997）。例如，在弗吉尼亚州，松鼠、老鼠和金花鼠的种群数量波动与橡子产量密切相关（McShea，2000）。

• 在大年结实年份，降低了被动物捕食的种子比例，如夏栎 *Quercus robur*（Crawley et al.，1995）、*Isoberlinia Angolensis*、*Julbernardia Globiflora*（Chidumayo，1997）及白穗茅属植物 *Chionochloa*（McKone et al.，1998）。

植物大年结实是否有效（不管它的来源和机制如何）的关键是种群的更新与增长。一些研究发现，幼苗建成的数量在大年结实年份显著增加。在澳大利亚昆士兰州的热带雨林树种中，Connell 等（2000）发现，金叶树属植物（*Chrysophyllum* sp.）幼苗的增长主要局限在大年结实之后的几年中。32 年间，植物共发生 6 次大年结实事件，仅有不足 2% 的幼苗是在非大年结实年份定殖的。Jensen（1985）发现欧洲水青冈（*Fagus sylvatica*）的幼苗建成仅限于大年结实年份。Vilà 等（2000）发现，地中海草本植物 *Ampelodesmos mauritanica* 的幼苗更新数量在大年结实后显著提升。

　　许多动物既是种子捕食者也是重要的种子传播者。不过，许多通常被认为是"正统的"种子传播者（通过粪便传播种子的食果者）也会消化或损坏它们吞下的大部分种子（Snow et al.，1988；Hulme，2001）。分散储藏型和囤积储藏型的动物和鸟类（如松鸦、松鼠、老鼠）基本属于半食肉动物，因其储藏的种子并非会 100% 回收，很好地发挥了传播种子的作用。被动物储藏的种子存活率相对较低（Forget，1993），尽管如此，动物的储藏作用确实增加了幼苗建成。例如，在荒漠生长的长毛落芒草（*Oryzopsis hymenoides*），由更格卢鼠分散储藏的种子，其萌发的幼苗数量比未储藏的种子高出一个数量级（Longland et al.，2001）。储藏种子的动物通常扮演着捕食者和传播者的双重角色，使它们与植物之间的关系变得更加复杂。大部分种子数量的损失是植物传播的代价，但支付这样的代价仍符合其自身利益。有些种子甚至会演化出吸引食种动物的特征。对于幼苗的营养需求，橡子中储存的大量养料似乎并非完全必要，即使子叶在生长初期被去掉，橡子也能存活（Sonesson，1994；Adersson et al.，1996）。

7.2　致病菌

　　土壤环境中含有大量的微生物，如细菌和真菌，其中许多对种子具有潜在的致病性。种皮保护营养丰富的种子内部，但通过观察和试验可以清楚地看到，至少有一些植物的种子易受到微生物的侵袭。例如，一些试验会在土壤中添加杀菌剂，以了解其如何影响种子的存活（Lonsdale，1993）。Blaney 等（2002）对 39 个物种进行了测试，虽然各物种所呈现的结果并不一致，但可以表明微生物侵袭具有高度的物种特异性。Leishman 等（2000a）和 Warr 等（1992）分别对 4 个物种进行了研究，共有 2 个物种获得了响应。有些物种似乎高度敏感，例如，在英国草地的种子库中，天蓝苜蓿

(*Medicago Lupulina*) 经杀菌剂处理后，其存活率从 15% 提高至 43%（Leishman et al.，2000a）。小种子可能更容易受到致病菌的侵袭（Crist et al.，1993）。Blaney 等（2001）发现，湿地土壤中真菌侵袭的种子死亡率较高。

有证据表明，至少某些物种通过抗真菌活性的化学成分来保护自己免受致病菌攻击。首蓿属、鱼鳔槐属（*Coluta*）和 *Cercidium*（均为豆科）的种皮中含有抗真菌化合物（Perez-Garcia et al.，1992；Aquinagalde et al.，1990；Siemens et al.，1992）。当把苘麻种子放在接种了土壤微生物的琼脂平板上时，种子会分泌出高度抑制真菌和细菌生长的酚类化合物（Kremer，1986a）。Hendry 等发现，持久性种子中的邻二羟基苯酚可能是一种防御微生物攻击（及抵御食种子动物）的方法。很少有研究会测试种子对细菌的抵抗力，其机理与真菌截然不同。Ferenczy（1956）对种子中抗菌化合物进行的调查或为同类研究中规模最大的，他对 88 科 512 种植物进行了 6 种细菌的抗菌试验，发现 19 科 52 种（占总数的 10%）含有抗菌化合物。事实上，这些化合物通常在种皮或外层，这意味着它们的合成成本由亲本植物承担。Zangerl 等（1997）量化了欧防风（*Pastinaca Sativa*）种子化学防御的繁殖成本。种子中呋喃香豆素浓度每增加 1 μg，就要牺牲 37.3 mg 的种子分配量——这显然是防御和生殖之间的权衡（见延伸阅读 1.1）。

有趣的是，种子和微生物相互作用中，一些微生物会抑制潜在的致病菌进而形成对种子有利的局面。与苘麻相关的真菌可能就是如此（Kremer，1986b）。常见杂草种子上发现的某些细菌也具备抗真菌活性的行为（Kremer，1987）。土壤种子库中的种子可视为土壤有机体群落的一个组成部分，在这个群落中，相互作用可以是积极的、消极的或中性的。

7.3　土壤深度

种子死亡的另一个原因是种子在较深的土层萌发以致不能破土而出。埋在地下的幼苗必须利用自己的营养储备，在黑暗条件中生长，伸出土壤表面。在这一过程中，种子不仅需要能量来延伸生长，也需要能量来穿透土壤。显然，种子出苗的深度部分取决于其个体大小，部分取决于土壤基质的性质。

　　大多数将种子深度与出苗联系起来的田间观察都集中在监测实际破土而出的幼苗，而不是那些萌发但未能到达土壤表面的幼苗。Maun 等（1986）及 Zhang 等（1990）对沙丘物种的研究证实，每个物种都有出苗频率最高的特定深度，以及能够出苗的最大深度（超过此限度则不可能出苗）。但目前还没有直接观测到自然界中存在"致命萌发"的现象，故很难评估这种情况在野外发生的频率。在许多物种中，只需将光照移除就足以完全抑制种子萌发，因此不会出现出苗的问题。在那些不需要光照的物种中，土壤环境的一些其他特征（如高 CO_2 浓度或低温波动）可能会产生相同的效果。例如，在对 *Cirsium pitcheri* 和钝叶酸模（*Rumex obtusifolius*）的试验中，埋藏深度抑制了种子萌发（Benvenuti et al.，2001；Chen et al.，1999）。然而，将需暗环境萌发的种子埋在不同深度观察后发现，种子萌发可能不受埋藏深度影响，或只受埋藏深度一定程度的影响。4 种沙丘植物中有 3 种种子萌发完全不随埋藏深度变化，导致 10 cm 和 12 cm 土层处存在较高的种子死亡率（Maun et al.，1986）。加拿大披碱草（*Elymus canadensis*）于沙地的出苗种植深度可达 10 cm，如图 7.1 所示。

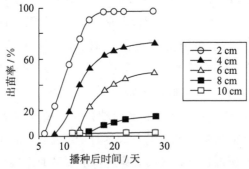

图 7.1　在沙地，埋藏深度对加拿大披碱草于沙地出苗的影响

［引自 Maun 等（1986）。］

　　在许多情况下，深层土壤中种子出苗水平低是①种子萌发受到越来越大的抑制和②幼苗探出土壤表面的能力下降的最终结果。这在对两种东非杂草（鬼针草 *Bidens pilosa* 和土牛膝 *Achyranthes aspera*）的试验中得到了证明，其种子被埋在深达 32 cm 的土壤中，通过监测露出地面的和未露出地面的种子萌发情况，如图 7.2 显示，两个物种的种子萌发率随着土壤深度的加深而下降，尽管如此，很大一部分埋藏较深的种子经历了"致命萌发"。在自然条件下，至少有一部分会以这种方式损失，即使很少会有种子埋在

32 cm 深的地方 (Fenner，1985)。

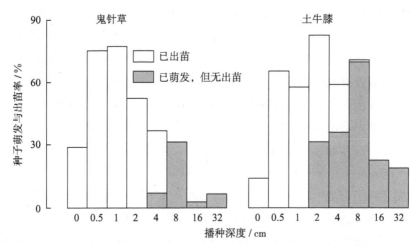

图 7.2 两种东非杂草在不同田间播种深度下的种子萌发和出苗情况

〔超过 4 cm 深时，两者已萌发的种子中，均有相当一部分没有出苗。引自 Fenner (1985)。〕

尽管许多研究表明，大种子可以生长于较深的土壤 (Jurado et al., 1992；Yanful et al.，1996b)，但 Bond 等 (1999) 的模型预测幼苗的最大出苗深度应该与种子质量的立方根有关。他们认为，对于球形种子，$r^3 \infty r^2 d_{max}$，因此 $d_{max} \infty r$ 或体积$^{1/3}$ 或质量$^{1/3}$。一般来说，$d_{max} = c$（种子质量）$^{1/3}$，其中 c 是系数，其值取决于特定的土壤和物种。Bond 等对 17 种质量在 $0.1 \sim 100$ mg 的凡波斯（非洲最南端独有的硬叶树木和灌木）种子进行了不同土层深度的试验，得到了 $27.3 \times$ 种子质量$^{0.334}$ 的关系式，这些信息可以用来预测在经历森林大火（火会穿透特定深度的土壤）后仍可能出苗的物种。

7.4 年龄增长

如果种子传播后不进行萌发，并且避免了食种动物吞食或致病菌侵蚀，那么等待它的另一种命运是自然衰老死亡。随着时间的推移，所有的种子都会失去活力，其中最为人所知的是人工条件下的种子活力丧失。种子衰老速度取决于品种的特性、种子的水分含量、贮藏环境的温度和贮藏时长。一般来说，凉爽干燥的贮藏条件可以延长种子活力。Ellis 等（1980）推导出了一个非常有用的"生存方程"，其中包含了水分、温度、时间和物种特有的常数，由此可以预测种子的寿命。然而，土壤中的自然条件在空间和时间上都是高度可变的。埋藏的种子会受到恒定的湿润—干燥循环及温度波动的影响。土壤种子库的条件实际上可能比人工干燥储存更有利，但对于维持种子活力来说，它们可能远未达到最佳状态。

种子衰老的生理原因仍然未知，过程可能极其复杂。研究人员已经进行了大量的试验，比较了新鲜种子和陈旧种子（或人工老化种子）的特定生理过程。种子随年龄的变化是：①溶质渗漏增加（Pukacka，1991；Chatanya et al.，1994；Kalpana et al.，1995，1996；Thapliyal et al.，1997）；②脂质和磷脂减少（Kalpana et al.，1996；Pukacka，1991）；③膜劣化（Chaitanya et al.，1994；Kalpana et al.，1995）；④染色体畸变（Villiers et al.，1975；Goginashvili et al.，1991）。这些现象可能都是相互关联的，且呈现出细胞组织整体崩溃的情况。其中不乏一些过程可能是可逆的。例如，一些证据表明，如果种子含水，染色体损伤可以修复或至少在一定程度上减轻（Villiers，1974）。Priestley（1986）对种子衰老进行了综述。

考虑到种子传播后存在的众多潜在致命因素，不免令人惊讶的是，多数种子仍可在自然界中生存很长时间，尤其是被埋藏后。在几十年甚至几个世纪后，以早期演替为特征的物种通常在受到干扰时从种子库中萌发。Murdoch 等（2000）列举了许多引人注目的长寿种子的例子，其中一些是轶事，但另一些证据充足，特别是那些涉及将种子埋藏一段已知时间的试验（Toole et al.，1946；Telewski et al.，2002），详见第 4.1 节。从这些研究中可以清楚地获悉，至少在偶然出现的有利条件下，一些物种的种子衰老过程可以被暂停。

第八章　幼苗建成

　　幼苗建成是植物更新过程中的最后一道障碍。种子萌发标志着植物苗期的开始，在大多数情况下，以胚根（根）伸出并将幼苗固定在土壤中，继而胚芽（芽）向光方向生长为特征。如果种子被掩埋，胚芽必须穿过土层到达地表，整个过程会消耗种子的储备能量。在多数田间试验中，幼苗破土而出（出苗）是种子萌发的第一个迹象，通常被视为种群统计学研究的起点。虽然相关测量数据较少，但植物在萌发至出苗期间的死亡率相对较高，尤其是种子从较深土层中破土而出（见第 7.3 节）。不过，在逃脱种子阶段的各种"生死较量"后，刚萌发的幼苗将面临一系列新的危险。虽然缺少光照、水分或养分对种子的存活几乎没有影响，但这些都成为幼苗死亡的主要原因，即威胁种子生存的捕食者和致病菌在苗期被其他的危险因素所取代。

8.1　幼苗早期生长

　　在现有文献中，"幼苗"（seedling）通常指所有的幼小植物，且该术语的使用范围较为宽泛，约束性较小，即使在个别研究中，也很少被严格定义（Fenner，1987；Kitajima et al.，2000）。然而，目前主要的问题是如何界定幼苗时间的终止：即幼苗什么时候不再是幼苗？虽然答案多种多样（如下），但它们或是主观武断的，或是实际操作较为困难：
　　• 子叶（或胚乳）停止减轻质量的时间节点。
　　• 即使去掉子叶（或胚乳）也可以独立存活的时间节点。
　　• 种子中储存的 N（或 P、K、Mg 等）转移到胚的含量已达到约定比例（如 90%）的时间节点。
　　• 幼苗干重达到胚干重固定倍数（如 10 或 100 倍）的时间节点。
　　• 萌发后达到最大日相对生长率（RGR_{max}）的时间节点（见下文）。

清晰的界定幼苗终点的手段及其应用广度极其重要。例如，种子萌发后其日相对生长率达到最高点是在幼苗质量为胚质量的特定倍数时吗？只有当特定存储元素的给定比例耗尽时，独立生存才会发生吗？如果多数不同物种表现出相似的行为方式，那么所得定义才会相对客观。此外，还应将进行光合作用与不进行光合作用的子叶的不同功能考虑在内（见第 8.2 节）。因此，对幼苗的临时定义可以是"仍在使用（但不一定依赖）其种子储备的碳及矿物质的新生个体"。

清晰的界定幼苗到幼龄个体过渡点的困难之一是，从内部资源消耗到外部资源依赖的转移过程是循序渐进的，没有明显的临界点。因此，确定幼苗早期生长中可识别的转折点或为确定植物幼苗期终点的最佳方法。Hunt 等（1993）结果表明，绒毛草（*Holcus lanatus*）新萌发幼苗相对生长率的日变化符合钟形曲线，豌豆和向日葵的相对生长率日变化曲线与 Hanley 等（2004）的结果相似。如果这种早期生长规律普遍存在，那么，幼苗达到相对生长率峰值为其生长提供了一个可辨认事件，可用于判定幼苗阶段的结束。在 Hanley 等（2004）的试验中，幼苗到达相对生长率曲线峰值的时间与种子储备的营养物质耗尽的时间及幼苗停止对子叶依赖的时间，三者基本一致。

8.2　幼苗形态

种子萌发后根据子叶相对于地面的位置可将其幼苗分为两大类：子叶留土（hypogeal）物种，子叶留存在土壤表面或土壤以下，只起到养分储备的作用，随着养分转移到胚，其质量会逐渐下降；子叶出土（epigeal）物种，子叶由短茎（下胚轴）向上着生，通常会进行光合作用，子叶在生长发育过程会出现体积膨胀，通过碳同化和积累根系吸收的矿物质来（暂时性地）增加质量（Lovell et al.，1970，1971；Milberg et al.，1997）。幼苗建成过程中，子叶对矿物质的吸收使得我们难以将苗期的终止节点定义为将固定比例的储存物质转移至胚。Ng（1978）在热带林木中识别出另外两种幼苗类型，即半子叶留土型（semi-hypogeal，下胚轴发育不全，子叶露出地面）和半子叶出土型（durian，下胚轴伸长，子叶不伸出地面且通常脱落），这两种类型可以视为传统类别的变体。无论子叶的形态、位置如何，功能上重要的区别在于子叶是否进行光合作用。研究发现，种子的大小与子叶的位置密切相关。对马来西亚热带雨林的 209 个树种进行调查发现，所有长度在 3 mm 以下的种子均为子叶出土物种，且子叶出土物种的种子所占比例随种子大小的增大而逐渐下降（Ng，1978；表 8.1）。小种子会非常迅速地依赖于外部资源。因此，小种子的优先任务是尽快进行光合作用，使他们能够快速生根利用外部矿物资源。

表 8.1 马来西亚 209 种热带树种，其幼苗形态与种子大小的关系

尺寸等级	定义（长度，cm）	物种数量	子叶出土物种	
			数量	%
1	<0.3	13	13	100
2	0.3~1.0	39	31	79
3	1.0~2.0	74	48	65
4	2.0~3.0	43	23	53
5	3.0~4.0	19	9	47
6	4.0~6.0	18	10	55
7	6.0~8.0	3	0	0

注：随种子大小的增加，子叶出土物种的所占比例呈逐渐下降趋势。引自 Ng（1978）。

种子中的养分供应对胚的生长有多重要？通过观察子叶或胚乳被切除后幼苗的生长情况即可回答这个问题，此类试验涉及在幼苗发育的不同阶段切除子叶，研究结果表明，大多数物种都存在一个完全依赖内部资源的初始时期，其时间跨度随着种子大小的不同而不同。对于个体较大的种子而言，如椰子（*Cocos Nucifera*），自给自足也可持续数月，即便在 30 周后，具有 3~4 片叶子的椰子幼苗，其质量与初始种子的质量仍然相近，这表明在此期间的幼苗生长几乎完全独立于外部营养（Child，1974）。

在某些情况下，子叶（或胚乳）并非必要结构，即幼苗几乎不利用生境中的矿物质也可生存。Ng（1978）所观察的许多热带木本植物的幼苗，特别是那些半子叶出土幼苗形态的树种，其子叶还未充分利用已脱落。田间实验表明，这类子叶被移除的幼苗通常可以存活下来，但生长速度会减慢（Lamont et al.，2002；Milberg et al.，1997）。在自然界中，这可能会降低它们的竞争成功率或被食草动物采食后的恢复力（Frost et al.，1997；

Bonfil, 1998)。

对于生长在贫瘠生境的植物幼苗，子叶不仅是幼苗的内部养分储备库，还可作为外部供应的临时储存库，将养分随后传递予胚。对 *Eucalyptus Plularis* 的研究发现，在前 16 天内，种子磷元素的补充量通过从土壤中吸收而增加了一倍，在耗尽了该种矿物的外部供应后，幼苗可以在很长时间内利用这种储备来维持生存（Mullican et al., 1985）。

在其他情况下，子叶除了储存养分外还有其他功能。在中美洲一种名为莲玉蕊（*Gustavia superba*）的树上发现，分离的子叶（甚至是它们的碎片）能够产生根和芽，随后形成独立的植株。试验表明，子叶的近端部分和末端部分均可以发挥这一功能，这为遭受草食动物侵袭的植物个体提供了一种潜在有用的营养繁殖形式（Harm et al., 1997）。此外，子叶还可以起到回馈种子传播者的功能（见第 7.1 节）。

8.3 相对增长率

幼苗研究中最普遍的现象之一是，当进行种间比较时，种子大小与最大相对生长率呈负相关（Fenner, 1983; Fenner et al., 1989; Shipley et al., 1990; Grubb et al., 1996; Swanborough et al., 1996; Saverimuttu et al., 1996b; MaRãnón et al., 1993; Osunkoya et al., 1994; Reich et al., 1998）。通常对种子（或胚）质量的对数绘制二维点线图时，种子大小与最大相对生长率呈线性关系（图 8.1），目前已证明，这种关系在单一物种中也会发生（Meyer et al., 2001）。如果一粒小种子和一粒大种子同时萌发，那么在初始阶段，大种子物种将会拥有绝对的个体优势，但这种个体优势会随小种子物种的快速生长而逐渐消失。Seiwa 等（1991）通过对日本森林群落的温带阔叶树种进行的试验发现，小种子和大种子的幼苗在第一个生长季结束时基本相同，然而，对于所有物种来说，在初始阶段，种子大小是幼苗大小的主要决定因素。在低营养条件下，新热带乔木苏里南油脂楠（*Virola surinamensis*）的这一阶段的持续期长达 105 天（Howe et al., 1982），而对于山龙眼科来说，这一持续期甚至长达 160 天（Stock et al., 1990）。

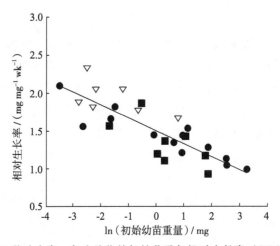

图 8.1　27 种地中海一年生植物的初始苗重与相对生长率（RGR）的关系

［来自禾本科（●）、菊科（▽）和豆科（■）。种子小的物种往往 RGR 更高。引自 Marañón 等（1993）。］

为了分析种子大小和相对增长率（RGR）之间的关系，人们已经做了诸多尝试，通过检查 RGR 的各组分，无论是整个植株还是叶片、子叶，以观察这些成分是如何随种子质量变化而变化。对于整株植物来说：

RGR　　　　　　　　　　= NAR　　　　　　　　　× LAR

Relative growth rate　　　Net assimilation rate　　　Leaf area ratio

$(g\ g^{-1}\ wk^{-1})$　　　　　$(g\ cm^{-2}\ wk^{-1})$　　　　$(cm^2\ g^{-1})$

相对生长速率（RGB，单位时间内生物的增长量与初始量之比值）是净同化速率（NAR，植物在单位时间和单位同化面积的干物质增加量）和叶面积比（LAR，植物单位干重的叶面积）的乘积。显然，如果 NAR 或 LAR（或两者）都增加，RGR 亦会增加。但是，植物会通过增加 LAR 来限制 RGR 的增加。叶片相对投资较高会意味着根部投资太低，最终会导致水和养分的供应减少。

对于叶片或子叶：

RGR　　　　　　　　　　= ULR　　　　　　　　　× SLA

Relative growth rate　　　Unit leaf rate　　　　　Specific leaf area

$(g\ g^{-1}\ wk^{-1})$　　　　　$(g\ cm^{-2}\ wk^{-1})$　　　　$(cm^2\ g^{-1})$

Marañón 等（1993）、Kitajima（1994）、Osunkoya 等（1994）、Cornelissen 等（1996）、Grubb 等（1996）、Saverimuttu 等（1996b）、Reich 等（1998）均采用上述方法分析幼苗相对生长速率。总体而言，RGR

主要由 LAR 或比叶面积 SLA（叶的单面面积与其干重之比）决定，而非由 NAR 或单位叶面积速率 ULR（单位叶面积的净光合速率）决定，至少在早期阶段和适当的光照条件下是这样。也就是说，相比整个植株的重量（低 LAR）或相对于叶重（低 SLA），大种子的物种叶面积较小。RGR 一般不由叶片组织的光合速率（NAR 和 ULR）决定，换言之，RGR 与幼苗的形态特征有关，而非与生理特征有关。Kitajima（1994）认为，种子较大、RGR 较低的物种显示出具有密集且坚韧的叶片、发达的根系和高密度组织的趋势，并将此视为一种形态特征的综合体现，增强应对草食动物和致病菌的防御能力。而构建这些性状的成本较高，会导致 RGR 较低的情况。例如，在热带树种中，超过 1 mm 厚的出土的子叶，其光合作用速率仅与其呼吸作用相平衡（Kitajima，1992）。光照强度试验表明，幼苗的 LAR 随遮阴强度增加而增加，特别是小种子植物（Osunkoya et al.，1994；Reich et al.，1998）。在光线充足的条件下，Grubb 等（1996）认为，RGR 最初主要由 SLA 决定，但随幼苗不断生长，RGR 的决定权逐渐向 ULR 偏移。近来的研究发现，在 LAR 和 NAR 之间的权衡中，随着光照的增加，后者成为 RGR 更重要的决定因素（Poorter et al.，1998）。在许多研究中报道的 SLA 的优势，可能是由于使用了低辐照度（Shipley，2002）。

研究发现，相对生长速率较高的物种对荫蔽的耐受性较差。对于潜在的快速生长（通常是小种子）物种，遮阴条件下的植物生长减少会更多（Fenner，1978；Kitajima，1994；Seiwa et al.，1991；Osunkoya et al.，1994）。相比大种子植物，小种子物种在遮阴条件下的死亡率更高（Grime et al.，1965；Leishman et al.，1994；Grubb et al.，1996；图 8.2）。显然，较大的种子有更多的资源可在幼苗低于补偿点的深荫期维持更长时间，Saverimuttu 等（1996a）发现，在 22 种澳大利亚本土树种中，种子质量能够较好地预测浓荫下的种子寿命，这意味着在高强度光照条件下生长和最小化光补偿点之间可能存在着进化上的权衡（Walters et al.，1996）。热带雨林中，耐荫树种一般具有较大的种子（Foster et al.，1985；Foster，1986），但也有诸多例外（Metcalfe et al.，1997）。例如，英国的许多林地植物往往具备较大的种子，即使它们在没有遮阴的条件下萌发（Thompson，1987）。后者认为，种子个体较大可能不是为了抵抗荫蔽环境，而是为了抵抗被埋在凋落物中、干旱、被动物采食破坏及空中残骸掉落的风险。

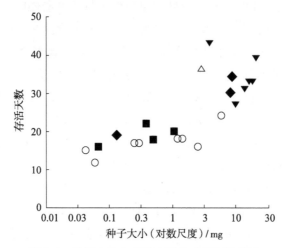

图 8.2　种子大小与深荫下幼苗成活率的关系

〔澳大利亚新南威尔士州半干旱区系的 23 种不同生长方式的植物在 99％的荫蔽下生长，同时记录了平均死亡天数。乔木（◆）；灌木（▼）；禾本科（■）；杂草（○）；攀缘植物（△）。更大的内部储备会使大种子的幼苗在弱光条件下存活更长时间。引自 Leishman 等（1994）。〕

8.4　矿物质需求量

种子的功能之一是储备矿物质和有机养分，为胚在生长初期提供营养储存的营养元素总量至关重要。显然，大种子将具有更大的绝对养分储备，但一般而言，小种子具有较高的矿质元素浓度。在对 24 种菊科植物的研究中发现，种子质量与灰分含量呈负相关关系（Fenner，1983）；山龙眼科的 70 个物种的研究记录显示，种子大小和矿物质富集同样呈负相关关系（Pate et al.，1985）。

统计种子中每种元素的总含量无法清晰地表明胚的实际可利用量。一部分矿物质用来构成种皮，其余的部分将用于维持结构功能，这些均不能作为胚发育的养分储备。某些元素，如钙的流动性比其他元素差，可能很难转移至胚。在荣桦属（*Hakea*）的物种中，Lamont 等（2002）的研究表明，在天然土壤中生长的幼苗，子叶中只有 2％的钙被转移到胚中（而磷的转移比例为 90％）。Brookes 等（1980）发现，橡子中几乎没有任何钙从子叶运输到胚轴。对于流动性较强的元素而言，部分元素可能会在萌发过程中因土壤淋失而丧失。例如，钾离子特别容易从种子中渗出（Simon et al.，1972）。在小种子物种中，以这种方式致使元素损失高达 50%（Ozanne et al.，1965）。相比之下，磷似乎被相对有效地留存下来（West et al.，1994）。

种子存储的不同矿物质元素的相对比例与新萌发幼苗的需求没有明显关系，这不禁令人好奇。一种调查幼苗对特定矿物质营养初始需求量的方法（在充足的光、水和温度条件下生长时）是，向它们提供除上述所测特定元素之外的所有必需元素，这将迫使幼苗生长只能依赖自己储备的元素，直到它耗尽了可用的元素储备，而幼苗达到的最大尺寸便是比较衡量种子内部供应必需元素能力的标准。对包括菊科、禾本科和豆科等在内的多种种子进行的大范围生物测定表明（Fenner，1986b；Fenner et al.，1989；Hanley et al.，1997），种子中各种矿物质营养元素的有效储备以非常不平衡的混合物形式出现，与物种无关。大多数物种的内部氮供应会很快耗尽，其次是钙、镁、钾、磷和铁（确切的顺序取决于物种），而硫通常最晚耗尽。这意味着，如果种子萌发后没有及时获取到外部氮素，那么种子将无法使用其他元素（不论是来自内部还是来自外部）。无论分类学上亲缘关系如何，大多数种子在这方面的表现大体相似。图 8.3 显示了两种（黑麦草 Lolium perenne 与白车轴草 Trifolium repens）缺乏特定营养的植物幼苗生长曲线。

种子内部各元素比例与土壤中各元素比例不以任何方式互补。例如，对欧洲千里光（Senecio vulgaris）进行的一项试验，不添加硫元素生境的幼苗大小是不添加氮元素的 6 倍多（Fenner，1986a）；然而，在温带土壤中，氮比硫更有可能限制生长。对于这种明显的次优状态，一种可能的解释是，矿物质在被纳入种子的储存化合物内时可能存在生物化学方面的限制。元素的相对含量因其在相同化合物中而产生关联。氮和硫以蛋白质的形式储存。磷酸盐和大量阳离子被结合到植酸中，植酸是肌醇六磷酸的一种不溶性钙镁钾混合盐（Bewley et al.，1978）。从化学角度分析，不可能将所有的必需元素结合到这些储存化合物中，为幼苗提供一个完美平衡的"配方"，因此，达成的混合物可能是最佳的权衡方案。

生长在极度贫瘠土壤上的物种，其种子可能会呈现出一定的补偿性储备

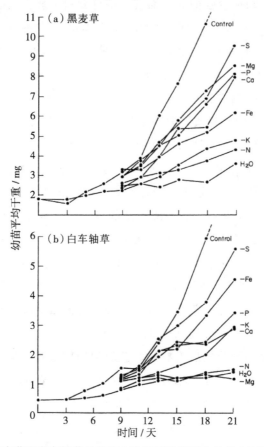

图 8.3　黑麦草和白车轴草幼苗在 7 种不同培养基中生长 3 周的生长曲线

[每种培养基均缺乏一种常量营养元素。全营养和蒸馏水环境下的对照曲线也有显示。幼苗被迫依靠其内部储备来获取缺失元素。实验表明，在没有外部供氮的情况下，这两个物种几乎不可能生长，而此时硫元素的供应相对充足。注意，二者在内部有效供应镁方面具有明显差异。引自 Fenner 等（1989）。]

状态，使种子能在低营养环境中萌发定殖。在对新西兰肥沃和贫瘠土壤的 12 种白穗茅属（*Chionochloa*）植物的研究中，Lee 等（1989）发现，种子中各种矿物质的浓度在不同物种之间变化很小，但生长在养分贫瘠生境的植物，其种子营养浓度比植物叶片高，英国物种也已经证明了这一点（Thompson，1993）。在贫瘠生境生长的雪草属物种倾向于生长出更大的种子，因此每粒种子的养分含量可以弥补部分外部供应不足的问题，但是，还未有充足证据表明这是自然界中的普遍现象。在委内瑞拉热带雨林养分含量较低的生境中，Grubb 等（1997）发现，植物种子质量较小，磷与镁含量较高，但每个种子中这些元素的绝对含量较低。在这种特殊情况下，种子大小和数量之间的权衡（见延伸阅读1.1）会更倾向于后者。

然而，也有一些很好的例子表明，种子中矿物质含量似乎确实适应了低营养条件。部分山龙眼科植物生长在澳大利亚和南非贫瘠的沙质土壤中，与其他科植物相比，山龙眼科植物的种子往往氮、磷、镁浓度较高（Pate et al., 1985）。研究发现，部分山龙眼科植物高度依赖其内部的氮、磷供应，最长可持续到种子萌发后160天（Stock et al.，1990）。澳大利亚物种绢毛荣桦（*Hakea sericea*）种子中磷的含量异常之高，在出现矿物质缺乏症状之前，该物种可以在沙质土壤上生长长达125天。而这可能也是其成功入侵开普西南部缺磷土壤的原因（Mitchell et al.，1984）。

8.5　限制幼苗建成的因素

幼苗死亡的主要原因之一是来自其他幼苗的竞争（Silva Matos et al.，1998；Taylor et al.，1989）或来自周围植被的竞争（Gross，1980）。新萌发的幼苗在生根和展叶之前，与已有的植株相比，在获取资源方面处于天然的劣势。即使在矮小草地或稀疏植物群落中，对光、水和养分的竞争也可能异常激烈。对于森林中的树苗来说，林下植被的存在会显著降低树苗的存活水平（Lorimer et al.，1994），甚至是蕨类植物底层植被也会影响幼苗建成（George et al.，1999）。在草地上，与现有植被的竞争成为限制林木和灌木幼苗生长的主要原因（Harrington，1991；Adams et al.，1992；Gordon et al.，1993）。大种子植物的优势之一是具有较大幼苗所带来的竞争优势，单个物种的研究已证明较大种子的幼苗具有较高的存活率（如 Simons et al.，2000）。在竞争激烈的亚热带热带雨林苏里南油脂楠（*Virola surinamensis*）树中，即使初始种子质量仅相差0.2 g，也会对个体的相对生长产生显著影响（Howe et al.，1982）。在马来西亚热带雨林植物群落层面，Turner（1990）证明了小的幼苗存活率极低，幼苗死亡率与幼苗大小的依赖关系如图8.4所示。

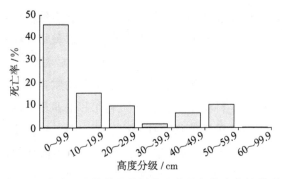

图 8.4　马来西亚热带雨林树苗死亡率与其大小的关系

[引自 Turner（1990）。]

被草食动物采食是许多群落中幼苗死亡的另一个主要原因（Hanley，1998）。草食动物可以是脊椎动物（通常是啮齿动物）或无脊椎动物（通常是昆虫或软体动物）。即使幼苗的一小部分被啃食也可能造成致命后果，特别是幼苗在土壤表层受到攻击时（Dirzo et al.，1980）。一些热带树种的幼苗在大部分枝条被摘除后能够重新生长。例如，莲玉蕊（*Gustavia superba*）幼苗在遭受草食动物的重复采食后依旧可以存活（Harm et al.，1997；Dling et al.，1999）。一般来说，大种子的物种在去叶后有更高的存活率（Armstrong et al.，1993；Harms et al.，1997）。在温带草原，软体动物与啮齿动物限制了幼苗更新，一些草食动物的食性可能与幼苗大小有关，也影响着幼苗的存活率。在 Hulme（1994b）的试验中，发现软体动物喜食个体小的幼苗，而啮齿动物更倾向于采食个体稍大的幼苗。

印度洋圣诞岛上的热带雨林，其植物群落的更新完全由一种草食动物主导。在这里，圣诞岛红蟹（*Gecarcoidea natalis*）以大多数植物的种子和幼苗为食。排除试验结果表明，林隙和林下的种子萌发量分别增加了 21 倍和 29 倍。濒危物种的更新取决于圣诞岛红蟹在空间和时间上的不均匀出现规律，从而使幼苗偶尔有机会逃脱捕食（Greenet al.，1997）。另一种陆地蟹（方形地蟹，*Gecarcinus Quaratus*）对采食的幼苗具有较高的选择性，降低了哥斯达黎加热带雨林中的植物物种多样性（Sherman，2002）。

草食动物对幼苗采食的一个重要推论，是其对不同物种更新要求产生的重要影响。在温带草原，软体动物摄入的生物量很少，但可能会对物种组成和多样性造成很大影响。将林隙中处于生长状态的幼苗暂时暴露于软体动物（或免受软体动物采食）后发现，蛞蝓和蜗牛对不同物种幼苗的再生性具有不同影响。软体动物的去除使得适口性好的物种（如禾叶繁缕 *Stellaria graminea*）得以生存；软体动物的采食抑制了这些物种，使得适口性差的物种（如新疆千里光 *Senecio jacobaea*）取代了适口性好的物种（Hanley et al.，1995a，1996a，1996b）。尽管去除软体动物的试验时间较短，但其产生的生态后果多年后依旧可见。Edwards 等（1999b）在沙地的排除实验也表明了兔子、昆虫和软体动物对植物更新的选择作用。在热带森林中，切叶蚂蚁对树苗不同程度的采食可能会影响群落演替过程（Vasconselos et al.，1997）。Burt-Smith 等（2003）的实验证据表明，草原的草本植物幼苗适口性可能会影响其相对多度。

食草动物对幼苗建成早期的影响风险评估等级最高。在单一物种的种群中，最小的幼苗可能是最脆弱的。例如，不同年龄的药用蒲公英（*Taraxacum officinale*）和新疆千里光单一物种培育试验中，软体动物会优先选择最年轻的植物个体（Fenner，1987；Hanley et al.，1995b）。这一选择可能是因为植物幼苗在发育过程中用于防御的化学物质含量发生了变化，有证据表明，至少在某些情况下，草食动物被幼苗中的防御性化学物质所阻止。Hanley 等（2001）的研究表明，12 种山龙眼科植物幼苗受到食草动物侵袭的程度与其酚类物质含量呈负相关关系。Fritz 等（2001）发现，随着柳树幼苗防御化学物的增加，蛞蝓对其的喜食性逐渐降低。至少在温带草原的物种中，幼苗比成年个体更可口是一种普遍趋势（成年个体适口性更高的物种除外；Fenner et al.，1999）。在多数情况下，植物最初的化学防御物质会随时间的推移而减少。例如，小麦品种幼苗中的异羟肟酸浓度随个体的增长而下降（Thackray et al.，1990）。在少数情况下，物理防御和化学防御之间可能存在权衡关系（Hanley et al.，2002），不过，化学防御只是应对食草动物的一种潜在的策略。植物幼苗可以通过快速生长的方式来逃避食草动物，而非正面抵抗。因此，快速生长可能被视为一种避免捕食的手段。Herms et al.，（1992）提出，在植物生长率和植物防御配置间普遍存在权衡机制；然而，Fenner 等（1999）对 29 种物种的试验中，未发现植物适口性与植物生长率权衡的证据。

植物幼苗被采食程度受到一系列生态因素的影响，如幼苗密度（Clark et al.，1985）、为啮齿动物提供适宜栖息地的植被（Ostfield et al.，1997）、吸引软体动物的水分含量（Nystrand et al.，1997）及影响叶片中防御化合物浓度的光照条件（Nichols-Orians，1991）。幼苗被采食的可能性也受到其邻近植物的影响。例如，当被适口性高的药用蒲公英幼苗包围时，适口性差的新疆千里光幼苗比被自己品种的幼苗包围时更不容易受攻击（Hanley et al.，1995b）。

除了这些生物因素外，幼苗更新还面临着非生物因素危害的限制。例如，于树枝坠落和其他干扰造成的物理损伤（Clark et al.，1989，1991）。另一个常见的致死因素是水分的缺乏。Wellington et al.，（1985）在澳大利亚的内凹型群落中对厚叶桉（*Eucalyptus incrassata*）种群进行浇灌，在幼苗密集处获得了较大的生物量。对于树种较小的、适宜湿润土壤的柳树来说，早期的供水条件至关重要。例如，在亚利桑那州一项关于 *Salix lasiolepis* 更新的研究发现，干旱引起的第一年幼苗死亡率近乎 100%（Sacchi et al.，1992）。

幼苗缺水会严重危害在树枝上定殖的植物，而这类植物可以是附生植物（如凤梨科植物）、半寄生植物（如槲寄生），或作为附生植物生存的绞杀植物。*Ficus stupenda* 作为绞杀植物，其种子在其他树枝的缺口和缝隙中萌发，一旦开始生长就会把根系伸到地面，在独立生长的同时，也扼杀了为它提供养分支持的宿主树。然而，其早期阶段的生存极其危险，Laman（1995）认为干旱是导致死亡的主要原因，他将 6720 粒种子放在 336 个明显有利的位置，但 12 个月后种子的存活率仅为 1.3%（仅有 0.04% 的种子发育成为有活力的幼苗），且仅在叶片发霉、苔藓和腐烂树枝等明显具有保湿特征的地方萌发。由此可以推断，自然界中随机掉落的种子，其生存情况更糟。一项对澳大利亚桉树上两种槲寄生幼苗研究也发现，缺水是幼苗死亡的主要原因（yan et al.，1995）。

8.6　菌根接种

磷是土壤中最稳定的元素之一。根部延伸很小的新萌发幼苗只能获得有限的外部供磷，这种元素的内部供应不足以使幼苗形成发达的根系，为其在外部环境中搜寻足够的土壤磷，但菌根的形成能够有效地帮助幼苗做到这点。微生物侵染根系在多数情况下是幼苗越过初始阶段的必需条件，特别是在贫瘠生境中生长的小种子物种（Allsopp et al.，1995）。

多数幼苗似乎在短时间内就能被适宜的真菌接种。真菌感染可能是普遍的规则，而非例外。例如，在英格兰东部的白垩土草地，Gay 等（1982）发现播种的 12 种乡土植物（包括一年生、二年生和多年生）中，除了无心菜（*Arenaria serpyllifolia*）外，其他物种均在萌发后 7～10 天内形成了菌根。在马来西亚西部热带雨林中，*Shorea leprosula* 种子萌发后 20 天内，甚至在叶片张开之前，就形成了发达的外生菌根。即便在这个年龄段，许多幼苗也存在不止一种真菌（See et al.，1996）。在哥斯达黎加的热带雨林中，Janos（1980）发现，在试验的 28 种植物中，有 23 种在子叶仍然附着且快速生长阶段发生了真菌侵染。受感染的幼苗似乎能更长时间地保留子叶，这可能是因为吸收子叶营养储备较缓慢。

亲代的菌根感染可对幼苗建成产生积极影响。在一项实验中，与无菌根亲本植物的幼苗相比，有菌根亲本的野燕麦（*Avena fatua*）幼苗生长速度更快，磷的积累速率更高，尽管幼苗本身没有受到感染（Lu et al.，1991；Koide et al.，1992）。类似的效应也同样出现在苘麻（*Abutilon theophrasti*）中，可能是因为种子磷含量较高所致（Stanley et al.，1993；Koide et al.，1995）。当有菌根和无菌根亲本的幼苗相互竞争时，前者长得更大、存活率更高，（关键是）所产种子几乎是原来的 4 倍（Heppell et al.，1998）。显然，菌根可以对植物更新和适合度产生实质性的影响，即使感染发生在亲本植物中亦是如此。

8.7 正相互作用

植被往往会通过争夺资源来阻止幼苗建成。但是，植物间的积极互动比人们通常认为的更加频繁，尤其是在恶劣的环境中（Brooker et al.，1998）。在某些情况下，现有植被可以起到创造有利于幼苗生长的微生境的作用，使得幼苗在定殖过程中防风、防晒与防霜。例如，在安大略省的沙丘上，红栎（*Quercus rubra*）的遮阴效应促进了松树的建植（Kellman et al.，1992）。在阿拉斯加州的草丛冻原，土壤被苔藓固定所产生的间隙中，白毛羊胡子草（*Eriophorum vaginatum*）的幼苗定殖效果最好（Gartner et al.，

1986)。这种由一种植物创造的生存条件有利于另一种植物通常被称为"正相互作用"（Facilitation），并且越来越认识到这种现象在植物群落结构和多样性方面的重要性（Callaway et al.，1999）。各种各样的生境中都存在着正相互作用，包括沙漠（Valiente-Banuet et al.，1991）、高山地区（Nunez et al.，1999）、沙丘（Shumway，2000）和盐沼（在海岸附近，常遭咸水淹灌；Bertness et al.，1994）。通常，正相互作用发生在不同种间，但种内正相互作用的案例亦被报道（Wed et al.，1998），其主要作用可能是防止有害的高辐射照度（Taylor et al.，1988；Valiente-Banuet et al.，1991）、高温（Nobel，1984；Fulbright et al.，1995）、干旱（Vetaas，1992；Berkowitz et al.，1995）或高盐度（Bertness et al.，1994）。相比之下，冠层下的土壤可能具有更高的养分浓度和更多的有机质（Bashan et al.，2000）。也许是因为沙漠条件的极端性质，灌木冠层下的仙人掌幼苗的正相互作用非常明显（Turner et al.，1966；McAuliffe，1984a；Franco et al.，1989；Valiente-Banuet et al.，1991；Florees-Martinez et al.，1994；Mandujano et al.，1998）。对其他沙漠植物的研究表明，提供遮阴的植物并不总是可以通过浇水这种手段来替代，即幼苗经历致命的高温也可能死亡。

各类植物群落的试验发现，除了改善某些极端的环境因素外，正相互作用通常还可以保护幼苗免受草食动物的攻击（Callaway，1992）。倒下仙人掌属植物（*Opuntia fulgida*）的刺，成了为其他仙人掌幼苗提供躲避草食动物采食的庇护所（McAuliffe，1984b）。Jaksic 等（1980）在智利中部对灌木下本土草本植物的定殖设置了一个有趣的试验，他们去除了每种灌木的一半冠层，通过封挡，使一半未遮阴部分不能被啃食，这样，幼苗就处于遮阴与未遮阴、能啃食与不能啃食的组合环境中，研究结果认为，这些灌木的主要作用是防御兔子啃食。

正相互作用在林业实践中占有一席之地，"保育树"通常与更有价值的树种幼苗一起种植，以提供一定程度的遮阴或庇护。例如，核桃树苗与保育树一起种植，核桃树苗的生长量增加了 3 倍多（Schlesinger et al.，1984）。关于热带树木进行人工更新的试验表明，许多情况下，通过在树苗生长的早期阶段提供保育树，演替后期物种可以很容易地建植（Ashton et al.，1997；Otsama，1998）。无遮阴生境可能会抑制许多热带森林物种的生长（Agyeman et al.，1999）。

正相互作用一直被认为是生态演替过程的主要机制之一（Connell et al.，1977）。特别是在初级演替中，每个阶段都可以创造出适宜的条件，促进新物种的更新。在这种情况下，促进者与受益者之间的关系会随时间的推移而变化。例如，灌木会促进 *Neobuxbaumia etetzo* 生长，但最终被仙人掌取代（Flores-Martinez et al.，1994）。这意味着"庇护者"最终成了其"门徒"的受害者。同一物种"促进与竞争"之间不稳定的平衡也可能因生境的转变而改变。沙漠铁木（*Olneya Tesota*）在极其干旱的地域充当许多草本植物的保育树，增加了其群落多样性。然而，在中生地，其对多样性的影响是中性的或负面的，植物间的关系由促进向竞争转变（Tewsbury et al.，2001）。在群落水平上，植物间的许多互动越来越被视为积极影响和消极影响的动态相互作用（Callaway et al.，1997；Holmgren et al.，1997）。

8.8 可塑性

对幼苗种群的研究表明，幼苗的死亡原因随地域与年际而异。Mack 等（1984）对旱雀麦（*Bromus Tectorum*）3 个种群的幼苗命运进行了长达 3 年的跟踪调查，干旱导致的幼苗死亡比例为 0～58％，冬季幼苗死亡的比例为 2.3％～41％。致病菌导致的幼苗死亡率在相同年份不同地点为 2.1％～43％，相同地点不同年份为 2.0％～31％，也就是说，对某一特定致死原因起到抵抗作用的性状，没有一致、稳定的自然选择。在这种情况下，自然选择可能更倾向于遗传多样性、表型可塑性高的种群（Hartgerink et al.，1984），即幼苗具备适应广泛环境条件的能力。De Jong（1995）对响应可变环境的表型可塑性现象进行了深入且广泛的理论考量，Relyea（2002）认为，可塑性可能会付出极高的代价，从而影响其适合度。

幼苗生长的可塑性可以通过对幼苗进行不同水平的光照、养分或水分供应等处理来证明。根冠比、比叶面积、高径比均随光照强度的降低而增大，Wang 等（1994）在北美乔柏（*Thuja plicata*）的试验种证明了这一点。在对九节属（*Psychotria*，热带乔木属）的 16 个物种幼苗表型可塑性比较中，Valladares 等（2000）发现，与（耐荫）林下植物相比，（对光照要求高）林隙物种的可塑性更大。

　　由于水分胁迫对根和地上部的生长影响程度不同，干旱处理也会诱导幼苗的表型变化。对不同生境的 15 种植物进行试验发现，在较低的土壤基质势中，根系生长速率大于地上部生长速率，导致根冠比增加（Evans et al.，1991）。Reader 等（1993）研究了 42 个树种苗木对干旱的响应发现，根系深度可塑性最大的树种在干旱条件下维持地上部分生长的能力最强。此外，营养缺乏也会导致根冠比较高。在这一条件下，小种子树种的根重比特别高（Fenner，1983）。与许多进化结果一样，在环境选择压力既多变又不可预测的情况下，表型可塑性可被视为一种植物的追求最大化生存的折中策略。

第九章 植物间隙、种群更新与多样性

大多数具有封闭冠层的植物群落，其幼苗建成通常需要一定程度的干扰，才能生长出新的物种。与幼苗相比，定殖多年的植物在拦截光资源和垄断其他资源（如水和养分）方面具有明显优势。在连延的植物群落中创造的植物间隙（林窗），被称为"无竞争者空间"，为幼苗建成提供了诸多机会（Bullock，2000）。在过去的几十年里，植物间隙及其在促进植物更新中的作用一直是植物群落更新和物种多样性研究的重要焦点。

9.1 植物间隙、斑块和安全位点

植物间隙是指至少部分没有植被覆盖的土地面积，拥有足够的、可利用的资源供给新生植被生长。植物种群更新并非总需要"植物间隙"，特别是在植物本身可以改善恶劣环境的情况下（见第 8.7 节）。在这种情况下，术语"斑块"一词的含义通常与植物间隙相同，但其表意并不准确，因为斑块一词暗示植物的聚集（而非被去除），用来指代占据之前植物间隙的演替植被或最为合适。1997 年，Harper 创造了术语"安全位点"，指（在单粒种子尺度上）满足打破种子休眠、萌发和成苗的要求，且捕食者、竞争者和致病菌影响减少的地方。种群更新成功意味着微生境（植物间隙）可提供上述条件。

所有植物群落都会受到干扰，通常是多种干扰同时作用。所致原因可能是非生物性干扰（暴风雨、洪水、火灾、山体滑坡和冻胀），也可能是生物性干扰（动物挖洞、躺卧、嬉戏、践踏、刮擦和粪便沉积）。一些动物（如海狸）可能会导致严重的生态系统扰动，这种扰动不仅空间广泛而且时间长久（Naiman et al.，1994），甚至昆虫也可以作为植物间隙创造者产生令人惊讶的巨大影响，特别是在红树林群落（Feller et al.，1999）。植物间隙也可以仅通过植物生理过程发生，如枯死的树木或树枝的倒下。在自然条件下，热带和温带森林的年周转在 0.5% ~ 3.1% 的范围内（Arriaga，1988；Ricklefs et al.，1999），各种干扰被认为在维持自然群落的物种多样性方面起着重要作用（Sousa，1984；Wooton，1998）。适度的干扰可能会降低最有活力的物种优势度来促进物种多样性，从而减小竞争性排斥。但过多干扰会阻碍长寿物种的更新和生长，从而减少生物多样性。Grime（1973）及Connell（1978）提出了最佳干扰水平导致最大生物多样性的观点，这即是众所周知的"中度干扰假说"，并得到了众多实例的有力支持（Sousa，1979；Collins et al.，1985；Hiura，1995），但也存在个例情况（Lubchenco，1978；Collins et al.，1995；Death et al.，1995）。

植物间隙的大小不固定，具体取决于干扰因素。然而，干扰频率分布通常是以小范围的植物间隙为主，大范围的植物间隙逐渐减少（Lawton et al.，1988；Cho et al.，1991；Yamamoto，1995）。由于小范围的植物间隙会随周围植被的生长而迅速消失，大多数群落的植物间隙动态由频繁形成的、短期的、大多有遮阴的小范围的植物间隙与不频繁形成的、长期的、大多为无遮阴的大范围的植物间隙组成。

9.2 "植物间隙"难以定义与检测

有时，植物间隙很隐蔽，除非有幼苗填补，否则很难被观察到。很少有试验研究单个物种的生长需求，但现存的有限证据表明，幼苗建成的非常规要求可能源于该物种的稀有性。北美林地二色筒距兰（*Tipularia discolor*）就是一个典型例子，在美国马里兰州对落叶林地进行的一次大范围调查显示，所有的二色筒距兰幼苗都生长于各种树种的腐烂木材（原木和树桩）上（Rasmussen et al.，1998）。尽管进行了多次调查，但仍未发现在土壤中有任何幼苗生长；将二色筒距兰种子分别播种到土壤、腐烂木材、木材与土壤混合物，试验结果清晰地表明，物种对木材的需求仅发生在种子萌发阶段，但其原因尚不可知。

Dinsdale 等（2000）研究了英格兰南部尤瑞半边莲（*Lobelia urens*）幼苗的更新，诸多现象表明，半边莲属（*Lobelia*）对生境有严苛的要求：

①它很罕见；②处于其分布的北部边缘；③种子非常小。通过记录 1000 多个金属引脚与 4 个独立变量（较高的植物、凋落物、苔藓和土壤表面凹陷）的接触可以确定潜在的幼苗生长微生境。因此，由这些生境变量组合定义的微生境分布可以与半边莲属幼苗实际占据的微生境进行比较。结果表明，最适合半边莲属植物生长的微生境很少，而且往往非常罕见，以至于根本无法通过随机抽样检测。此外，尽管半边莲属幼苗的安全生境没有单独的凋落物，也不会仅与较高的植物覆盖率相结合，但与凋落物、苔藓植物的各种组合形成的生境通常是有利的。从广义上讲，良好的生境似乎兼具高温、充足的水供应和较少的竞争。也有一些证据表明，安全生境的性质存在年际差异，这取决于环境温度和降水量。而生态保护方面的挑战是如何制定管理措施（主要是采食时间和强度），最大限度增加有利微生境的数量。

推进植物间隙研究进展的最后障碍是，从种子萌发、幼苗存活到物种生长的各个阶段，任何一个或多个阶段都可能对植物间隙提出要求。对于非短命植物，研究种子生长的最早阶段可能是一种切实可行的方法。例如，北美草原湿地中湿地植物的地带分布与种子或幼苗的地带分布相关性较弱（Wling et al., 1988）。无论是否有林冠，加拿大黄桦（*Betula alleghaniensis*）幼苗优先在无凋落物的土壤表层（如土丘和土坑）上生长（Houle，1992）。如通常所观察到的那样，如果加拿大黄桦最终在树冠间隙中生长得更好，那一定是因为植物生命后期的运行过程所致。在日本的落叶林地，小种子物种的出苗对光照的增加有积极响应，但只有在与土壤干扰结合时才会出现，而大种子物种对两者都无动于衷（Kobayashi et al.，2000）。很少有研究可以跟踪完整的生长过程，但 Wada 等（1997）提供了一个很好的案例，在对鸡爪槭（*Acer Palmatum*）的研究发现，种子和幼苗都与鸡爪槭冠层密切相关，但这种分布随着树苗的生长而改变，较小的树苗会在其他物种的树冠下集聚而非同种树下或树冠间隙中（图 9.1）。目前，造成这种分布变化的机制尚不清楚，但却体现了"逃逸假说"，即同种情况下的幼苗更容易受到致病菌、草食动物或种子捕食者的影响。但无论是什么原因，适合鸡爪槭幼苗建成的"植物间隙"与物理树冠林隙并不相同。

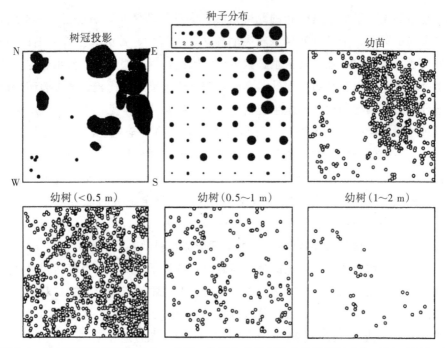

图 9.1　鸡爪槭成树和亚冠乔木、种子、幼苗与幼树在日本北部空间分布　(40 m×40 m)

[在树冠投影图中，树高＞10 m 的树冠轮廓用阴影区域表示，树高＜10 m 的树干位置用实心圆表示。种子阴影图形仅显示健全完好的种子。引自 Wada 等（1997）。]

9.3　植物间隙对植物种群增长的限制

种群增长可能会受到种子数量的限制，也可能会受到适宜的微生境的限制，或者同时受到上述两者的共同限制。限制因素取决于单位面积内种子和安全生境的相对数量。将种子播种到植物群落中，观察植物种群是否增加，可以轻松地调查种子的限制情况。Edwards 等（1999a）将 6 种植物的种子添加到草地植物群落中，在未受干扰的草地上，有 4 种植物的种群增长表现出显著的增加，但无限趋近于渐近线，这表明种子数量受到限制；超过渐近线，微生境的可用性便成为限制因素。对另外两个物种进行种子添加试验后，其种群增长量无明显增加。Moles 等（2002）在一项关于种子添加实验的调查中指出，大种子物种更有可能表现出积极的响应，但仅在短期内如此。

　　研究发现，在世界各地的火山基底，植物定殖主要受安全微生境密度的限制，而非种子雨的规模（Wood et al.，1990；Drake，1992）。微生境限制的程度可以通过创造适当的植物间隙并观察成苗的增加量（如果有的话）来确定。Eriksson 等（1992）通过上述两种方法在瑞典林地群落对种群增长的限制进行研究，发现在 14 个物种中，有 3 个物种受到种子限制，6 个物种受到种子和微生境有效性的共同限制。其余 5 个物种对任何一种处理都无响应，所以限制种群增长的因素仍不确定，如捕食等。

　　种群增长的限制因素可以在任何阶段发挥作用。种子限制可能并不总是因为种子数量少，而是种子未能传播到适宜的微生境。Ehrlén 等（2000）发现，在 7 种温带森林草本植物中，斑块占有率（某一物种幼苗自然占据面积占适宜生境的比例）在 17.2%～94.6%。斑块占有率与种子质量呈负相关（图 9.2），这表明在许多情况下，种群增加的成功概率可能与其种子传播能力密切相关。

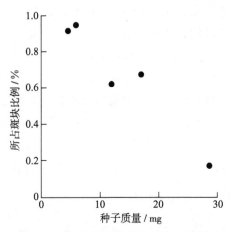

图 9.2　种子质量与种子传播能力的关系

[5 种林用草本植物种子质量与幼苗所占适宜斑块比例呈负相关。引自 Ehrlén 等（2000）。]

　　种子实际积累的地点（由生物或非生物方式导致的落点）可能不利于种子萌发，最终种群增加的地点不一定发生在种子积累最多的地方（Kollmann，1995；Rey et al.，2000）。例如，在高山生态系统中，最高的种子截留量和种子保留率往往出现在几乎没有出苗的斑块中（Chambers，1995）。同样，火灾发生后，大多数种子可以聚集在灾后的微生境中，后经证明，这样的生境其实并不利于幼苗存活（Lamont et al.，1993b），即便是有利于发芽的地点也被证明不利于幼苗建成。在意外事件发生后的基质上，美国南卡罗来纳州沼生蓝果树（*Nyssa aquatica*）的种子萌发率最高，但这些斑块上的动物性捕食概率也很高（Huenneke et al.，1990）。Edwards 等（1999b）对草地植物群落进行的种子添加试验中，一些种群的增长会受到兔子采食的限制。因此，植被更新的地点首先取决于种子传播和捕获的空间模式（Reader et al.，1986），然后是种子落点对萌发和建立的适宜性。种子—幼苗在微生境适合度上不相容的情况在自然界中似乎很普遍（Schupp，1995）。对于同一物种，不同地点的限制因素可能不同。在演替植被中，欧洲红豆杉（*Taxus Baccata*）的更新在较新的生境主要受草食动物限制，在较长久的地点主要受微生境限制，因为与开阔地带相比，灌木下种子的捕食作用更高（Hulme，1996）。

毫无疑问，对于几乎所有的物种来说，只有很小一部分种子最终到达适合其生长的地点。据估计，草地植物条裂松香草（*Silphium laciniatum*）每年约有 1% 的种子萌发出苗（Pleasants et al.，1992）。与大多数物种相比，这已然是一个相对较高的增长率。在一项关于高大一枝黄花（*Solidago altissima*）种群增长的研究中，Meyer et al.，（1999）记录到，只有 0.008%（1/12500）的已播种种子发育成幼苗。在一些群落中，幼苗建成可能非常罕见，即便在经常出现一系列植物间隙的地方也是如此。在加拿大的永久牧场中，鼹鼠源土丘或粪便几乎全部被根茎、匍匐茎和分蘖物种定殖利用，很少出现幼苗（Parish et al.，1990）。在混合草地的人工土丘（直径 75 cm），所得结果也大致相同，仅有 1% 的茎来自幼苗（Umbanhowar，1992a）。

延伸阅读

9.1 种子性状和植物多度

种子性状是否与植物物种的多度有关？许多作者认为稀有种和常见种可能会表现出性状差异（Kurin et al.，1993；Gaston，1994；Gaston et al.，1997）。在这里，我们调查了一个相对狭隘的问题：稀有植物在种子特性（如传播、种子大小和萌发生物学）上是否始终与更常见的近缘物种不同？令人惊讶的是，这几乎没有确凿的证据，但（也有案例显示多度和种子产量之间存在正相关）总体答案似乎是否定的（Murray et al.，2002）。请注意，这里专指稀有种和其常见的近缘物种，因为种子性状通常在系统发育上是相对保守的。因此，与物种无关的比较通常会被其他性状的变异所混淆，这些变异本身可能是物种常见性和稀有性的原因或结果。在此我们也不想参与关于物种稀有性应该如何定义的辩论；大多数已出版的作品关于稀有种应用范围都有所区别。

有以下几个原因可以预测种子传播能力和种子传播范围大小存在正相关关系。传播能力差的物种可能无法全部到达合适的生境；传播范围较小的物种只能选择较低的传播能力，因为传播能力的获取需要付出一定的代价，且不一定会产生收益；如果种子传播在一定程度上与物种形成率相关，那么较差的传播者也可能具有较小的活动范围，因为平均而言，种子的传播时间较短（Kurin et al., 1997）。

当然，种子的实际传播能力在现实中并不具备完全量化的条件，所以大多数研究仅比较不同传播机制下的物种分布范围大小的差异。这类研究的结果好坏参半，一些研究发现，与那些未形成有效传播机制的物种相比，具有有效传播机制的物种的活动范围更大；而另一些研究则没有发现明显差异（Peat et al., 1994; Edwards et al., 1996）。其他研究人员则设法证明具有不同（但可能同样有效）传播模式的物种之间在分布范围大小上的差异（Oakwod et al., 1993; Kelly et al., 1994）。Rabinowitz（1978）和 Rabinowitz 等（1981）发现，4 种草地稀有牧草的种子比 3 种草地常见牧草的种子更能有效地风媒传播，但这一结果被其他差异所混淆——即常见种和稀有种分属不同的族且成年个体大小和光合作用途径上也存在差异。

Aizen 等（1990）将栎属（*Quercus* Spp.）的种子大小与其地理范围正相关关系归因于动物对较大橡子的优先传播，但却几乎没有证据来支持这一观点（详见 Aizen et al., 1992; Jensen, 1992）。其他将植物分布范围和种子大小联系起来的研究也同样没有定论。Oakwood 等（1993）在澳大利亚植物中发现种子大小与地理分布范围之间存在微弱的负相关，应用系统发育独立对比后，Edwards 等（1996）在分布范围广泛的与分布范围较小的、繁殖体形态相似的物种之间找到了一致的种子大小差异规律。Thompson 等（1999）发现种子大小和种子末端速度（风媒传播能力的替代指标）在很大程度上与英国植物区系的范围大小无关。此外，关于传播范围和种子大小间任何形式的潜在关系，目前还未达成共识。

Rees（1995）认为，由于种子传播的限制，在沙丘上生长的大种子型一年生植物并不常见；Mitchley等（1986）则认为，大种子物种的竞争优势使它们变得随处可见，而小种子物种则是稀有微生境的"逃亡者"。

如果植物多度在一定程度上取决于种子的萌发概率，那么萌发生态位宽的物种可能会有更大的生长范围。英国和美国的科学家都曾尝试过证明这一想法，在北美，Baskin等（1988）整合了274种草本植物的萌发物候数据，也获取了在控制试验环境下部分物种关于对温度响应的数据，这个庞大的数据集包含许多常见（稀有）的同属植物，在某些情况下，稀有种是当地特有物种。这些数据揭示了许多与系统发育、生境和生活史有关的重要模式，但在每一种情况下，稀有种或本土特有物种的萌发生物学都与相同属的植物非常相似。自1988年以来开展的工作（Baskin et al.，1997；Walck et al.，1997a，1997b）都倾向于证实这一发现。

Thompson等（1999）分析了植物生长范围大小与种子50%最大萌发率的最高温度（T_{max}）、最低温度（T_{min}）和温度区间（T_{range}）之间的关系（来自Grime et al.，1981的数据）。最低温度和温度区间两者（两者的联系非常紧密）都与英格兰北部的本地植物分布范围大小呈正相关，尽管模型所解释的变异比例范围很低（3%~4%），但两者都与英国的植物分布无关。然而，这项研究之所以没有定论，至少有两个原因。首先，在实验室测得的种子萌发温度范围并不能很好地预测野外种子萌发生态位的广度。其次，Thompson等（1999）的研究涵盖了所有物种的可获得数据，但却未考虑其生活史和生境。对于许多长寿的多年生植物来说，种子发育成新个体的情况可能性很小，因此萌发温度可能是影响其生态位宽度的一个相对不重要的组分。一项旨在通过使用生态位宽度指数的研究来试图攻克这些问题，该指数基于观察大量杂草和其他一年生植物的萌发物候，也未发现种子萌发与英国植物分布之间的任何关系（Thompson et al.，2003）。

一般的结论是，种子性状与植物群落成员（常见种和稀有种）没有始终如一的关系。至少部分原因如我们在第一章所述，种子性状和成熟植株的性状并不密切相关，而后者在决定植株范围方面可能更为重要。

例如，在西欧人口稠密的国家，Thompson（1994）认为，目前植物的增加或减少状态可以从成熟植株的特征中预测出来，显然与种子大小、在土壤中的持久性或风媒传播无关。某些类型植物的多度，如沙丘中一年生植物（Rees，1995）或一般的短寿命物种，可能更依赖于种群更新性状，但现有的数据不支持这一观点（Thompson et al.，2003）。最后，将种子传播与植物分布范围联系起来的一个特定问题是，我们对传播能力的理解仍不充足。最近的实验证据表明，不仅具有明显形态适应的物种通过动物进行传播（Fischer et al.，1996；Graae，2002），而没有明显形态适应的物种也可以非常有效的通过动物肠道进行种子传播（Sánchez et al.，2002）。

9.4 土壤表面的微地貌特征

种子萌发取决于可获得资源的难易程度与自身所处的环境条件。对于许多种子来说，种子萌发环境的相关尺度是以毫米为单位的。植物间隙中土壤表面的微地貌对于该地点是否适合种群更新至关重要。

安全微生境的第一个要求是种子在土壤缝隙中停留足够长的时间用以萌发，还需要一定程度的表面起伏，才能将种子困在缝隙中，使种子不被风和雨水搬运。Johnson 等（1992）将 4 种云杉属（*Picea*）种子分别置于不同起伏程度的土壤中，证明了微地貌对种子留存的重要性。在自然界中，这一点在通常不利于植物生长的生境中表现得尤为明显。在冰川消融的微型地貌上，Jumpponen 等（1999）发现只有某些非常特殊的微位点才有可能被"拓荒者"（先锋植物）定殖，这些微位点的斑块、表面凹陷、底物粗糙、由岩石遮蔽，种子"困"在其间，其幼苗可以受到保护，且不会干旱。其他生物创造的微生境也可以为植物种子提供合适的萌发场所。腐烂的白桦树原木有利于北美香柏（*Thuja occidentalis*）的更新（Cornett et al.，2000），桦树幼苗本身也可以从其他物种的保育树中受益（McGee et al.，1997）。在水生沉积物中，底物的不稳定性使种子难以滞留，只有穴居型无脊椎动物引起表面局部扰动才能促使幼苗建成。例如，多毛类蠕虫 *Clymenella torquata* 生活在地下的沿海淤泥中（地下进食者），它会产出一种表层沉积物，用来捕获原本会被冲走的大叶藻（*Zostera marina*）种子（Luckenbach et al.，1999）。

一旦种子被保留下来，基质质地提供的适宜种子萌发的表层环境也很重要。1965 年，Harper 等进行了一项开创性试验，展示了土壤微地貌对 3 种车前属（*Plantago*）种子萌发的影响，试验表明即使是表面起伏的微小差异也会对其中特定物种更加有利，关键是种子与土壤表面之间的接触程度。若接触面较广，毛细作用可以在种子周围形成并保持一层水膜，促进种子吸胀和萌发。与种子本身大致相同规模的微小不规则性生境将会提供最佳的接触机会（图 9.3），这一点在不同土壤质地的实验中得到证实，至少有适度起伏的表面才更有利于种子萌发（Hamrick et al.，1987；Smith et al.，1992）。

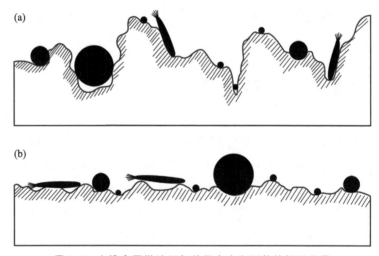

图 9.3 土壤表面微地形与种子大小和形状的相互作用

［对于单个种子来说，存在特定的有利位置，特别是在种子暴露情况和与基质接触方面。粗糙（a）和光滑（b）表面为不同形状和大小的种子提供了不同的萌发机会。］

物种对基质质地的敏感性很大程度上取决于种子大小。一般来说，大种子对微地貌的要求要低得多。Keddy 等（1986）使用 10 种海岸线植物种子，进行了 7 种颗粒梯度的湿处理和干处理试验。结果显示，大种子对梯度的耐受性最广，小种子对梯度的响应最大。在干处理中，10 个物种中有 9 个物种的萌发在颗粒梯度上表现出差异，而在湿处理中，只有 3 个物种表现出差异。这表明，在干燥的环境中，颗粒之间的小间距作为保水缝隙显得尤为重要，特别是对小种子而言。Winn（1985）的研究表明，即使是单一物种（夏枯草 *Prunella vulgaris*）的种群，较大的种子对萌发的要求也较低，可以从更多样的微生境类型中萌发。

种子与土壤的接触不仅取决于种子大小和表面不规则性，还取决于种子的形状和有无附属物。用不同形状的种子在起伏或压实程度各异的表面上进行萌发，试验表明不同物种对微位点的要求可能高度特异（Harper，1965；Oome et al.，1976）。某些草种的附属物，如坚硬的芒，可以帮助种子更好地进入土壤（Peart，1981）。在某些情况下，具备吸湿作用的芒可增加种子到达适宜微生境的可能性（Peart et al.，1987）。种子在土壤表层的方向也会影响其萌发（Sheldon，1974），这可能主要取决于种子与土壤的接触水平，但也存在其他的影响因素。例如，某些物种的种子即使悬浮在琼脂等均质底物中，似乎也有较好的萌发角度（Bosy et al.，1995）。

　　植物间隙内的微生境条件会随位置出现较大差异。即使是一个很小的植物间隙，其中心和边缘在光照、湿度和温度波动方面也可能各有不同，且边缘位置还将受到来自周围植被的竞争，这些差异会反映在单个植物间隙不同位置的物种建成中。在欧石南丛生的人工植物间隙中，金雀儿（*Cytisus scoparius*）幼苗更倾向于植物间隙的中心位置，而在边缘处 *Galium saxatile* 的幼苗数量更多（Miles，1974）。在更大的尺度上，树冠间隙会提供植物异质性的内在驱动力，包括根部新暴露的矿质土壤区域、树干与树枝下面的荫蔽区域及树冠下更多裸露的区域（Putz，1983），这些区域还可以进一步划分为更小的区域。例如，在根部区域内，Peterson 等（1990）发现凹陷处、坡面和凸起区域作为植被更新的基质存在明显不同。Núñez-Farfán 等（1988）比较了墨西哥热带雨林倒木根部和树冠地带的幼苗更新情况。某些物种进行种群更新的区域具有排他性，甚至共有物种在多度和个体尺寸也存在差异。例如，*Cecropia obtusifolia* 幼苗在树冠下生长较好，而 *Heliocarpus appendiculatus* 更倾向于根区。此外，地理位置也会影响植物间隙内的微生境多样性。在高纬度地区，北部和南部边缘森林间隙所受直射光照情况差异较大。Gray 等（1996a，1996b）在美国西北部对 3 种针叶树的试验明确了植物间隙分区的原因，其中部分与其位置与日照程度密切相关。

　　各物种对其生长的微生境需求不一致，且多种因素彼此关联，因此很难精确定义。例如，在对澳大利亚灌木 *Atriplex vesicaria* 幼苗出苗的微生境调查中，对于何处的微生境支持的幼苗存活率最高，同生群（彼此密切地生活在一起的一群不同种个体）之间并不一致。微生境因同生群出现的时间不同而不同（Eldridge et al.，1991）。Fowler（1988）在美国得克萨斯州的两种草上也得到了类似的结果，表明植物对微生境的需求每年都不同，即昔日的安全生境未来可能不再安全。

延伸阅读

9.2　落叶在植被更新的作用

由于种子对土壤表面微环境的敏感性，凋落物的存在对林间间隙能否为幼苗建成提供安全场所发挥着至关重要的作用。凋落物（落叶和其他器官）的沉积和分解极大地改善了土壤表面的条件，例如，截获光资源、降低热辐射、释放养分与有毒物质、减少蒸发量。Facelli 等（1991a）对植物凋落物的动态及其对群落的多种影响进行了综述。

在所调查的大多数（但绝不是所有）案例中，凋落物通过阻止种子萌发或抑制幼苗生长对种群更新产生负面影响。然而，这种影响通常只是物理性的干扰，如花旗松（*Pseudotsuga Menziesii*）幼苗在野外的生长过程（Caccia et al.，1998）。Tozer 等（1997）发现被枯枝落叶埋葬是 *Eucalyptus luehmanniana* 幼苗死亡的主要原因之一。空中坠落的植物残骸所造成的物理损害也是热带雨林幼苗死亡的常见原因（Scariot，2000）。一些落叶林树种可以在枯枝落叶下萌发（如银莲花），但清除枯枝落叶通常会增加幼苗的数量和种类（Eriksson，1995）。

许多研究调查了凋落物在抑制种群生长的具体作用。在实验室和野外试验中，发现热带森林透过枯叶的光线强烈抑制了某些物种的种子萌发（Vásquez-Yanes et al.，1990）。Facelli 等（1991b）指出，在弃耕地演替中，穿过不同类型凋落物的光照对幼苗建成的影响明显不同。在其他情况下，这种影响可能归因于可用水的减少（Caccia et al.，1998）。此外，化感毒素也可能参与抑制萌发。这在一项关于草地早熟禾凋落物对草地植物建成影响的试验中得到证实（Bosy et al.，1995）。凋落物对种群更新的间接作用可以作为无脊椎草食动物的引诱剂。Facelli（1994）发现，当凋落物存在时，无脊椎动物对臭椿（*Ailanthus altissima*）子叶的伤害（和幼苗死亡）增加。

然而，在某些情况下，凋落物也会有积极的影响。Everham 等、Camacho-Cruz 等（1996）发现，在热带山地森林中，凋落物促进了 4/5 物种的幼苗建成；在一系列墨西哥高原树种中，发现凋落物有利于种子萌发和幼苗建成（Camacho-Cruz et al.，2000）。在某些情况下，凋落物具有隐藏种子以躲避潜在的种子捕食者的作用（Cintra，1997b；Myster et al.，1993）。

　　毫无疑问，物种对凋落物的响应具有高度的特异性。在物种间的比较中，无论是在萌发阶段还是在苗期，种子较小的物种通常比种子较大的物种更容易受到凋落物的抑制（Molofsky et al., 1992; Peterson et al., 1992; Everhametal., 1996; Vázquez-Yanes et al., 1992）。即使是同一物种，凋落物在植被更新过程的不同阶段也会产生不同的效应。例如，它可以促进种子萌发，但随后会增加幼苗死亡率（Facelli et al., 1996）。其影响可能会因场地位置的不同而有所不同。对于新热带稀树草原小种子灌木 *Miconia albicans* 而言，凋落物抑制了茂密林地的幼苗建成，但对开阔草原却有积极的影响（Hoffmann, 1996）。有时，凋落物的数量是至关重要的。枯枝落叶的轻薄覆被可能有利于飞廉（*Carduus Nutans*）幼苗的建成，但较厚的覆被会阻止其出苗（Hamrick et al., 1987）。从 Facelli（1994）在美国新泽西州对臭椿的研究中可以得出凋落物作用的复杂性。凋落物通过减少草本植物的竞争而对个体生长产生积极影响，同时通过增加动物捕食量和幼苗死亡率对植物个体数量有消极影响。因此，落叶在种子再生植株中的作用可能是复杂的，需要对每一个案例进行详细的调查。

9.5　植物间隙和物种多样性

　　植物间隙为不同物种提供了不同类型的微生境，而不同植物间隙的差异（或其发生的时间）会促进物种多样性。如果我们假设每个物种都有一套独特的生长需求，或者相同的需求需要在不同的时间段得到满足，那么就可以解释为什么有如此多的共生植物具有非常相似的生态位［Grubb（1977）称其为更新生态位］。因此，由不同媒介（在大小、形状、微地形和创造时间上不同）创造的植物间隙将为不同物种提供生长条件。例如，在英格兰南部的白垩土草原上，鼠丘、蚁丘、兔子擦蹭、绵羊脚印、蚯蚓粪等各种动物的小规模干扰导致了每一种动物都提供了其独特的微环境。那么，是否每种动物都会有利于一个特定物种或一组物种的幼苗建成？这需要我们对每个物种的生长要求充分了解，进而保护这些群落（Grubb, 1976）。

　　当然，有些间隙类型（如蚁丘引起的）会被不同种类的物种占据

(King，1977)。在许多植物群落中，偶尔会有少数物种表现出对特定间隙的偏好，而这通常与间隙的大小有关（Goldberg et al.，1983；Ne'eman et al.，1992；Umbanhowar，1992b；Gray et al.，1996a，1996b）。然而，这些研究只涉及一小部分物种。当从整个群落层面来分析，并没有太多的证据表明物种间存在高度的间隙特异性。在植物间形成不同大小的植物间隙时，多数物种往往在较大的植物间隙表现得更好（Miles，1974），只有少量的证据表明物种间存在间隙大小的分配模式，尽管小种子物种往往比大种子物种对植物间隙大小更敏感（McConnauhay et al.，1987）。基于幼苗耐荫性的差异，植物间隙大小的生态位分化思想在林业上已被广泛认同。然而，根据近期的相关数据显示，这一观点也受到了质疑（Brown et al.，1998）。

　　植物间隙形成时间的差异可能是决定幼苗定殖的关键。在一年中的不同时间节点，Lavorel 等（1994）在地中海植被中创建了许多大小相同的植物间隙（0.25 m²），结果显示，不同物种的定殖取决于一年中干扰发生的时间，以及不同季节植物"窗口"打开的时机。相互竞争的物种达成的稳定共存，归因于不同时间出现的适宜不同物种的更新条件（Kelly et al.，2002）。在英国物种丰富的石灰岩草原上，秋季和春季草皮上创造的植物间隙被不同的物种组合占领（Hillier，1990）。这些物种在野外的萌发行为很大程度上可以从实验室筛选试验中预测（Thompson et al.，1996），在多数情况下，时间生态位划分可能比确切的干扰更重要。

　　虽然几乎可以肯定，存在一定程度的植物间隙划分，但在大多数群落中，多数物种对植物间隙类型的响应可能存在广泛重叠。有证据表明，最有可能定殖植物间隙的物种可能是那些产种最多的物种（Peart，1989）或具有最强的"植物间隙感知能力"的物种（Bullock，2000）。不过，这也存在较大的偶然性因素。植物间隙可能恰好会被生长在它旁边的物种定殖，且刚好有成熟的种子。在一项长达 13 年的研究中，Hubbell 等（1999）对巴拿马热带雨林的 1200 多个植物间隙进行了研究，他们发现虽然林窗中的幼苗建成增加，但这种影响很大程度上是非特异性的。Brokaw 等（2000）通过对热带和温带森林更新的大规模研究发现，植物间隙主要由偶然的"居住者"定殖，而非适应性最好的物种定殖。这导致许多林窗被可能不是最具活力的竞争物种占领，从而延迟了竞争排斥（可能是无限期的）。多数类型干扰的不可预测性可能会造成抽签式的种群更新，从而预设了物种多样性的维持机制。

参考文献

[1] Aarssen, L. W. & Taylor, D. R. (1992). Fecundity allocation in herbaceous plants. Oikos 65, 225—232.

[2] Abrahamson, W. G. (1975). Reproductive strategies in dewberries. Ecology 56, 721—726.

[3] Abrahamson, W. G. & Caswell, H. (1982). On the comparative allocation of biomass, energy and nutrients in plants. Ecology 63, 982—991.

[4] Abramsky, Z. (1983). Experiments on seed predation by rodents and ants in the Israeli desert. Oecologia 57, 328—332.

[5] Adams, T. E., Sands, P. B., Weitkamp, W. H. & McDougald, N. K. (1992). Oak seedling establishment on California rangelands. Journal of Range Management 45, 93—98.

[6] Adkins, S. W. & Peters, N. C. B. (2001). Smoke derived from burnt vegetation stimulates germination of arable weeds. Seed Science Research 11, 213—322.

[7] Ågren, J. (1996). Population size, pollinator limitation, and seed set in the self-incompatible herb Lythrum salicaria. Ecology 77, 1779—1790.

[8] Ågren, J. & Willson, M. F. (1994). Cost of seed production in the perennial herbs Geranium maculatum and G. sylvaticum: an experimental field study. Oikos 70, 35—42.

[9] Aguilera, M. O. & Lauenroth, W. K. (1993). Seedling establishment in adult neighborhoods——intraspecific constraints in the regeneration of the bunchgrass Bouteloua gracilis. Journal of Ecology 81, 253—261.

[10] Agyeman, V. K., Swaine, M. D. & Thompson, J. (1999). Responses of tropical forest tree seedlings to irradiance and the derivation of a light response index. Journal of Ecology 87, 815—827.

[11] Aizen, M. A. & Feinsinger, P. (1994). Forest fragmentation, pollination, and plant reproduction in a Chaco dry forest, Argentina. Ecology 75, 330—351.

[12] Aizen, M. A. & Patterson, W. A. (1990). Acorn size and geographical range in the north American oaks (Quercus L). Journal of Biogeography 17, 327—332.

[13] Aizen, M. A. & Patterson, W. A. (1992). Do big acorns matter: a reply. Journal of Biogeography 19, 581—582.

[14] Akinola, M. O. , Thompson, K. & Buckland, S. M. (1998a). Soil seed bank of an upland grassland after five years of climate and management manipulations. Journal of Applied Ecology 35, 544—552.

[15] Akinola, M. O. , Thompson, K. & Hillier, S. H. (1998b). Development of soil seed banks beneath synthesised meadow communities after seven years of climate and management manipulations. Seed Science Research 8, 493—500.

[16] Allee, W. C. (1931). Animal Aggregations: A Study in General Sociology. Chicago: University of Chicago Press.

[17] Allee, W. C. (1938). The Social Life of Animals. London: William Heinemann.

[18] Allen, R. B. & Platt, K. H. (1990). Annual seedfall variation in Nothofagus solandri (Fagaceae), Canterbury, New Zealand. Oikos 57, 199—206.

[19] Allsopp, N. & Stock, W. D. (1995). Relationships between seed reserves, seedling growth and mycorrhizal responses in 14 related shrubs (Rosidae) from a low-nutrient environment. Functional Ecology 9, 248—254.

[20] Amthor, J. S. (1995). Terrestrial higher-plant response to increasing atmospheric CO_2 in relation to the global carbon-cycle. Global Change Biology 1, 243—274.

[21] Andersen, M. C. (1991). Mechanistic models for the seed shadows of wind-dispersed plants. American Naturalist 137, 476—497.

[22] Andersen, M. C. (1992). An analysis of variability in seed settling velocities of several wind-dispersed Asteraceae. American Journal of Botany 79, 1087—1091.

[23] Anderson, S. (1993). The potential for selective seed maturation in Achillea ptarmica (Asteraceae). Oikos 66, 36—42.

[24] Andersson, C. & Frost, I. (1996). Growth of Quercus robur seedlings after experimental grazing and cotyledon removal. Acta Botanica Neerlandica 45, 85—94.

[25] Appanah, S. (1985). General flowering in the climax rain forests of South-east Asia. Journal of Tropical Ecology 1, 225—240.

[26] Aquinagalde, I. , Perez-Garcia, F. & Gonzalez, A. E. (1990). Flavonoids in seed coats of two Colutea species: ecophysiological aspects. Journal of Basic Microbiology 30, 547—553.

[27] Arathi, H. S. , Ganeshaiah, K. N. , Shaanker, R. U. & Hegde, S. G. (1999). Seed abortion in Pongamia pinnata (Fabaceae). American Journal of Botany 86, 659—662.

[28] Argel, P. J. and Humphreys, L. R. (1983). Environmental effects on seed development and hardseededness in Stylosantheses hamata cv. Verano. I. Temperature. Australian Journal of Agricultural Research 34, 261—270.

[29] Armstrong, J. E. & Irvine, A. K. (1989). Flowering, sex ratios, pollen-ovule ratios, fruit set, and reproductive effort of a dioecious tree, Myristica insipida (Myristicaceae), in two different rain forest communities. American Journal of

Botany 76, 74—85.

[30] Armstrong, D. P. & Westoby, M. (1993). Seedlings from large seeds tolerate defoliation better: a test using phylogenetically independent contrasts. Ecology 74, 1092—1100.

[31] Arriaga, L. (1988). Gap dynamics of a tropical cloud forest in northeastern Mexico. Biotropica 20, 178—184.

[32] Ashman, T.-L. (1994). A dynamic perspective on the physiological cost of reproduction in plants. American Naturalist 144, 300—316.

[33] Ashton, P. M. S., Gamage, S., Gunatilleke, I. A. U. N. & Gunatilleke, C. V. S. (1997). Restoration of a Sri Lankan rainforest: using Caribbean pine Pinus caribaea as a nurse for establishing late-successional tree species. Journal of Applied Ecology 34, 915—925.

[34] Ashton, P. S., Givnish, T. J. & Appanah, S. (1988). Staggered flowering in the Dipterocarpaceae: new insights into floral induction and the evolution of mast fruiting in the aseasonal tropics. American Naturalist 132, 44—66.

[35] Askew, A. P., Corker, D., Hodkinson, D. J. & Thompson, K. (1996). A new apparatus to measure the rate of fall of seeds. Functional Ecology 11, 121—125.

[36] Asquith, N. M., Wright, S. J. & Clauss, M. J. (1997). Does mammal community composition control recruitment in neotropical forests? Evidence from Panama. Ecology 87, 941—946.

[37] Augspurger, C. K. (1981). Reproductive synchrony of a tropical shrub: experimental studies on effects of pollinators and seed predators on Hybanthus prunifolius (Violaceae). Ecology 62, 775—788.

[38] Augspurger, C. K. (1983). Seed dispersal of the tropical tree Platypodium elegans, and the escape of its seedlings from fungal pathogens. Journal of Ecology 71, 759—771.

[39] Augspurger, C. K. (1984). Seedling survival of tropical tree species: interactions of dispersal distance, light gaps, and pathogens. Ecology 65, 1705—1712.

[40] Augspurger, C. K. (1988). Mass allocation, moisture content, and dispersal capacity of wind-dispersed tropical diaspores. New Phytologist 108, 357—368.

[41] Augspurger, C. K. & Kelly, C. K. (1984). Pathogen mortality of tropical tree seedlings: experimental studies of the effects of dispersal distance, seedling density, and light conditions. Oecologia 61, 211—217.

[42] Augspurger, C. K. & Kitajima, K. (1992). Experimental studies of seedling recruitment from contrasting seed distributions. Ecology 73, 1270—1284.

[43] Auld, T. D. (1986). Variation in predispersal seed predation in several Australian Acacia spp. Oikos 47, 319—326.

[44] Ayer, D. J. & Whelan, R. J. (1989). Factors controlling fruit set in hermaphroditic plants: studies with the Australian Proteaceae. Trends in Ecology and Evolution 4,

267—272.

[45] Baker, H. G. (1972). Seed weight in relation to environmental conditions in California. Ecology 53, 997—1010.

[46] Barclay, A. M. & Crawford, R. M. M. (1984) Seedling emergence in the rowan (Sorbus aucuparia) from an altitudinal gradient. Journal of Ecology 72, 627—636.

[47] Barclay, A. S. & Earle, F. R. (1974). Chemical analysis of seeds III. Oil and protein content of 1253 species. Economic Botany 28, 178—236.

[48] Barnea, A., Harborne, J. B. & Pannell, C. (1993). What parts of fleshy fruits contain secondary compounds toxic to birds and why? Biochemical Systematics and Ecology 21, 421—429.

[49] Bashan, Y., Davis, E. A., Carrillo-Garcia, A. & Linderman, R. G. (2000). Assessment of VA mycorrhizal inoculation potential in relation to the establishment of cactus seedlings under mesquite nurse-trees in the Sonoran Desert. Applied Soil Ecology 14, 165—175.

[50] Baskin, C. C. & Baskin, J. M. (1988). Germination ecophysiology of herbaceous plant species in a temperate region. American Journal of Botany 75, 286—305.

[51] Baskin, C. C. & Baskin, J. M. (1998). Seeds: Ecology, Biogeography, and Evolution of Dormancy and Germination. San Diego, CA: Academic Press.

[52] Baskin, J. M. & Baskin, C. C. (1975). Year-to-year variation in the germination of freshly-harvested seeds of Arenaria patula var. robusta from the same site. Journal of the Tennessee Academy of Science 50, 106—108.

[53] Baskin, J. M. & Baskin, C. C. (1976). Effect of photoperiod on germination of Cyperus inflexus seeds. Botanical Gazette 137, 269—273.

[54] Baskin, J. M. & Baskin, C. C. (1982). Effects of wetting and drying cycles on the germination of seeds of Cyperus inflexus. Ecology 63, 248—252.

[55] Baskin, J. M. & Baskin, C. C. (2000). Evolutionary considerations of claims for physical dormancy-break by microbial action and abrasion by soil particles. Seed Science Research 10, 409—413.

[56] Baskin, J. M., Snyder, K. M., Walck, J. L. & Baskin, C. C. (1997). The comparative autecology of endemic, globally-rare, and geographically-widespread, common plant species: three case studies. Southwestern Naturalist 42, 384—399.

[57] Batlla, D., Kruk, B. C. & Benech Arnold, R. L. (2000). Very early detection of canopy presence by seeds through perception of subtle modifications in red: far red signals. Functional Ecology 14, 195—202.

[58] Bazzaz, F. A., Carlson, R. W. & Harper, J. L. (1979). Contribution to reproductive effort by photosynthesis of flowers and fruits. Nature 279, 554—555.

[59] Bazzaz, F. A., Ackerly, D. D. & Reekie, E. G. (2000). Reproductive allocation in plants. In Seeds: The Ecology of Regeneration in Plant Communities, ed. M.

Fenner. Wallingford, UK: CABI, pp. 1－29.

［60］ Beattie, A. J. & Culver, D. C. (1982). Inhumation: how ants and other invertebrates help seeds. Nature 297, 627.

［61］ Becker, P. & Wong, M. (1985). Seed dispersal, seed predation, and juvenile mortality of Aglaia sp. (Meliaceae) in lowland Dipterocarp rainforest. Biotropica 17, 230－237.

［62］ Beckstead, J., Meyer, S. E. and Allen, P. S. (1996). Bromus tectorum seed germination: between-population and between-year variation. Canadian Journal of Botany 74, 875－882.

［63］ Bekker, R. M., Bakker, J. P., Grandin, U., et al. (1998a). Seed size, shape and vertical distribution in the soil: indicators of seed longevity. Functional Ecology 12, 834－842.

［64］ Bekker, R. M., Knevel, I. C., Tallowin, J. B. R., Troost, E. M. L. & Bakker, J. P. (1998b). Soil nutrient input effects on seed longevity: a burial experiment with fen meadow species. Functional Ecology 12, 673－682.

［65］ Bekker, R. M., Oomes, M. J. M. & Bakker, J. P. (1998c). The impact of groundwater level on soil seed bank survival. Seed Science Research 8, 399－404.

［66］ Benech Arnold, R. L., Ghersa, C. M., Sanchez, R. A. & Garcia Fernandez, A. E. (1988). The role of fluctuating temperatures in the germination and establishment of Sorghum halepense (L.) Pers. － regulation of germination under leaf canopies. Functional Ecology 2, 311－318.

［67］ Benech Arnold, R. L., Fenner, M. & Edwards, P. J. (1991). Changes in germinability, ABA levels and ABA embryonic sensitivity in developing seeds of Sorghum bicolor (L.) Moench. induced by water stress during grain filling. New Phytologist 118, 339－347.

［68］ Benech Arnold, R. L., Fenner, M. & Edwards, P. J. (1992). Changes in dormancy level in Sorghum halepense seeds induced by water stress during seed development. Functional Ecology 6, 596－605.

［69］ Benech Arnold, R. L., Fenner, M. & Edwards, P. J. (1995). Influence of potassium nutrition on germinability, abscisic acid content and sensitivity of embryo to abscisic acid in developing seeds of Sorghum bicolor (L.) Moench. New Phytologist 130, 207－216.

［70］ Benkman, C. W. (1995). Wind dispersal capacity of pine seeds and the evolution of different seed dispersal modes in pines. Oikos 73, 221－224.

［71］ Benner, B. L. and Bazzaz, F. A. (1985). Response of the annual Abutilon theophrasti Medic. (Malvaceae) to timing of nutrient availability. American Journal of Botany 72, 320－323.

［72］ Bennett, A. & Krebs, J. (1987). Seed dispersal by ants. Trends in Ecology and

Evolution 2, 291—292.

[73] Benvenuti, S., Macchia, M. & Miele, S. (2001). Light, temperature and burial depth effects on Rumex obtusifolius seed germination and emergence. Weed Research 41, 177—186.

[74] Benzing, D. H. & Davidson, E. A. (1979). Oligotrophic Tillandsia circinnata Schlecht (Bromeliaceae): an assessment of its patterns of mineral allocation and reproduction. American Journal of Botany 66, 386—397.

[75] Berg, R. Y. (1981). The role of ants in seed dispersal in Australian lowland heathland. In Heathlands and Related Shrublands of the World. B. Analytical Studies, ed. R. L. Specht, Amsterdam: Elsevier, pp. 51—59.

[76] Berkowitz, A. R., Canham, C. D. & Kelly, V. R. (1995). Competition vs. facilitation of tree seedling growth and survival in early successional communities. Ecology 76, 1156—1168.

[77] Berrie, A. M. & Drennan, D. S. M. (1971). The effect of hydration-dehydration on seed germination. New Phytologist 70, 135—142.

[78] Bertness, M. D. & Hacker, S. D. (1994). Physical stress and positive associations among marsh plants. American Naturalist 144, 363—372.

[79] Bevington, J. (1986). Geographic differences in the seed germination of paper birch (Betula papyrifera). American Journal of Botany 73, 564—573.

[80] Bewley, J. D. & Black, M. (1978). Physiology and Biochemistry of Seeds in Relation to Germination, Vol. 1. Berlin: Springer-Verlag.

[81] Bewley, J. D. & Black, M. (1982). Physiology and Biochemistry of Seeds in Relation to Germination, Vol. 2. Berlin: Springer-Verlag.

[82] Bewley, J. D. & Black, M. (1994). Seeds. Physiology of Development and Germination, 2nd edn. New York: Plenum.

[83] Bhaskar, A. & Vyas, K. G. (1988). Studies on competition between wheat and Chenopodium album L. Weed Research 28, 53—58.

[84] Bierzychudek, P. (1981). Pollinator limitation of plant reproductive effort. American Naturalist 117, 838—840.

[85] Biscoe, P. V., Gallagher, J. N., Littlejohn, E. J., Monteith, J. L. & Scott, R. K. (1975). Barley and its environment. IV. Sources of assimilate for the grain. Journal of Applied Ecology 12, 295—318.

[86] Black, M. & Wareing, P. F. (1955). Growth studies in woody species. VII. Photoperiodic control of germination in Betula pubescens Ehrh. Physiologia Plantarum 8, 300—316.

[87] Blake, J. G., Hanowski, J. M., Niemi, G. J. & Collins, P. T. (1994). Annual variation in bird populations of mixed conifer-northern hardwood forests. Condor 96, 381—399.

[88] Blaney, C. S. & Kotanen, P. M. (2001). Effects of fungal pathogens on seeds of native and exotic plants: a test using congeneric pairs. Journal of Applied Ecology 38, 1104—1113.

[89] Blaney, C. S. & Kotanen, P. M. (2002). Persistence in the seed bank: the effects of fungi and invertebrates on seeds of native and exotic plants. Ecoscience 9, 509—517.

[90] Bliss, D. & Smith, H. (1985). Penetration of light into soil and its role in the control of seed germination. Plant, Cell and Environment 8, 475—483.

[91] Bolker, B. M. & Pacala, S. W. (1999). Spatial moment equations for plant competition: understanding spatial strategies and the advantages of short dispersal. American Naturalist 153, 575—602.

[92] Bond, W. J. & Slingsby, P. (1984). Collapse of an ant-plant mutualism: the Argentine ant (Iridomyrmex humilis) and myrmecochorous Proteaceae. Ecology 65, 1031—1037.

[93] Bond, W. J. & Stock, W. D. (1989). The costs of leaving home: ants disperse myrmecochorous seeds to low nutrient sites. Oecologia 81, 412—417.

[94] Bond, W. J., Honig, M. & Maze, K. E. (1999). Seed size and seedling emergence: an allometric relationship and some ecological implications. Oecologia 120, 132—136.

[95] Bonfil, C. (1998). The effects of seed size, cotyledon reserves, and herbivory on seedling survival and growth in Quercus rugosa and Q. laurina (Fagaceae). American Journal of Botany 85, 79—87.

[96] Bonnewell, V., Koukkari, W. L. and Pratt, D. C. (1983). Light, oxygen, and temperature requirements for Typha latifolia seed germination. Canadian Journal of Botany 61, 1330—1336.

[97] Bosch, M. & Waser, N. M. (1999). Effects of local density on pollination and reproduction in Delphinium nuttallianum and Aconitum columbianum (Ranunculaceae). American Journal of Botany 86, 871—879.

[98] Bostock, S. J. & Benton, R. A. (1979). The reproductive strategies of five perennial Compositae. Journal of Ecology 67, 91—107.

[99] Bosy, J. & Aarssen, L. W. (1995). The effect of seed orientation on germination in a uniform environment: differential success without genetic or environmental variation. Journal of Ecology 83, 769—773.

[100] Bosy, J. L. & Reader, R. J. (1995). Mechanisms underlying the suppression of forb seedling emergence by grass (Poa pratensis) litter. Functional Ecology 9, 635—639.

[101] Bouwmeester, H. J., Derks, L., Keizer, J. L. & Karssen, C. M. (1994). Effects of endogenous nitrate content of Sisymbrium officinale seeds on germination and dormancy. Acta Botanica Neerlandica 43, 39—50.

[102] Boyd, R. S. (2001). Ecological benefits of myrmecochory for the endangered chaparral shrub Fremontodendron decumbens (Sterculiaceae). American Journal of Botany 88, 234—241.

[103] Bradford, K. J. (1995). Water relations in seed germination rates. In Seed Development and Germination, ed. J. Kigel & G. Galili, New York: Marcel Dekker, pp. 351—396.

[104] Brew, C. R., O'Dowd, D. J. & Rae, I. D. (1989). Seed dispersal by ants: behaviour-releasing compounds in elaiosomes. Oecologia 80, 490—497.

[105] Briese, D. T. (2000). Impact of the Onopordium capitulum weevil Larinus latus on seed production by its host-plant. Journal of Applied Ecology 37, 238—246.

[106] Brody, A. K. & Mitchell, R. J. (1997). Effects of experimental manipulation of inflorescence size on pollination and pre-dispersal seed predation in the hummingbird-pollinated plant Ipomopsis aggregata. Oecologia 110, 86—93.

[107] Brokaw, N. & Busing, R. T. (2000). Niche versus chance and tree diversity in forest gaps. Trends in Ecology and Evolution 15, 183—188.

[108] Brooker, R. W. & Callaghan, T. V. (1998). The balance between positive and negative plant interactions and its relationship to environmental gradients: a model. Oikos 81, 196—207.

[109] Brookes, P. D., Wingston, D. L. & Bourne, W. F. (1980). The dependence of Quercus robur and Q. petraea seedlings on cotyledon potassium, magnesium, calcium, and phosphorus during the first year of growth. Forestry 53, 167—177.

[110] Brown, D. (1992). Estimating the composition of a forest seed bank: a comparison of the seed extraction and seedling emergence methods. Canadian Journal of Botany 70, 1603—1612.

[111] Brown, N. A. C. (1993). Promotion of germination of fynbos seeds by plant-derived smoke. New Phytologist 123, 575—583.

[112] Brown, N. D. & Jennings, S. (1998). Gap-size niche differentiation by tropical rainforest trees: a testable hypothesis or a broken-down bandwagon. In Dynamics of Tropical Communities, ed. D. M. Newbery, H. H. T. Prins & N. Brown, Oxford: Blackwell Science, pp. 79—93.

[113] Brown, B. J. & Mitchell, R. J. (2001). Competition for pollination: effects of pollen of an invasive plant on seed set of a native congener. Oecologia 129, 43—49.

[114] Brown, A. H. F. & Oosterhuis, L. (1981). The role of buried seeds in coppicewoods. Biological Conservation 21, 19—38.

[115] Brown, N. A. C., Kotze, G. & Botha, P. A. (1993). The promotion of seed-germination of Cape Erica species by plant derived smoke. Seed Science & Technology 21, 573—580.

[116] Brown, N. A. C., Jamieson, H. & Botha, P. A. (1994). Stimulation of seed-

germination in South African species of Restionaceae by plant-derived smoke. Plant Growth Regulation 15, 93—100.

[117] Brys, R., Jacquemyn, H., Endels, P., et al. (2004). Reduced reproductive success in small populations of the self-incompatible Primula vulgaris. Journal of Ecology 92, 5—14.

[118] Buckland, S. M., Thompson, K., Hodgson, J. G. & Grime, J. P. (2001). Grassland invasions: effects of manipulations of climate and management. Journal of Applied Ecology 38, 301—309.

[119] Bullock, J. M. (2000). Gaps and seedling colonization. In Seeds: The Ecology of Regeneration in Plant Communities, 2nd edn, ed. M. Fenner, Wallingford, UK: CABI, pp. 375—395.

[120] Bullock, J. M. & Clarke, R. T. (2000). Long distance seed dispersal by wind: measuring and modelling the tail of the curve. Oecologia 124, 506—521.

[121] Bullock, J. M., Hill, B. C., Dale, M. P. & Silvertown, J. (1994). An experimental study of the effects of sheep grazing on vegetation change in a species-poor grassland and the role of seedlings recruitment into gaps. Journal of Applied Ecology 31, 493—507.

[122] Bullock, J. M., Moy, I. L., Pywell, R. F., et al. (2002). Plant dispersal and colonization processes at local and landscape scales. In Dispersal Ecology, ed. J. M. Bullock, R. E. Kenward & R. S. Hails, Oxford: Blackwell Science, pp. 279—302.

[123] Burd, M. (1994). Bateman's principle and plant reproduction: the role of pollen limitation in fruit and seed set. Botanical Review 60, 89—137.

[124] Burd, M. (1998). "Excess" flower production and selective fruit abortion: a model of potential benefits. Ecology 79, 2123—2132.

[125] Burkey, T. V. (1994). Tropical tree species diversity: a test of the Janzen—Connell model. Oecologia 97, 533—40.

[126] Burt-Smith, G. S., Grime, J. P. & Tilman, D. (2003). Seedling resistance to herbivory as a predictor of relative abundance in a synthesised prairie community. Oikos 101, 345—353.

[127] Cabin, R. J. & Marshall, D. L. (2000). The demographic role of soil seed banks. I. Spatial and temporal comparisons of below-and above-ground populations of the desert mustard Lesquerella fendleri. Journal of Ecology 88, 283—292.

[128] Cabin, R. J., Marshall, D. L. & Mitchell, R. J. (2000). The demographic role of soil seed banks. II. Investigations of the fate of experimental seeds of the desert mustard Lesquerella fendleri. Journal of Ecology 88, 293—302.

[129] Caccia, F. D. & Ballare, C. l. (1998). Effects of tree cover, understory vegetation, and litter on regeneration of Douglas fir (Pseudotsuga menziesii) in

south western Argentina. Canadian Journal of Forest Research 28, 683—692.

[130] Cain, M. L. , Damman, H. &. Muir, A. (1998). Seed dispersal and the Holocene migration of woodland herbs. Ecological Monographs 68, 325—347.

[131] Callaway, R. M. (1992). Effect of shrub on recruitment of Quercus douglasii and Quercus lobata in California. Ecology 73, 2118—2128.

[132] Callaway, R. M. &. Pugnaire, F. I. (1999). Facilitation in plant communities. In Handbook of Functional Plant Ecology, ed. F. I. Pugnaire &. F. Valladares, New York: Marcel Dekker, pp. 623—648.

[133] Callaway, R. M. &. Walker, L. R. (1997). Competition and facilitation: a synthetic approach to interactions in plant communities. Ecology 78, 1958—1965.

[134] Calow, P. (ed.) (1998). The Encyclopedia of Ecology &. Environmental Management. Oxford: Blackwell Science.

[135] Calvino-Cancela, M. (2002). Spatial patterns of seed dispersal and seedling recruitment in Corema album (Empetraceae): the importance of unspecialized dispersers for regeneration. Journal of Ecology 90, 775—784.

[136] Camacho-Cruz, A. , González-Espinosa, M. , Wolf, J. H. D. &. De Jong, B. H. J. (2000). Germination and survival of tree species in disturbed forests of the highlands of Chiapas, Mexico. Canadian Journal of Botany 78, 1309—1318.

[137] Caron, G. E. , Wang, B. S. P. and Schooley, H. O. (1993). Variation in Picea glauca seed germination associated with the year of cone collecton. Canadian Journal of Forest Research 23, 1306—1313.

[138] Caruso, C. M. &. Alfaro, M. (2000). Interspecific pollen transfer as a mechanism of competition: effect of Castilleja linariaefolia pollen on seed set of Ipomopsis aggregata. Canadian Journal of Botany 78, 600—606.

[139] Casal, J. J. &. Sánchez, R. A. (1998). Phytochromes and seed germination. Seed Science Research 8, 317—329.

[140] Catovsky, S. &. Bazzaz, F. A. (2000). The role of resource interactions and seedling regeneration in maintaining a positive feedback in hemlock stands. Journal of Ecology 88, 100—112.

[141] Cavers, P. B. &. Steel, M. G. (1984) Patterns of change in seed weights over time on individual plants. American Naturalist 124, 324—335.

[142] Cavieres, L. A. &. Arroyo, M. T. K. (2001). Persistent soil seed banks in Phacelia secunda (Hydrophyllaceae): experimental detection of variation along an altitudinal gradient in the Andes of central Chile (33 degrees S). Journal of Ecology 89, 31—39.

[143] Cerabolini, B. , Ceriani, R. M. , Caccianiga, M. , Andreis, R. D. &. Raimondi, B. (2003). Seed size, shape and persistence in soil: a test on Italian flora from Alps to Mediterranean coasts. Seed Science Research 13, 75—85.

[144] Chadouef-Hannel, R. and Barralis, G. (1983). Evolution de l'aptitude àgermer des grains d'Amaranthus retroflexus L. récoltées dans conditions différentes, au cours de leur conservation. Weed Research 23, 109−117.

[145] Chaitanya, K. S. K. & Naithani, S. C. (1994). Role of superoxide, lipid peroxidation and superoxide dismutase in membrane perturbation during loss of viability in seeds of Shorea robusta Gaertn. f. New Phytologist 126, 623−627.

[146] Chambers, J. C. (1995). Relationships between seed fates and seedling establishment in an alpine ecosystem. Ecology 76, 2124−2133.

[147] Charlesworth, D. (1989). Evolution of low female fertility in plants: pollen limitation, resource allocation and genetic load. Trends in Ecology and Evolution 4, 289−292.

[148] Chen, H. & Maun, M. A. (1999). Effects of sand burial depth on seed germination and seedling emergence of Cirsium pitcheri. Plant Ecology 140, 53−60.

[149] Cheplick, G. P. (1992). Sibling competition in plants. Journal of Ecology 80, 567−75.

[150] Cheplick, G. P. & Clay, K. (1989). Convergent evolution of cleistogamy and seed heteromorphism in 2 perennial grasses. Evolutionary Trends in Plants 3, 127−136.

[151] Chidumayo, E. N. (1997). Fruit production and seed predation in two miombo woodland trees in Zambia. Biotropica 29, 452−458.

[152] Child, R. (1974). Coconuts. London: Longman.

[153] Chippindale, H. G. & Milton, W. E. J. (1934). On the viable seeds present in the soil beneath pastures. Journal of Ecology 22, 508−531.

[154] Chmielewski, J. G. (1999). Consequences of achene biomass, within-achene allocation patterns, and pappus on germination in ray and disc achenes of Aster umbellatus var. umbellatus (Asteraceae). Canadian Journal of Botany 77, 426−433.

[155] Cho, D. S. & Boerner, R. E. J. (1991). Canopy disturbance patterns and regeneration of Quercus species in two Ohio old-growth forests. Vegetatio 93, 9−18.

[156] Christian, C. E. (2001). Consequences of a biological invasion reveal the importance of mutualism for plant communities. Nature 413, 635−639.

[157] Cintra, R. (1997a). A test of the Janzen-Connell model with two common tree species in Amazonian forest. Journal of Tropical Ecology 13, 641−658.

[158] Cintra, R. (1997b). Leaf litter effects on seed and seedling predation of the palm Astrocaryum murumuru and the legume tree Dipteryx micrantha in Amazonian forest. Journal of Tropical Ecology 13, 709−725.

[159] Cipollini, M. L. & Levey, D. J. (1997). Secondary metabolites of fleshy vertebrate-dispersed fruits: adaptive hypotheses and implications for seed dispersal. American Naturalist 150, 346−372.

[160] Cipollini, M. L. & Levey, D. J. (1998). Secondary metabolites as traits of ripe fleshy fruits: a response to Eriksson and Ehrlen. American Naturalist 152, 908−911.

[161] Cipollini, M. L. & Stiles, E. W. (1991). Costs of reproduction in Nyssa

sylvatica: sexual dimorphism in reproductive frequency and nutrient flux. Oecologia 86, 585—593.

[162] Cipollini, M. L. & Whigham, D. F. (1994). Sexual dimorphism and cost of reproduction in the dioecious shrub Lindera benzoin (Lauraceae). American Journal of Botany 81, 65—75.

[163] Clapham, A. R. (ed.) (1969). Flora of Derbyshire. Derby: County Borough of Derby.

[164] Clark, D. A. & Clark, D. B. (1984). Spacing dynamics of a tropical rain forest tree: evaluation of the Janzen-Connell model. American Naturalist 124, 769—788.

[165] Clark, D. B. & Clark, D. A. (1985). Seedling dynamics of a tropical tree: impacts of herbivory and meristem damage. Ecology 66, 1884—1892.

[166] Clark, D. B. & Clark, D. A. (1989). The role of physical damage in the seedling mortality regime of a neotropical rain forest. Oikos 55, 225—230.

[167] Clark, D. B. & Clark, D. A. (1991). The impact of physical damage on canopy tree regeneration in tropical rain forest. Journal of Ecology 79, 447—457.

[168] Cody, M. L. (1966). A general theory of clutch size. Evolution 20, 174—184.

[169] Cody, M. L. & Overton, J. M. (1996). Short-term evolution of reduced dispersal in island plant populations. Journal of Ecology 84, 53—61.

[170] Cohen, D. (1966). Optimizing reproduction in a randomly varying environment. Journal of Theoretical Biology 12, 119—129.

[171] Collingham, Y. C., Wadsworth, R. A., Huntley, B. & Hulme, P. E. (2000). Predicting the spatial distribution of non-indigenous riparian weeds: issues of spatial scale and extent. Journal of Applied Ecology 37, 13—27.

[172] Collins, S. L. & Barber, S. C. (1985). Effects of disturbance on diversity in mixed grass prairie. Vegetatio 64, 87—94.

[173] Collins, B. G. & Rebelo, T. (1987). Pollination biology of the Proteaceae in Australia and Southern Africa. Australian Journal of Ecology 12, 387—421.

[174] Collins, S. L., Glen, S. M. & Gibson, D. J. (1995). Experimental analysis of intermediate disturbance and initial floristic composition: decoupling cause and effect. Ecology 76, 486—492.

[175] Condit, R., Hubbell, S. P. & Foster, R. B. (1992). Recruitment near conspecific adults and the maintenance of tree and shrub diversity in a neotropical forest. American Naturalist 140, 261—286.

[176] Connell, J. H. (1971). On the role of natural enemies in preventing competitive exclusion in some marine animals and in rain forest trees. In Dynamics of Populations, ed. P. J. den Boer & G. R. Gradwell, Wageningen: Centre for Agricultural Publishing and Documentation, pp. 298—310.

[177] Connell, J. H. (1978). Diversity in tropical rain forests and coral reefs. Science

199, 1302—1310.

[178] Connell, J. H. & Green, P. T. (2000). Seedling dynamics over thirty-two years in a tropical rain forest tree. Ecology 81, 568—584.

[179] Connell, J. H. & Slatyer, R. O. (1977). Mechanisms of succession in natural communities and their role in community stability and organisation. American Naturalist 111, 119—144.

[180] Conner, J. K. & Rush, S. (1996). Effects of flower size and number on pollinator visitation to wild radish, Raphanus raphanistrum. Oecologia 105, 509—516.

[181] Corbineau, F. & Côme, D. (1982). Effect of intensity and duration of light at various temperatures on the germination of Oldenlandia corymbosa L. seeds. Plant Physiology 70, 1518—1520.

[182] Cornelissen, J. H. C. , Castro Diez, P. & Hunt, R. (1996). Seedling growth, allocation and leaf attributes in a wide range of woody plant species and types. Journal of Ecology 84, 755—765.

[183] Cornett, M. W. , Reich, P. B. , Puettmann, K. J. & Frelich, L. E. (2000). Seedbed and moisture availability determine safe sites for early Thuja occidentalis (Cupressaceae) regeneration. American Journal of Botany 87, 1807—1814.

[184] Crawford, R. M. M. (1989). Studies in Plant Survival. Oxford: Blackwell.

[185] Crawley, M. J. (1992). Seed predators and plant population dynamics. In Seeds: The Ecology of Regeneration in Plant Communities, Ist edn, ed. M. Fenner. Wallingford, UK: CAB International, pp. 157—191.

[186] Crawley, M. J. (1997). Life history and environment. In Plant Ecology, 2nd edn, ed. M. J. Crawley. Oxford: Blackwell, pp. 73—131.

[187] Crawley, M. J. & Gillman, M. P. (1989). Population dynamics of cinnabar moth and ragwort in grassland. Journal of Animal Ecology 58, 1035—1050.

[188] Crawley, M. J. & Long, C. R. (1995). Alternate bearing, predator satiation and seedling recruitment in Quercus robur L. Journal of Ecology 83, 683—696.

[189] Crawley, M. J. , Brown, S. L. , Heard, M. S. & Edwards, G. R. (1999). Invasion-resistance in experimental grassland communities: species richness or species identity? Ecology Letters 2, 140—148.

[190] Cresswell, E. & Grime, J. P. (1981). Induction of a light requirement during seed development and its ecological consequences. Nature 291, 583—585.

[191] Crist, T. O. & Friese, C. F. (1993). The impact of fungi on soil seeds: implications for plants and granivores in a semiarid shrub-steppe. Ecology 74, 2231—2239.

[192] Csontos, P. & Tamas, J. (2003). Comparisons of soil seed bank classification systems. Seed Science Research 13, 101—111.

[193] Culley, T. M. , Weller, S. G. , Sakai, A. K. & Rankin, A. E. (1999). Inbreeding depression and selfing rates in a self-compatible, hermaphroditic species, Schiedea

membranacea (Caryophyllaceae). American Journal of Botany 86, 980—987.

[194] Cumming, B. G. (1963). The dependence of germination on photoperiod, light quality, and temperature in Chenopodium spp. Canadian Journal of Botany 41, 1211—1233.

[195] Cummins, R. P. & Miller, G. R. (2002). Altitudinal gradients in seed dynamics of Calluna vulgaris in eastern Scotland. Journal of Vegetation Science 13, 859—866.

[196] Cunningham, S. A. (1996). Pollen supply limits fruit initiation by a rain forest understorey palm. Journal of Ecology 84, 185—194.

[197] Dalling, J. W. & Harms, K. E. (1999). Damage tolerance and cotyledonary resource use in the tropical tree Gustavia superba. Oikos 85, 257—264.

[198] Dalling, J. W. & Hubbell, S. P. (2002). Seed size, growth rate and gap microsite conditions as determinants of recruitment success for pioneer species. Journal of Ecology 90, 557—568.

[199] Dalling, J. W., Swaine, M. D. & Garwood, N. C. (1998). Dispersal patterns and seed bank dynamics of pioneer trees in moist tropical forest. Ecology 79, 564—578.

[200] Danvind, M. & Nilsson, C. (1997). Seed floating ability and distribution of alpine plants along a northern Swedish river. Journal of Vegetation Science 8, 271—276.

[201] Darwin, C. (1876). The Effects of Cross and Self Fertilisation in the Vegetable Kingdom. London: Murray.

[202] Daskalakou, E. N. & Thanos, C. A. (1996). Aleppo pine (Pinus halepensis) postfire regeneration: the role of canopy and soil seed banks. International Journal of Wildland Fire 6, 59—66.

[203] Davidson, D. W. (1993). The effects of herbivory and granivory on terrestrial plant succession. Oikos 68, 23—35.

[204] Davidson, D. W. & Morton, S. R. (1981). Myrmecochory in some plants (F. Chenopodiaceae) of the Australian arid zone. Oecologia 50, 357—366.

[205] Davidson, D. W. & Morton, S. R. (1984). Dispersal adaptations of some Acacia species in the Australian arid zone. Ecology 65, 1038—1051.

[206] Davison, A. W. (1977). The ecology of Hordeum murinum L. III: some effects of adverse climate. Journal of Ecology 65, 523—530.

[207] Davy, A. J., Bishop, G. F. & Costa, C. S. B. (2001). Salicornia L. (Salicornia pusilla J. Woods, S. ramosissima J. Woods, S. europaea L., S. obscura P. W. Ball & Tutin, S. nitens P. W. Ball & Tutin, S. fragilis P. W. Ball & Tutin and S. dolichostachya Moss). Journal of Ecology 89, 681—707.

[208] Death, R. G. & Winterbourn, M. J. (1995). Diversity patterns in stream benthic invertebrate communities: the influence of habitat stability. Ecology 76, 1446—1460.

[209] Debaene-Gill, S. B., Allen, P. S. & White, D. B. (1994). Dehydration of germinating ryegrass seeds can alter rate of subsequent radicle emergence. Journal

of Experimental Botany 45, 1301—1307.

[210] De Jong, T. J. (1986). Effects of reproductive and vegetative sink activity on leaf conductance and water potential in Prunus persica cultivar Fantasia. Scientific Horticulture 29, 131—138.

[211] De Jong, G. (1995). Phenotypic plasticity as a product of selection in a variable environment. American Naturalist 145, 493—512.

[212] De Jong, T. J., Waser, N. M. & Klinkhamer, P. G. L. (1993). Geitonogamy-the neglected side of selfing. Trends in Ecology and Evolution 8, 321—325.

[213] De Lange, J. H. & Boucher, C. (1990). Autecological studies on Audouinia capitata (Bruniaceae). I. Plant-derived smoke as a seed germination cue. South African Journal of Botany 56, 700—703.

[214] Del Moral, R. W. (1993). Early primary succession on the volcano Mount St. Helens. Journal of Vegetation Science 4, 223—234.

[215] Delph, L. F. (1986). Factors regulating fruit and seed production in the desert annual Lesquerella gordonii. Oecologia 69, 471—476.

[216] Densmore, R. V. (1997). Effect of day length on germination of seeds collected in Alaska. American Journal of Botany 84, 274—278.

[217] Deregibus, V. A., Casal, J. J., Jacobo, E. J., et al. (1994). Evidence that heavy grazing may promote the germination of Lolium multiflorum seeds via phytochrome-mediated perception of high red/far-red ratios. Functional Ecology 8, 536—542.

[218] Díaz, S. & Cabido, M. (1997). Plant functional types and ecosystem function in relation to global change. Journal of Vegetation Science 8, 463—474.

[219] Difazio, S. P., Wilson, M. V. & Vance, N. C. (1998). Factors limiting seed production of Taxus brevifolia (Taxaceae) in Western Oregon. American Journal of Botany 85, 910—918.

[220] Dinsdale, J. M., Dale, M. P. & Kent, M. (2000). Microhabitat availability and seedling recruitment of Lobelia urens: a rare plant species at its geographical limit. Seed Science Research 10, 471—487.

[221] Dirzo, R. & Harper, J. L. (1980). Experimental studies on plant-slug interactions II. The effect of grazing by slugs on high density monocultures of Capsella bursa-pastoris and Poa annua. Journal of Ecology 68, 999—1011.

[222] Dixon, K. W., Roche, S. & Pate, J. S. (1995). The promotive effect of smoke derived from burnt native vegetation on seed germination of Western Australian plants. Oecologia 101, 185—192.

[223] Domínguez, C. A. (1995). Genetic conflicts of interest in plants. Trends in Ecology & Evolution 10, 412—416.

[224] Donaldson, J. S. (1993). Mast-seeding in the cycad genus Encephalartos: a test of

the predator satiation hypothesis. Oecologia 94, 262—271.

[225] Dorne, A. J. (1981). Variation in seed germination inhibition of Chenopodium bonus-henricus in relation to altitude of plant growth. Canadian Journal of Botany 59, 1893—1901.

[226] Doucet, C. & Cavers, P. B. (1997). Induced dormancy and colour polymorphism in seeds of the bull thistle Cirsium vulgare (Savi) Ten. Seed Science Research 7, 399—407.

[227] Douglas, D. A. (1981). The balance between vegetative and sexual reproduction of Mimulus primuloides (Scrophulariaceae) at different altitudes in California. Journal of Ecology 69, 295—310.

[228] Drake, D. R. (1992). Seed dispersal of Metrosideros polymorpha (Myrtaceae), a pioneer tree of Hawaiian lava flows. American Journal of Botany 79, 1224—1228.

[229] Dubrovsky, J. G. (1996). Seed hydration memory in Sonoran Desert cacti and its ecological implication. American Journal of Botany 83, 624—632.

[230] Dudash, M. R. (1993). Variation in pollen limitation among individuals of Sabatia angularis (Gentianaceae). Ecology 74, 959—962.

[231] Dwzonko, Z. & Loster, S. (1992). Species richness and seed dispersal to secondary woods in southern Poland. Journal of Biogeography 19, 195—204.

[232] Eck, H. V. (1986), Effects of water deficits on yield, yield components, and water use efficiency of irrigated corn. Agronomy Journal 78, 1035—1040.

[233] Eckhart, V. M. (1991). The effects of floral display on pollinator visitation vary among populations of Phacelia linearis (Hydrophyllaceae). Evolutionary Ecology 5, 370—384.

[234] Edwards, G. R. & Crawley, M. J. (1999a). Effects of disturbance and rabbit grazing on seedling recruitment of six grassland species. Seed Science Research 9, 145—156.

[235] Edwards, G. R. & Crawley, M. J. (1999b). Herbivores, seed banks and seedling recruitment in mesic grassland. Journal of Ecology 87, 423—435.

[236] Edwards, W. & Westoby, M. (1996). Reserve mass and dispersal investment in relation to geographic range of plant species: phylogenetically independent contrasts. Journal of Biogeography 23, 329—338.

[237] Edwards, P. J., Kollmann, J. & Fleischmann, K. (2002). Life history evolution in Lodoicea maldivica (Arecaceae). Nordic Journal of Botany 22, 227—237.

[238] Egli, D. B., Wiralaga, R. A. & Ramseur, E. L. (1987). Variation in seed size in soybean. Agronomy Journal 79, 463—467.

[239] Ehrlén, J. (1991). Why do plants produce surplus flowers? A reserve ovary model. American Naturalist 138, 918—933.

[240] Ehrlén, J. (1992). Proximate limits to seed production in a herbaceous perennial

legume, Lathyrus vernus. Ecology 73, 1820—1831.

[241] Ehrlén, J. (1993). Ultimate functions of non-fruiting flowers in Lathyrus vernus. Oikos 68, 45—52.

[242] Ehrlén, J. (1996). Spatiotemporal variation in predispersal seed predation intensity. Oecologia 108, 708—713.

[243] Ehrlén, J. & Eriksson, O. (1993). Toxicity in fleshy fruits — a nonadaptive trait. Oikos 66, 107—113.

[244] Ehrlén, J. & Eriksson, O. (2000). Dispersal limitation and patch occupancy in forest herbs. Ecology 81, 1667—1674.

[245] Ehrlén, J. , Käck, S. & Ågren, J. (2002). Pollen limitation, seed predation and scape length in Primula farinosa. Oikos 97, 45—51.

[246] Eis, S. , Garman, E. H. & Ebel, L. F. (1965). Relation between cone production and diameter increment of Douglas fir (Pseudotsuga menziesii (Mirb.) Franco), grand fir (Abies grandis Dougl.), and western white pine (Pinus monticola Dougl.). Canadian Journal of Botany 43, 1553—1559.

[247] Ekstam, B. & Forseby, A. (1999). Germination response of Phragmites australis and Typha latifolia to diurnal fluctuations in temperature. Seed Science Research 9, 157—163.

[248] Ekstam, B. , Johannesson, R. & Milberg, P. (1999). The effect of light and number of diurnal temperature fluctuations on germination of Phragmites australis. Seed Science Research 9, 165—170.

[249] Elberse, W. T. & Breman, H. (1990). Germination and establishment of Sahelian rangeland species. II. Effects of water availability. Oecologia 85, 32—40.

[250] Eldridge, D. J. , Westoby, M. & Holbrook, K. G. (1991). Soil surface characteristics, microtopography and proximity to mature shrubs: effects on survival of several cohorts of Atriplex vesicaria seedlings. Journal of Ecology 79, 357—364.

[251] El-Kassaby, Y. A. & Barclay, H. J. (1992). Cost of reproduction in Douglas fir. Canadian Journal of Botany 70, 1429—1432.

[252] Ellis, R. H. & Roberts, E. H. (1980). Improved equations for the prediction of seed longevity. Annals of Botany 45, 13—30.

[253] Ellison, A. M. (1987). Effect of seed dimorphism on the density-dependent dynamics of experimental populations of Atriplex triangularis (Chenopodiaceae). American Journal of Botany 74, 1280—1288.

[254] Ellner, S. (1986). Germination dimorphisms and parent-offspring conflict in seed germination. Journal of Theoretical Biology 123, 173—186.

[255] Ellner, S. & Shmida, A. (1981). Why are adaptations for long-range seed dispersal rare in desert plants? Oecologia 51, 133—144.

[256] Ellstrand, N. C. & Elam, D. R. (1993). Population genetic consequences of small

population-size: implications for plant conservation. Annual Review of Ecology and Systematics 24, 217—242.

[257] Enright, N. J. , Marsula, R. , Lamont, B. B. & Wissel, C. (1998). The ecological significance of canopy seed storage in fire-prone environments: a model for non-sprouting shrubs. Journal of Ecology 86, 946—959.

[258] Eriksson, O. (1995). Seedling recruitment in deciduous forest herbs: the effects of litter, soil chemistry and seed bank. Flora 190, 65—70.

[259] Eriksson, O. & Ehrlén, J. (1992). Seed and microsite limitation of recruitment in plant populations. Oecologia 91, 360—364.

[260] Eriksson, O. & Ehrlén, J. (1998). Secondary metabolites in fleshy fruits: are adaptive explanations needed? American Naturalist 152, 905—907.

[261] Eriksson, O. , Friis, E. M. & Lofgren, P. (2000). Seed size, fruit size, and dispersal systems in angiosperms from the early Cretaceous to the late Tertiary. American Naturalist 156, 47—58.

[262] Espadaler, X. & Gómez, C. (1997). Soil surface searching and transport of Euphorbia characias seeds by ants. Acta Oecologica 18, 39—46.

[263] Espadaler, X. & Gómez, C. (2001). Female performance in Euphorbia characias: effect of flower position on seed quantity and quality. Seed Science Research 11, 163—172.

[264] Evans, C. E. & Etherington, J. (1990). The effects of soil-water potential on seed germination of some British plants. New Phytologist 115, 539—548.

[265] Evans, C. E. & Etherington, J. (1991). The effect of soil-water potential on seedling growth of some British plants. New Phytologist 118, 571—579.

[266] Everham, E. M. , Myster, R. W. & Van De Genachte, E. (1996). Effect of light, moisture, temperature, and litter on the regeneration of five tree species in the tropical montane wet forest of Puerto Rico. American Journal of Botany 83, 1063—1068.

[267] Facelli, J. M. (1994). Multiple indirect effects of plant litter affect the establishment of woody seedlings in old fields. Ecology 75, 1727—1735.

[268] Facelli, J. M. & Ladd, B. (1996). Germination requirements and responses to leaf litter of four species of eucalypt. Oecologia 107, 441—445.

[269] Facelli, J. M. & Pickett, S. T. A. (1991a). Plant litter: its dynamics and effects on plant community structure. Botanical Review 57, 1—32.

[270] Facelli, J. M. & Pickett, S. T. A. (1991b). Plant litter: light interception and effects on an old-field plant community. Ecology 72, 1024—1031.

[271] Fankhauser, C. (2001). The phytochromes, a family of red/far-red absorbing photoreceptors. Journal of Biological Chemistry 276, 11 453—456.

[272] Farmer, A. M. & Spence, D. H. N. (1987). Flowering, germination and

zonation of the submerged aquatic plant Lobelia dortmanna L. Journal of Ecology 75, 1065—1076.

[273] Feller, I. C. & McKee, K. L. (1999). Small gap creation in Belizean mangrove forests by a wood-boring insect. Biotropica 31, 607—617.

[274] Fenner, M. (1978). Susceptibilty to shade in seedlings of colonising and closed turf species. New Phytologist 81, 739—744.

[275] Fenner, M. (1980a). The inhibition of germination of Bidens pilosa seeds by leaf canopy shade in some natural vegetation types. New Phytologist 84, 95—101.

[276] Fenner, M. (1980b). The induction of a light requirement in Bidens pilosa seeds by leaf canopy shade. New Phytologist 84, 103—106.

[277] Fenner, M. (1980c). Germination tests on thirty-two East African weed species. Weed Research 20, 135—138.

[278] Fenner, M. (1983). Relationships between seed weight, ash content and seedling growth in twenty-four species of Compositae. New Phytologist 95, 697—706.

[279] Fenner, M. (1985). Seed Ecology. London: Chapman & Hall. (1986a). A bioassay to determine the limiting minerals for seeds from nutrient-deprived Senecio vulgaris plants. Journal of Ecology 74, 497—505.

[280] Fenner, M. (1986b). The allocation of minerals to seeds in Senecio vulgaris plants subjected to nutrient shortage. Journal of Ecology 74, 385—392.

[281] Fenner, M. (1987). Seedlings. In Frontiers of Comparative Plant Ecology, ed. I. H. Rorison, J. P. Grime, R. Hunt, G. A. Hendry & D. H. Lewis, London: Academic Press, pp. 35—47.

[282] Fenner, M. (1991a). The effects of the parent environment on seed germinability. Seed Science Research 1, 75—84.

[283] Fenner, M. (1991b). Irregular seed crops in forest trees. Quarterly Journal of Forestry 85, 166—172.

[284] Fenner, M. (1992). Environmental influences on seed size and composition. Horticultural Reviews 13, 183—213.

[285] Fenner, M. (1995). The effect of pre-germination chilling on subsequent growth and flowering in three arable weeds. Weed Research 35, 489—493.

[286] Fenner, M. (1998). The phenology of growth and reproduction in plants. Perspectives in Plant Ecology, Evolution and Systematics 1, 78—91.

[287] Fenner, M. & Lee, W. G. (1989). Growth of seedlings of pasture grasses and legumes deprived of single mineral nutrients. Journal of Applied Ecology 26, 223—232.

[288] Fenner, M., Hanley, M. E. & Lawrence, R. (1999). Comparison of seedling and adult palatability in annual and perennial plants. Functional Ecology 13, 546—551.

[289] Fenner, M., Cresswell, J. E., Hurley, R. A. & Baldwin, T. (2002).

Relationship between capitulum size and pre-dispersal seed predation by insect larvae in common Asteraceae. Oecologia 130, 72—77.

[290] Ferenczy, L. (1956). Occurrence of antibacterial compounds in seeds and fruit. Acta Biol. Acad. Scient. Hungaricae 6, 317—323.

[291] Finch-Savage, W. E. (1992). Embryo water status and survival in the recalcitrant species Quercus robur L: evidence for a critical moisture-content. Journal of Experimental Botany 43, 663—669.

[292] Fischer, S. F., Poschlod, P. & Beinlich, B. (1996). Experimental studies on the dispersal of plants and animals on sheep in calcareous grasslands. Journal of Applied Ecology 33, 1206—1222.

[293] Flores-Martinez, A., Ezcurra, E. & Sánchez-Colón, S. (1994). Effect of Neobuxbaumia tetetzo on growth and fecundity of its nurse plant Mimosa luisana. Journal of Ecology 82, 325—330.

[294] Forcella, F. (1981). Ovulate cone production in pinyon: negative exponential relationship with late summer temperature. Ecology 62, 488—491.

[295] Forget, P. M. (1993). Post-dispersal predation and scatterhoarding of Dipteryx panamensis (Papilionaceae) seeds by rodents in Panama. Oecologia 94, 255—261.

[296] Forsythe, C. and Brown, N. A. C. (1982). Germination of the dimorphic fruits of Bidens pilosa L. New Phytologist 90, 151—164.

[297] Foster, S. A. (1986). On the adaptive value of large seeds for tropical moist forest trees: a review and synthesis. Botanical Review 52, 260—299.

[298] Foster, S. A. & Janson, C. H. (1985). The relationship between seed size and establishment conditions in tropical woody plants. Ecology 66, 773—780.

[299] Fowler, N. L. (1986). Microsite requirements for germination and establishment of three grass species. American Midland Naturalist 115, 131—145.

[300] (1988). What is a safe-site? Neighbour, litter, germination date and patch effects. Ecology 69, 947—61.

[301] Fragoso, J. M. V., Silvius, K. M. & Correa, J. A. (2003). Long-distance seed dispersal by tapirs increases seed survival and aggregates tropical trees. Ecology 84, 1998—2006.

[302] Franco, A. C. & Nobel, P. S. (1989). Effect of nurse plants on the microhabitat and growth of cacti. Journal of Ecology 77, 870—886.

[303] Frasier, G. W., Cox, J. R. & Woolhiser, D. A. (1985). Emergence and survival response of seven grasses for six wet-dry sequences. Journal of Range Management 38, 372—377.

[304] Freijsen, A. H. J., Troelstra, S. & Kats, M. J. (1980). The effect of soil nitrate on the germination of Cynoglossum officinalis L. (Boraginaceae) and its ecological significance. Acta Oecologica, Oecologia Plantarum 1, 71—79.

[305] Fritz, R. S., Hochwender, C. G., Lewkiewicz, D. A., Bothwell, S. & Orians, C. M. (2001). Seedling herbivory by slugs in a willow hybrid system: developmental changes in damage, chemical defense, and plant performance. Oecologia129, 87—97.

[306] Frost, I. & Rydin, H. (1997). Effects of competition, grazing and cotyledon nutrient supply on growth of Quercus robur seedlings. Oikos 79, 53—58.

[307] Froud-Williams, R. J. & Ferris, R. (1987). Germination of proximal and distal seeds of Poa trivialis L. from contrasting habitats. Weed Research 27, 245—250.

[308] Froud-Williams, R. J., Drennan, D. S. H. & Chancellor, R. J. (1983). Influence of cultivation regime on weed floras of arable cropping systems. Journal of Applied Ecology 20, 187—197.

[309] Fulbright, T. E., Kuti, J. O. & Tipton, A. R. (1995). Effects of nurse-plant canopy temperatures on shrub seed germination and seedling growth. Acta Oecologia 16, 621—632.

[310] Funes, G., Basconcelo, S., Díaz, S. & Cabido, M. (1999). Seed size and shape are good predictors of seed persistence in soil in temperate mountain grasslands of Argentina. Seed Science Research 9, 341—345.

[311] Funes, G., Basconcelo, S., Díaz, S. & Cabido, M. (2003). Seed bank dynamics in tall-tussock grasslands along an altitudinal gradient. Journal of Vegetation Science 14, 253—258.

[312] Gadgil, M. & Bossert, W. H. (1970). The life historical consequences of natural selection. American Naturalist 104, 1—24.

[313] Gadgil, M. & Solbrig, O. T. (1972). The concept of r and K selection: evidence from wild flowers and some theoretical considerations. American Naturalist 106, 14—31.

[314] Galen, C., Plowright, R. C. & Thomson, J. D. (1985). Floral biology and regulation of seed set and seed size in the lily, Clintonia borealis. American Journal of Botany 72, 1544—1552.

[315] Galen, C., Dawson, T. E. & Stanton, M. L. (1993). Carpels as leaves: meeting the carbon cost of reproduction in an alpine buttercup. Oecologia 95, 187—193.

[316] Galetti, M. (1993). Diet of the scaly-headed parrot (Pionus maximiliani) in a semideciduous forest in southeastern Brazil. Biotropica 25, 419—425.

[317] Garrido, J. L., Rey, P. J., Cerda, X. & Herrera, C. M. (2002). Geographical variation in diaspore traits of an ant-dispersed plant (Helleborus foetidus): are ant community composition and diaspore traits correlated? Journal of Ecology 90, 446—455.

[318] Gartner, B. L., Chapin, F. S. & Shaver, G. R. (1986). Reproduction of Eriophorum vaginatum by seed in Alaskan tussock tundra. Journal of Ecology 74, 1—18.

[319] Gaston, K. J. (1994). Rarity. London: Chapman & Hall.

[320] Gaston, K. J. & Kunin, W. E. (1997). Rare—common differences: an overview. In The Biology of Rarity: Causes and Consequences of Rare—Common Differences, ed. W. E. Kunin & K. J. Gaston, London: Chapman & Hall, pp. 13—29.

[321] Gay, P. E., Grubb, P. J. & Hudson, H. J. (1982). Seasonal changes in the concentration of nitrogen, phosphorus and potassium, and in the density of mycorrhiza in biennial and matrix-forming perennial species of closed chalkland turf. Journal of Ecology 70, 571—593.

[322] George, L. O. & Bazzaz, F. A. (1999). The fern understory as an ecological filter: emergence and establishment of canopy-tree seedlings. Ecology 80, 833—845.

[323] Geritz, S. A. H. (1995). Evolutionarily stable seed polymorphism and small-scale spatial variation in seedling density. American Naturalist 146, 685—707.

[324] Germaine, H. L. & McPherson, G. R. (1998). Effects of timing of precipitation and acorn harvest date on emergence of Quercus emoryi. Journal of Vegetation Science 9, 157—160.

[325] Ghazoul, J., Liston, K. A. & Boyle, T. J. B. (1998). Disturbance-induced density-dependent seed set in Shorea siamensis (Dipterocarpaceae), a tropical forest tree. Journal of Ecology 86, 462—473.

[326] Ghersa, C. M., Arnold, R. L. B. & Martinez-Ghersa, M. A. (1992). The role of fluctuating temperatures in germination and establishment of Sorghum halepense-regulation of germination at increasing depths. Functional Ecology 6, 460—468.

[327] Giblin, D. E. & Hamilton, C. W. (1999). The relationship of reproductive biology to the rarity of endemic Aster curtis (Asteraceae). Canadian Journal of Botany 77, 140—149.

[328] Gibson, W. (1993a). Selective advantages to hemi-parasitic annuals, genus Melampyrum, of a seed-dispersal mutualism involving ants. I. Favourable nest sites. Oikos 67, 334—344.

[329] Gibson, W. (1993b). Selective advantages to hemi-parasitic annuals, genus Melampyrum, of a seed-dispersal mutualism involving ants. II. Seed-predator avoidance. Oikos 67, 345—350.

[330] Gigord, L., Lavigne, C. & Shykoff, J. A. (1998). Partial self-incompatibility and inbreeding depression in a native tree species of La Réunion (Indian Ocean). Oecologia 117, 342—352.

[331] Gilbert, G. S., Harms, K. E., Hamill, D. N. & Hubbell, S. P. (2001). Effects of seedling size, El Niño drought, seedling density, and distance to nearest conspecific adult on 6—year survival of Ocotea whitei seedlings in Panama. Oecologia 127, 509—516.

[332] Gilmour, C. A., Crowden, R. K. & Koutoulis, A. (2000). Heat shock, smoke and darkness: partner cues in promoting seed germination in Epacris tasmanica (Epacridaceae). Australian Journal of Botany 48, 603—609.

[333] Godnan, D. (1983). Pest Slugs and Snails. Berlin: Springer-Verlag. Goginashvili, K. A. & Shevardnadze, G. A. (1991). Frequency of spontaneous chromosome aberrations in maize and onion seeds differing in age. Soobshcheniya Akademii Nauk Gruzii 142, 593—596.

[334] Goldberg, D. E. & Werner, P. A. (1983). The effects of size of opening in vegetation and litter cover on seedling establishment of goldenrods (Solidago sp.). Oecologia 60, 149—155.

[335] Gómez, C & Espadaler, X. (1998). Myrmecochorous dispersal distances: a world survey. Journal of Biogeography 25, 573—580.

[336] Gonzalez-Rabanal, R., Casal, M. and Trabaud, L. (1994). Effects of high temperatures, ash and seed position in the inflorescence on the germination of three Spanish grasses. Journal of Vegetation Science 5, 289—294.

[337] Gonzalez-Zertuche, L., Vazquez-Yanes, C., Gamboa, A., et al. (2001). Natural priming of Wigandia urens seeds during burial: effects on germination, growth and protein expression. Seed Science Research 11, 27—34.

[338] Gorb, S. N. & Gorb, E. V. (1999). Effects of ant species composition on seed removal in deciduous forest in eastern Europe. Oikos 84, 110—118.

[339] Gordon, D. R. & Rice, K. J. (1993). Competitive effects of grassland annuals on soil water and blue oak (Quercus douglasii) seedlings. Ecology 74, 68—82.

[340] Górski, T. (1975). Germination of seeds in the shadow of plants. Physiologia Plantarum 34, 342—346.

[341] Górski, T. & Górska, K. (1979). Inhibitory effects of full daylight on the germination of Lactuca sativa L. Planta 144, 121—124.

[342] Górski, T., Górska, K. & Nowicki, J. (1977). Germination of seeds of various herbaceous species under leaf canopy. Flora 166, 249—259.

[343] Górski, T., Górska, K. & Rybicki, J. (1978). Studies on the germination of seeds under leaf canopy. Flora 167, 289—299.

[344] Graae, B. J. (2002). Experiments on the role of epizoochorous seed dispersal of forest plant species in a fragmented landscape. Seed Science Research 12, 101—111.

[345] Grandin, U. & Rydin, H. (1998). Attributes of the seed bank after a century of primary succession on islands in Lake Hjälmaren, Sweden. Journal of Ecology 86, 293—303.

[346] Grau, H. R. (2000). Regeneration patterns of Cedrela lilloi (Meliaceae) in northwestern Argentina subtropical montane forests. Journal of Tropical Ecology

16，227—242.

[347] Gray, A. N. & Spies, T. A. (1996a). Gap size, within-gap position and canopy structure effects on conifer seedling establishment. Journal of Ecology 84, 635—645.

[348] Gray, A. N. & Spies, T. A. (1996b). Microsite controls on tree seedling establishment in conifer forest canopy gaps. Ecology 78, 2458—273.

[349] Gray, D. , Steckel, J. R. A. & Ward, J. A. (1983). Studies on carrot seed production: effects of plant density on yield and components of yield. Journal of Horticultural Science 58, 83—90.

[350] Gray, D. , Steckel, J. R. A. & Ward, J. A. (1986). The effect of cultivar and cultivar factors on embryonic-sac volume and seed weight in carrot (Daucus carota L.). Annals of Botany 58, 737—744.

[351] Green, D. S. (1983). The efficacy of dispersal in relation to safe site density. Oecologia 56, 356—358.

[352] Green, R. F. & Noakes, D. L. G. (1995). Is a little bit of sex as good as a lot? Journal of Theoretical Biology 174, 87—96.

[353] Green, P. T. , O'Dowd, D. J. & Lake, P. S. (1997). Control of seedling recruitment by land crabs in rain forest on a remote oceanic island. Ecology 78, 2474—2486.

[354] Greene, D. F. & Johnson, E. A. (1989). A model of wind dispersal of winged or plumed seeds. Ecology 70, 339—347.

[355] Greene, D. F. & Johnson, E. A. (1990). The aerodynamics of plumed seeds. Functional Ecology 4, 117—125.

[356] Greene, D. F. & Johnson, E. A. (1993). Seed mass and dispersal capacity in wind-dispersed diaspores. Oikos 67, 69—74.

[357] Greene, D. F. & Johnson, E. A. (1996). Wind dispersal of seeds from a forest into a clearing. Ecology 77, 595—609.

[358] Grieg, N. (1993). Predispersal seed predation on five Piper species in tropical rainforest. Oecologia 93, 412—420.

[359] Grime, J. P. (1973) Competitive exclusion in herbaceous vegetation. Nature 242, 344—347.

[360] Grime, J. P. (1986). The circumstances and characteristics of spoil colonisation within a local flora. Philosophical Transactions of the Royal Society of London B 314, 637—654.

[361] Grime, J. P. & Jeffrey, D. W. (1965). Seedling establishment in vertical gradients of sunlight. Journal of Ecology 53, 621—642.

[362] Grime, J. P. , Mason, G. , Curtis, A. , et al. (1981). A comparative study of germination characteristics in a local flora. Journal of Ecology 69, 1017—1159.

[363] Grime, J. P. , Shacklock, J. M. L. & Band, S. R. (1985). Nuclear DNA contents, shoot phenology and species co-existence in a limestone grassland community. New Phytologist 100, 435—445.

[364] Grime, J. P. , Hunt, R. & Krzanowski, W. J. (1987). Evolutionary physiological ecology of plants. In Evolutionary Physiological Ecology, ed. P. Calow. Cambridge: Cambridge University Press, pp. 105—125.

[365] Grime, J. P. , Hodgson, J. G. & Hunt, R. (1988). Comparative Plant Ecology: A Functional Approach to Common British Plants. London: Unwin Hyman.

[366] Groom, M. J. (1998). Allee effects limit population viability of an annual plant. America Naturalist 151, 487—496.

[367] Gross, H. L. (1972). Crown deterioration and reduced growth associated with excessive seed production by birch. Canadian Journal of Botany 50, 2431—2437.

[368] Gross, K. L. (1980). Colonization by Verbascum thapsus (mullein) of an old-field in Michigan: experiments on the effects of vegetation. Journal of Ecology 68, 919—927.

[369] Gross, K. L. (1990). A comparison of methods for estimating seed numbers in the soil. Journal of Ecology 78, 1079—1093.

[370] Gross, K. L. & Werner, P. A. (1982). Colonizing abilities of "biennial" plant species in relation to ground cover: implications for their distributions in a successional sere. Ecology 63, 921—931.

[371] Grubb, P. J. (1976). A theoretical background to the conservation of ecologically distinct groups of annuals and biennials in the chalk grassland ecosystem. Biological Conservation 10, 53—76.

[372] Grubb, P. J. (1977). The maintenance of species-richness in plant communities: the importance of the regeneration niche. Biological Reviews 52, 107—145.

[373] Grubb, P. J. & Coomes, D. A. (1997). Seed mass and nutrient content in nutrient-starved tropical rain-forest in Venezuela. Seed Science Research 7, 269—280.

[374] Grubb, P. J. , Lee, W. G. , Kollman, J. & Wilson, J. B. (1996). Integration of irradiance and soil nutrient supply on growth of seedlings of ten European tall-shrub species and Fagus sylvatica. Journal of Ecology 84, 827—840.

[375] Guitián, J. (1993). Why Prunus mahaleb (Rosaceae) produces more flowers than fruits. American Journal of Botany 80, 1305—1309.

[376] Guitián, J. (1994). Selective fruit abortion in Prunus mahaleb (Rosaceae). American Journal of Botany 81, 1555—1558.

[377] Guitián, J. , Guitián, P. & Navarro, L. (1996). Fruit set, fruit reduction, and fruiting strategy in Cornus sanguinea (Cornaceae). American Journal of Botany 83, 744—748.

[378] Gulzar, S. , Khan, M. A. & Ungar, I. A. (2001). Effect of salinity and

temperature on the germination of Urochondra setulosa (Trin) C. E. Hubbard. Seed Science & Technology 29, 21—29.

[379] Gutterman, Y. (1974). The influence of the photoperiodic regime and red-far red light treatments of Portulaca oleracea L. plants on the germinability of their seeds. Oecologia 17, 27—38.

[380] Gutterman, Y. (1977). Influence of environmental conditions and hormonal treatments of the mother plants during seed maturation, on the germination of their seed. In Advances in Plant Reproductive Physiology, ed. C. P. Malik, New Dehli: Kalyani Publishers, pp. 288—294.

[381] Gutterman, Y. (1978). Seed coat permeability as a function of photperiodical treatments of the mother plants during seed maturation in the desert annual plant Trigonella arabica Del. Journal of Arid Environments 1, 141—144.

[382] Gutterman, Y. (2000). Maternal effects on seeds during development. In Seeds: The Ecology of Regeneration in Plant Communities, 2nd edn, ed. M. Fenner, Wallingford, UK: CABI, pp. 59—84.

[383] Hackney, E. E. & McGraw, J. B. (2001). Experimental demonstration of an Allee effect in American ginseng. Conservation Biology 15, 129—136.

[384] Haig, D. (1996). The pea and the coconut: seed size in safe sites. Trends in Ecology and Evolution 11, 1—2.

[385] Haig, D. & Westoby, M. (1988). Inclusive fitness, seed resources, and maternal care. In Plant Reproductive Ecology. Patterns and strategies, ed. J. Lovett Doust & L. Lovett Doust, New York: Oxford University Press, pp. 60—79.

[386] Hamrick, J. L. & Lee, J. M. (1987). Effect of soil surface topography and litter cover on the germination, survival, and growth of musk thistle (Carduus nutans). American Journal of Botany 74, 451—457.

[387] Handel, S. N. & Beattie, A. J. (1990). Seed dispersal by ants. Scientific American 263, 58—64.

[388] Handel, S. N., Fisch, S. B. & Schatz, G. E. (1981). Ants disperse a majority of herbs in a mesic forest community in New York State. Bulletin of Torrey Botanical Club 108, 430—437.

[389] Hanley, M. E. (1998). Seedling herbivory, community composition and plant life history traits. Perspectives in Plant Ecology, Evolution and Systematics 1, 191—205.

[390] Hanley, M. E. & Fenner, M. (1997). Seedling growth of four fire-following Mediterranean plant species deprived of single mineral nutrients. Functional Ecology 11, 398—405.

[391] Hanley, M. E. & Fenner, M. (1998). Pre-germination temperature and the survivorship and onward growth of Mediterranean fire-following plant species. Acta Oecologica-International Journal of Ecology 19, 181—187.

[392] Hanley, M. E. & Lamont, B. B. (2001). Herbivory, serotiny and seedling defence in Western Australian Proteaceae. Oecologia 126, 409—417.

[393] Hanley, M. E. & Lamont, B. B. (2002). Relationships between physical and chemical attributes of congeneric seedlings: how important is seedling defence? Functional Ecology 16, 216—222.

[394] Hanley, M. E., Fenner, M. & Edwards, P. J. (1995a). An experimental field study of the effects of mollusc grazing on seedling recruitment and survival in grassland. Journal of Ecology 83, 621—627.

[395] Hanley, M. E., Fenner, M. & Edwards, P. J. (1995b). The effect of seedling age on the likelihood of herbivory by the slug Deroceras reticulatum. Functional Ecology 9, 745—759.

[396] Hanley, M. E., Fenner, M. & Edwards, P. J. (1996a). Mollusc grazing and seedling survivorship of four common grassland plant species: the role of gap size, species and season. Acta Oecologica 17, 331—341.

[397] Hanley, M. E., Fenner, M. & Edwards, P. J. (1996b). The effect of mollusc-grazing on seedling recruitment in artificially created grassland gaps. Oecologia 106, 240—246.

[398] Hanley, M. E., Fenner, M., Whibley, H. & Darvill, B. (2004). Early plant growth: identifying the end point of the seedling phase. New Phytologist 163, 61—66.

[399] Hanson, A. D. (1973). The effects of imbibition-drying treatments on wheat seeds. New Phytologist 72, 1063—1073.

[400] Hanson, J. S., Malanson, G. P. & Armstrong, M. P. (1990). Landscape fragmentation and dispersal in a model of riparian forest dynamics. Ecological Modelling 49, 277—296.

[401] Hanzawa, F. M., Beattie, A. J. & Holmes, A. (1985). Dual function of the elaiosome of Corydalis aurea (Fumariaceae): attraction of dispersal agents and repulsion of Peromyscus maniculatus, a seed predator. American Journal of Botany 72, 1707—1711.

[402] Hanzawa, F. M., Beattie, A. J. & Culver, D. C. (1988). Directed dispersal: Demographic analysis of an ant-seed mutualism. American Naturalist 131, 1—13.

[403] Hara, T, Kawano, S. & Nagai, Y. (1988). Optimal reproductive strategy of plants, with special reference to the modes of reproductive resource allocation. Plant Species Biology 3, 43—59.

[404] Harms, K. E. & Dalling, J. W. (1997). Damage and herbivore tolerance through resprouting as an advantage of large seed size in tropical trees and lianas. Journal of Tropical Ecology 13, 617—621.

[405] Harms, K. E., Dalling, J. W. & Aizprua, R. (1997). Regeneration from

cotyledons in Gustavia superba (Lecythiaceae). Biotropica 29, 234—237.

[406] Harms, K. E., Wright, S. J., Calderon, O., Hernandez, A. & Herre, E. A. (2000). Pervasive density-dependent recruitment enhances seedling diversity in a tropical forest. Nature 404, 493—495.

[407] Harper, J. L. (1957) Biological Flora of the British Isles. Ranunculus acris L., Ranunculus repens Lv, Ranunculus bulbosus L. Journal of Ecology, 45, 289—342.

[408] Harper, J. L. (1977). Population Biology of Plants. London: Academic Press.

[409] Harper, J. L., Williams, J. T. & Sagar, G. R. (1965). The behaviour of seeds in soil. I. The heterogeneity of soil surfaces and its role in determining the establishment of plants from seed. Journal of Ecology 53, 273—286.

[410] Harrington, J. F. (1960). Germination of seeds from carrot, lettuce, and pepper plants grown under severe nutrient deficiencies. Hilgardia 30, 219—235.

[411] Harrington, G. N. (1991). Effects of soil moisture on shrub seedling survival in a semi-arid grassland. Ecology 72, 1138—1149.

[412] Harrison, P. G. (1991). Mechanisms of seed dormancy in annual population of Zostera marina (eelgrass) from The Netherlands. Canadian Journal of Botany 69, 1972—1976.

[413] Harriss, F & Whelan, R. J. (1993). Selective fruit abortion in Grevillea barklyana (Proteaceae). Australian Journal of Botany 41, 499—509.

[414] Hartgerink, A. P. & Bazzaz, F. A. (1984). Seedling-scale environmental heterogeneity influences individual fitness and population structure. Ecology 65, 198—206.

[415] Hartmann, K. M., Mollwo, A. & Tebbe, A. (1998). Photocontrol of germination by moon — and starlight. Zeitschrift für Pflanzenkrankheiten und Pflanzenschutz Sonderheft 16, 119—127.

[416] Heithaus, E. R. (1981). Seed predation by rodents on three ant-dispersed plants. Ecology 62, 136—145.

[417] Hemborg, A. M. & Després, L. (1999). Oviposition by mutualistic seed-parasitic pollinators and its effects on annual fitness of single — and multi-flowered host plants. Oecologia 120, 427—436.

[418] Hendrix, S. D. (1984). Variation in seed weight and its effects on germination in Pastinaca sativa (Umbelliferae). American Journal of Botany 71, 795—802.

[419] Hendry, G. A. F., Thompson, K., Moss, C. J., Edwards, E. & Thorpe, P. C. (1994). Seed persistence: a correlation between seed longevity in the soil and ortho-dihydroxyphenol concentration. Functional Ecology 8, 658—664.

[420] Heppell, K. B., Shumway, D. L. & Koide, R. T. (1998). The effect of mycorrhizal infection of Abutilon theophrasti on competitiveness of offspring. Functional Ecology 12, 171—175.

[421] Herdman, M., Coursin, T., Rippka, R., Houmard, J. & de Marsac, N. T. (2000). A new appraisal of the prokaryotic origin of eukaryotic phytochromes. Journal of Molecular Evolution 51, 205—213.

[422] Herms, D. A. & Mattson, W. J. (1992). The dilemma of plants: to grow or defend. Quarterly Review of Biology 67, 283—335.

[423] Herrera, C. M. (1985). Determinants of plant-animal coevolution: the case of mutualistic vertebrate seed disperser systems. Oikos 44, 132—141.

[424] Herrera, C. M. (1998). Long-term dynamics of Mediterranean frugivorous birds and fleshy fruits: a 12—year study. Ecological Monographs 68, 511—538.

[425] Herrera, C. M., Jordano, P., Guitián, J. & Traveset, A. (1998). Annual variability in seed production by woody plants and the masting concept: reassessment of principles and relationships to pollination and seed dispersal. American Naturalist 152, 576—594.

[426] Higgins, S. I. & Cain, M. L. (2002). Spatially realistic plant metapopulation models and the colonization-competition trade-off. Journal of Ecology 90, 616—626.

[427] Hilhorst, H. W. M. (1993). New aspects of seed dormancy. In Fourth International Workshop on Seeds: Basic and Applied Aspects of Seed Biology, ed. D. Côme & F. Corbineau, Paris: ASFIS, pp. 571—579.

[428] Hilhorst, H. W. M. (1998). The regulation of secondary dormancy: the membrane hypothesis revisited. Seed Science Research 8, 77—90.

[429] Hilhorst, H. W. M. & Karssen, C. M. (2000). Effect of chemical environment on seed germination. In Seeds: The Ecology of Regeneration in Plant Communities, ed. M. Fenner, Wallingford, UK: CABI Publishing, pp. 293—309.

[430] Hill, H. J., West, S. H. and Hinson, K. (1986). Effect of water stress during seedfill on impermeable seed expression in soybean. Crop Science 26, 807—812.

[431] Hillier, S. H. (1990). Gaps, seed banks and plant species diversity in calcareous grasslands. In Calcareous Grasslands — Ecology and Management, eds. S. H. Hillier, D. W. H. Walton & D. A. Wells, Huntingdon, UK: Bluntisham Books, pp. 57—66.

[432] Hilton, J. R. (1984). The influence of light and potassium nitrate on the dormancy and germination of Avena fatua L. (wild oat) seed and its ecological significance. New Phytologist 96, 31—34.

[433] Hilton, G. M. & Packham, J. R. (1986). Annual and regional variation in English beech mast (Fagus sylvatica L.). Arboricultural Journal 10, 3—14.

[434] Hintikka, V. (1987). Germination ecology of Galeopsis bifida (Lamiaceae) as a pioneer species in forest succession. Silva Fennica 21, 301—313.

[435] Hiura, T. (1995). Gap formation and species diversity in Japanese beech forests: a test of the intermediate disturbance hypothesis on a geographic scale. Oecologia

104, 265—271.

[436] Hobbie, S. E. & Chapin, F. S. (1998). An experimental test of limits to tree establishment in Arctic tundra. Journal of Ecology 86, 449—461.

[437] Hodgson, J. G. & Mackey, J. M. L. (1986). The ecological specialisation of dicotyledonous families within a local flora: some factors constraining optimization of seed size and their evolutionary significance. New Phytologist 104, 497—515.

[438] Hodkinson, D. J. & Thompson, K. (1997). Plant dispersal: the role of man. Journal of Applied Ecology 34, 1484—1496.

[439] Hodkinson, D. J., Askew, A. P., Thompson, K., et al. (1998). Ecological correlates of seed size in the British flora. Functional Ecology 12, 762—766.

[440] Hoffmann, W. A. (1996). The effects of fire and cover on seedling establishment in a neotropical savanna. Journal of Ecology 84, 383—393.

[441] Hogenbirk, J. C. & Wein, R. W. (1991). Fire and drought experiments in northern wetlands: a climate change analogue. Canadian Journal of Botany 69, 1991—1997.

[442] Hogenbirk, J. C. & Wein, R. W. (1992). Temperature effects on seedling emergence from boreal wetland soils: implications for climate change. Aquatic Botany 42, 361—373.

[443] Holmgren, M., Scheffer, M. & Huston, M. A. (1997). The interplay of facilitation and competition in plant communities. Ecology 78, 1966—1975.

[444] Holtsford, T. P. (1985). Nonfruiting hermaphroditic flowers of Calochortus leichtlinii (Liliaceae): potential reproductive functions. American Journal of Botany 72, 1687—1694.

[445] Honek, A. & Martinkova, Z. (1992). The induction of secondary seed dormancy by oxygen deficiency in a barnyard grass Echinochloa crus-galli. Experientia 48, 904—906.

[446] Hong, T. D. & Ellis, R. H. (1992). The survival of germinating orthodox seeds after desiccation and hermetic storage. Journal of Experimental Botany 43, 239—247.

[447] Hong, T. D., Linnington, S. & Ellis, R. H. (1996). A Protocol to Determine Seed Storage Behaviour. Rome: International Plant Genetic Resources Institute.

[448] Horvitz, C. C. & Schemske, D. W. (1986a). Seed dispersal of a neotropical myrmecochore: variation in removal rates and dispersal distance. Biotropica 18, 319—323.

[449] Horvitz, C. C. & Schemske, D. W. (1986b). Ant-nest soil and seedling growth in a neotropical ant-dispersed herb. Oecologia 70, 318—320.

[450] Hou, J. Q., Romo, J. T., Bai, Y. & Booth, D. T. (1999). Responses of winterfat seeds and seedlings to desiccation. Journal of Range Management 52, 387—393.

[451] Houle, G. (1992). The reproductive ecology of Abies balsamea, Acer saccharum

and Betula alleghaniensis in the Tantare Ecological Reserve, Quebec. Journal of Ecology 80, 611—623.

[452] Houle, G. (1999). Mast seeding in Abies balamea, Acer saccharum and Betula alleghaniensis in an old growth, cold temperate forest of north-eastern North America. Journal of Ecology 87, 413—422.

[453] House, S. M. (1993). Pollination success in a population of dioecious rain forest trees. Oecologia 96, 555—561.

[454] Howe, H. F. & Richter, W. (1982). Effects of seed size on seedling size in Virola surinamensis: a within and between tree analysis. Oecologia 53, 347—351.

[455] Howe, H. F. & Vande Kerckhove, G. A. (1980). Nutmeg dispersal by tropical birds. Science 210, 925—927.

[456] Howe, H. F. & Vande Kerckhove, G. A. (1981). Removal of wild nutmeg (Virola surinamensis) crops by birds. Ecology 62, 1093—1106.

[457] Howe, H. F., Schupp, E. W. & Westley, L. C. (1985). Early consequences of seed dispersal for a neotropical tree (Virola surinamensis). Ecology 66, 781—791

[458] Hubbard, C. E. (1968). Grasses, 2nd edn. Harmondsworth, UK: Penguin Books.

[459] Hubbell, P. (1980). Seed predation and the coexistence of tree species in tropical forests. Oikos 35, 214—329.

[460] Hubbell, S. P., Foster, R. B., O'Brien, S. T., et al. (1999). Light-cap disturbances, recruitment limitation, and tree diversity in a neotropical forest. Science 283, 554—557.

[461] Huenneke, L. F. & Sharitz, R. R. (1990). Substrate heterogeneity and regeneration of a swamp tree, Nyssa aquatica. American Journal of Botany 77, 413—419.

[462] Hughes, L., Westoby, M. & Johnson, A. D. (1993). Nutrient costs of vertebrate- and ant-dispersed fruits. Functional Ecology 7, 54—62.

[463] Hughes, L., Dunlop, M., French, K., et al. (1994a). Predicting dispersal spectra-a minimal set of hypotheses based on plant attributes. Journal of Ecology 82, 933—950.

[464] Hughes, L., Westoby, M. & Jurado, E. (1994b). Convergence of elaiosomes and insect prey: evidence from ant foraging behaviour and fatty acid composition. Functional Ecology 8, 358—365.

[465] Hulme, P. E. (1994a). Post-dispersal seed predation in grassland: its magnitude and sources of variation. Journal of Ecology 82, 645—652.

[466] Hulme, P. E. (1994b). Seedling herbivory in grassland: relative impact of vertebrate and invertebrate herbivores. Journal of Ecology 82, 873—880.

[467] Hulme, P. E. (1996). Natural regeneration of yew (Taxus baccata L.): microsite, seed or herbivore limitation? Journal of Ecology 84, 853—861.

[468] Hulme, P. E. (1998). Post-dispersal seed predation and seed bank persistence. Seed Science Research 8, 513—519.

[469] Hulme, P. E. (2001). Seed-eaters, seed dispersal, destruction and demography. In Seed Dispersal and Frugivory: Ecology, Evolution and Conservation, ed. D. J. Levey, W. R. Silva & M. Galetti, Wallingford, UK: CABI Publishing, pp. 257—273.

[470] Hunt, R., Neal, A. M., Laffarga, J., et al. (1993). Mean relative growth rate. In Methods in Comparative Plant Ecology: A Laboratory Manual, ed. G. A. F. Hendry & J. P. Grime, London: Chapman & Hall, pp. 98—102.

[471] Hunter, J. R. & Erickson, A. E. (1952). Relation of seed germination to soil moisture tension. Agronomy Journal 44, 107—109.

[472] Hutchings, M. J. & Booth, K. D. (1996). Studies on the feasibility of recreating chalk grassland vegetation on ex-arable land. II. Germination and early survivorship of seedlings under different management regimes. Journal of Applied Ecology 33, 1182—1190.

[473] Huth, C. J. & Pellmyr, O. (1997). Non-random fruit retention in Yucca filamentosa: consequences for an obligate mutualism. Oikos 78, 576—584.

[474] Hyatt, L. A. & Casper, B. B. (2000). Seed bank formation during early secondary succession in a temperate deciduous forest. Journal of Ecology 88, 516—527.

[475] Hyatt, L. A. & Evans, A. S. (1998). Is decreased germination fraction associated with risk of sibling competition? Oikos 83, 29—35.

[476] Ibrahim, A. E. & Roberts, E. H. (1983). Viability of lettuce seeds I. Survival in hermetic storage. Journal of Experimental Botany 34, 620—630.

[477] Imbert, E. & Ronce, O. (2001). Phenotypic plasticity for dispersal ability in the seed heteromorphic Crepis sancta (Asteraceae). Oikos 93, 126—134.

[478] Isikawa, S. (1954). Light sensitivity against germination. I. Photoperiodism in seeds. Botanical Magazine Tokyo 67, 51—56.

[479] Jager, A. K., Strydom, A. & Van Staden, J. (1996). The effect of ethylene, octanoic acid and a plant-derived smoke extract on the germination of light-sensitive lettuce seeds. Plant Growth Regulation 19, 197—201.

[480] Jakobsson, A. & Eriksson, O. (2000). A comparative study of seed number, seed size, seedling size and recruitment in grassland plants. Oikos 88, 494—502.

[481] Jaksić, F. M. & Fuentes, E. R. (1980). Why are native herbs in the Chilean matorral more abundant beneath bushes: microclimate or grazing? Journal of Ecology 68, 665—669.

[482] James, C. D., Hoffman, M. T., Lightfoot, D. C., Forbes, G. S. & Whitford, W. G. (1994). Fruit abortion in Yucca elata and its implications for the mutualistic association with yucca moths. Oikos 69, 207—216.

[483] Janos, D. P. (1980). Vesicular-arbuscular mycorrhizae affect lowland tropical rain forest plant growth. Ecology 61, 151—162.

[484] Jansen, P. I. (1994). Hydration-dehydration and subsequent storage effects on seed of the self-regenerating annuals Trifolium balansae and T. resupinatum. Seed Science and Technology 22, 435—447.

[485] Jansen, P. I. & Ison, R. L. (1995). Factors contributing to the loss of seed from the seed-bank of Trifolium balansae and Trifolium resupinatum over summer. Australian Journal of Ecology 20, 248—256.

[486] Janzen, D. H. (1970). Herbivores and the number of tree species in tropical forests. American Naturalist 104, 501—528.

[487] Janzen, D. H. (1976). Why bamboos wait so long to flower. Annual Review of Ecology and Systematics 2, 465—492.

[488] Janzen, D. H. (1984). Dispersal of small seeds by big herbivores — foliage is the fruit. American Naturalist 123, 338—353.

[489] Janzen, D. H., Fellows, L. E. & Waterman, P. G. (1990). What protects Lonchocarpus (Leguminosae) seeds in a Costa Rican dry forest? Biotropica 22, 272—285.

[490] Jennersten, O. (1991). Cost of reproduction in Viscaria vulgaris (Caryophyllaceae): a field experiment. Oikos 61, 197—204.

[491] Jennersten, O. & Nilsson, S. G. (1993). Insect flower visitation frequency and seed production in relation to patch size of Viscaria vulgaris (Caryophyllaceae). Oikos 68, 283—292.

[492] Jensen, R. J. (1992). Acorn size redux. Journal of Biogeography 19, 573—579.

[493] Jensen, T. S. (1985). Seed-seed predator interactions of European beech, Fagus sylvatica and forest rodents, Clethrionomys glareolus and Apodemus flavicollis. Oikos 44, 149—156.

[494] Johansson, M. E., Nilsson, C. & Nilsson, E. (1996). Do rivers function as corridors for plant dispersal? Journal of Vegetation Science 7, 593—598.

[495] Johnson, S. D. & Bond, W. J. (1992). Habitat dependent pollination success in a Cape orchid. Oecologia 91, 455—456.

[496] Johnson, S. D. & Bond, W. J. (1997). Evidence for widespread pollen limitation of fruiting success in Cape wildflowers. Oecologia 109, 530—534.

[497] Johnson, E. A. & Fryer, G. I. (1992). Physical characterization of seed microsites: movement on the ground. Journal of Ecology 80, 823—836.

[498] Jones, R. M. and Bunch, G. A. (1987). The effect of stocking rate on the population dynamics of siratro (Macroptilium atropurpureum) — setaria (Setaria sphacelata) pastures in south-east Queensland. II Seed set, soil seed reserves, seedling recruitment and seedling survival. Australian Journal of Agricultural

Research 39, 221—234.

[499] Jones, S. K., Ellis, R. H. & Gosling, P. G. (1997). Loss and induction of conditional dormancy in seeds of Sitka spruce maintained moist at different temperatures. Seed Science Research 7, 351—358.

[500] Jongejans, E. & Schippers, P. (1999). Modelling seed dispersal by wind in herbaceous species. Oikos 87, 362—372.

[501] Jordano, P. (1982). Migrant birds are the main seed dispersers of blackberries in southern Spain. Oikos 38, 183—193.

[502] Jordano, P. (1995). Angiosperm fleshy fruits and seed dispersers: a comparative analysis of adaptation and constraints in plant-animal interactions. American Naturalist 145, 163—191.

[503] Jordon, J. L., Staniforth, D. W. and Jordon, C. M. (1982). Parental stress and prechilling effects of Pennsylvania smartweed (Polygonum pensylvanicum) achenes. Weed Science 30, 243—248.

[504] Joshi, A. J. & Iyengar, E. R. R. (1982). Effect of salinity on the germination of Salicornia brachiata Roxb. Indian Journal of Plant Physiology 25, 65—69.

[505] Jumpponen, A., Väre, H., Mattson, K. G., Ohtonen, R. & Trappe, J. M. (1999). Characterization of 'safe sites' for pioneers in primary succession on recently deglaciated terrain. Journal of Ecology 87, 98—105.

[506] Jurado, E. & Westoby, M. (1992). Seedling growth in relation to seed size among species of arid Australia. Journal of Ecology 80, 407—416.

[507] Jurik, T. W. (1985). Differential costs of sexual and vegetative reproduction in wild strawberry populations. Oecologia 66, 394—403.

[508] Kachi, N. & Hirose, T. (1983). Bolting induction in Oenothera erythrosepala Borbas in relation to rosette size, vernalization, and photoperiod. Oecologia 60, 6—9.

[509] Kadmon, R. & Tielbörger, T. (1999). Testing for source-sink population dynamics: an experimental approach exemplified with desert annuals. Oikos 86, 417—429.

[510] Kalamees, R. & Zobel, M. (2002). The role of the seed bank in gap regeneration in a calcareous grassland community. Ecology 83, 1017—1125.

[511] Kalburtji, K. L. & Gagianas, A. (1997). Effects of sugar beet as a preceding crop on cotton. Journal of Agronomy and Crop Science 178, 59—63.

[512] Kalpana, R. & Rao, K. V. M. (1995). On the ageing mechanism in pigeonpea (Cajanus cajan (L) Millsp) seeds. Seed Science & Technology 23, 1—9.

[513] Kalpana, R. & Rao, K. V. M. (1996). Lipid changes during accelerated ageing of seeds of pigeonpea (Cajanus cajan (L) Millsp) cultivars. Seed Science & Technology 24, 475—483.

[514] Kane, M. & Cavers, P. B. (1992). Patterns of seed weight distribution and germination with time in a weedy biotype of proso millet (Panicum miliaceum). Canadian Journal of Botany 70, 562—567.

[515] Kang, H. & Primack, R. B. (1991). Temporal variation of flower and fruit size in relation to seed yield in celandine poppy (Chelidonium majus: Papaveraceae). American Journal of Botany 78, 711—722.

[516] Karoly, K. (1992). Pollination limitation in the facultatively autogamous annual, Lupinus nanus (Leguminosae). American Journal of Botany 79, 49—56.

[517] Katembe, W. J., Ungar, I. A. & Mitchell, J. P. (1998). Effect of salinity on germination and seedling growth of two Atriplex species (Chenopodiaceae). Annals of Botany 82, 167—175.

[518] Kawano, S. & Miyake, S. (1983). The productive and reproductive biology of flowering plants. V. Life history characteristics and survivorship of Erythronium japonicum. Oikos 38, 129—149.

[519] Kebreab, E. & Murdoch, A. J. (1999) A quantitative model for loss of primary dormancy and induction of secondary dormancy in imbibed seeds of Orobanche spp. Journal of Experimental Botany 50, 211—219.

[520] Keddy, P. A. & Constabel, P. (1986). Germination of ten shoreline plants in relation to seed size, soil particle size and water level: an experimental study. Journal of Ecology 74, 133—141.

[521] Keddy, P. A. & Reznicek, A. A. (1982). The role of seed banks in the persistence of Ontario's coastal plain flora. American Journal of Botany 69, 13—22.

[522] Keeley, J. E. (1993). Smoke-induced flowering in the fire-lily Cyrtanthus ventricosus. South African Journal of Botany 59, 638.

[523] Keeley, J. E. & Bond, W. J. (1997). Convergent seed germination in South African fynbos and Californian chaparral. Plant Ecology 133, 153—167.

[524] Keeley, J. E. & Fotheringham, C. J. (1998a). Mechanism of smoke-induced seed germination in a postfire chaparral annual. Journal of Ecology 86, 27—36.

[525] Keeley, J. E. & Fotheringham, C. J. (1998b). Smoke-induced seed germination in California chaparral. Ecology 79, 2320—2336.

[526] Keeley, J. E. & Fotheringham, C. J. (2000). Role of fire in regeneration from seed. In Seeds: The Ecology of Regeneration in Plant Communities, ed. M. Fenner, Wallingford: CABI Publishing, pp. 311—330.

[527] Kellman, M. & Kading, M. (1992). Facilitation of tree seedling establishment in a sand dune succession. Journal of Vegetation Science 3, 679—688.

[528] Kelly, D. (1994). The evolutionary ecology of mast seeding. Trends in Ecology & Evolution 9, 465—470.

[529] Kelly, C. K. & Bowler, M. G. (2002). Coexistence and relative abundance in

forest trees. Nature 417, 437—440.

[530] Kelly, C. K. & Purvis, A. (1993). Seed size and establishment conditions in tropical trees: on the use of taxonomic relatedness in determining ecological patterns. Oecologia 94, 356—360.

[531] Kelly, D. L., Tanner, E. V. J., Lughadha, E. M. N. & Kapos, V. (1994). Floristics and biogeography of a rain forest in the Venezuelan Andes. Journal of Biogeography 21, 421—440.

[532] Kelly, D., Harrison, A. L., Lee, W. G., et al. (2000). Predator satiation and extreme mast seeding in 11 species of Chionochloa (Poaceae). Oikos 90, 477—488.

[533] Kelly, D., Hart, D. E. & Allen, R. B. (2001). Evaluating the wind pollination benefits of mast seeding. Ecology 82, 117—126.

[534] Kelly, C. K., Chase, M. W., de Bruijn, A., Fay, M. & Woodward, F. I. (2003). Temperature-based population segregation in birch. Ecology Letters 6, 87—89.

[535] Kennedy, R. A., Barrett, S. C. H., Vander Zee, D. and Rumpho, M. E. (1980). Germination and seedling growth under anaerobic conditions in Echinochloa crus-galli (barnyard grass). Plant Cell & Environment 3, 243—248.

[536] Kermode, A. R. & Finch-Savage, B. E. (2002). Desiccation sensitivity in orthodox and recalcitrant seeds in relation to development. In Desiccation and Survival in Plants: Drying Without Dying, ed. M. Black & H. W. Pritchard, Wallingford: CABI Publishing, pp. 149—184.

[537] Kéry, M., Matthies, D. & Spillman, H. H. (2000). Reduced fecundity and offspring performance in small populations of the declining grassland plants Primula veris and Gentiana lutea. Journal of Ecology 88, 17—30.

[538] Kéry, M., Matthies, D. & Fischer, M. (2001). The effect of plant population size on the interactions between the rare plant Gentiana cruciata and its specialized herbivore Maculinea rebeli. Journal of Ecology 89, 418—427.

[539] Khan, M. A. & Rizvi, Y. (1994). Effect of salinity, temperature, and growth regulators on the germination and early seedling growth of Atriplex griffithii var. stocksii. Canadian Journal of Botany 72, 475—479.

[540] Khan, M. A. & Stoffella, P. J. (1985). Yield components of cowpeas grown in two environments. Crop Science 25, 179—182.

[541] Khan, M. A. & Weber, D. J. (1986). Factors influencing seed germination in Salicornia pacifica var. utahensis. American Journal of Botany 73, 1163—1167.

[542] Kigel, J., Gibly, A. and Negbi, M. (1979). Seed germination in Amaranthus retroflexus L. as affected by the photoperiod and age during flower induction of the parent plants. Journal of Experimental Botany 30, 997—1002.

[543] Kikuzawa, K. & Koyama, H. (1999). Scaling of soil water absorption by seeds:

an experiment using seed analogues. Seed Science Research 9, 171—178.

[544] King, T. J. (1977). Plant ecology of ant-hills in calcareous grasslands. I. Patterns of species in relation to ant-hills in southern England. Journal of Ecology 65, 235—256.

[545] Kiniry, J. R. & Musser, R. L. (1988). Response of kernel weight of sorghum to environment early and late in grain filling. Agronomy Journal 80, 606—610.

[546] Kiniry, J. R., Wood, C. A., Spanel, D. A. & Bockholt, A. J. (1990). Seed weight response to decreased seed number in maize. Agronomy Journal 54, 98—102.

[547] Kirschbaum, M. U. F. (2000). Forest growth and species distribution in a changing climate. Tree Physiology 20, 309—322.

[548] Kitajima, K. (1992). Relationship between photosynthesis and thickness of cotyledons for tropical tree species. Functional Ecology 6, 582—589.

[549] Kitajima, K. (1994). Relative importance of photosynthetic traits and allocation patterns as correlates of seedling shade tolerance of 13 tropical trees. Oecologia 98, 419—428.

[550] Kitajima, K. & Fenner, M. (2000). Ecology of seedling regeneration. In Seeds: The Ecology of Regeneration in Plant Communities, 2nd edn., ed. M. Fenner, Wallingford: CABI, pp. 331—359.

[551] Kittelson, P. M. & Maron, J. L. (2000). Outcrossing rate and inbreeding depression in the perennial yellow bush lupine, Lupinus arboreus (Fabaceae). American Journal of Botany 87, 652—660.

[552] Kiviniemi, K. (1996). A study of adhesive seed dispersal of three species under natural conditions. Acta Botanica Neerlandica 45, 73—83.

[553] Kiviniemi, K. & Telenius, A. (1998). Experiments on adhesive dispersal by wood mouse: seed shadows and dispersal distances of 13 plant species from cultivated areas in southern Sweden. Ecography 21, 108—116.

[554] Klinkhamer, P. G. L., Meelis, E., de Jong, T. J. & Weiner, J. (1992). On the analysis of size-dependent reproductive output in plants. Functional Ecology 6, 308—316.

[555] Knapp, E. E., Goedde, M. A. & Rice, K. J. (2001). Pollen-limited reproduction in blue oak: implications for wind pollination in fragmented populations. Oecologia 128, 48—55.

[556] Kobayashi, M. & Kamitani, T. (2000). Effects of surface disturbance and light on seedling emergence in a Japanese secondary deciduous forest. Journal of Vegetation Science 11, 93—100.

[557] Koenig, W. D. & Knops, J. M. H. (1998). Scale of mast-seeding and tree-ring growth. Nature 396, 225—226.

[558] Koenig, W. D. & Knops, J. M. H. (2000). Patterns of annual seed production by Northern Hemisphere trees: a global perspective. American Naturalist 155, 59—69.

[559] Koenig, W. D., Mumme, R. L., Carmen, W. J. & Stanback, M. T. (1994). Acorn production by oaks in central coastal California: variation within and among years. Ecology 75, 99—109.

[560] Kohout, V., Zemanek, J. and Sterba, R. (1980). [Differences in the dormancy of wild oat kernels in different years.] Sbor UVTIZ-Ochr. Rostl. 16, 147—152.

[561] Koide, R. T. & Lu, X. (1992). Mycorrhizal infection of wild oats: maternal effects on offspring growth and reproduction. Oecologia 90, 218—226.

[562] (1995). On the cause of offspring superiority conferred by mycorrhizal infection of Abutilon theophrasti. New Phytologist 131, 435—441.

[563] Kollmann, J. (1995). Regeneration window for fleshy-fruited plants during scrub development on abandoned grassland. Ecoscience 2, 213—222.

[564] Kozlowski, J. & Wiegert, R. G. (1986). Optimal allocation of energy to growth and reproduction. Theoretical Population Biology 29, 16—37.

[565] Kremer, R. J. (1986a). Antimicrobial activity of velvetleaf (Abutilon theophrasti) seeds. Weed Science 34, 6176—22.

[566] Kremer, R. J. (1986b). Microorganisms associated with velvetleaf (Abutilon theophrasti) seeds on the soil surface. Weed Science 34, 233—236.

[567] Kremer, R. J. (1987). Identity and properties of bacteria inhabiting seeds of broadleaf weed species. Microbial Ecology 14, 29—37.

[568] Krogmeier, M. J. & Bremner, J. M. (1989). Effects of phenolic acids on seed germination and seedling growth in soil. Biology and Fertility of Soils 8, 116—122.

[569] Kubitzki, K. & Ziburski, A. (1994). Seed dispersal in flood plain forests of Amazonia. Biotropica 26, 30—43.

[570] Kullman, L. (2002). Rapid recent range-margin rise of tree and shrub species in the Swedish Scandes. Journal of Ecology 90, 68—77.

[571] Kunin, W. E. (1993). Sex and the single mustard: population density and pollinator behaviour effects on seed-set. Ecology 74, 2145—2160.

[572] Kunin, W. E. (1997). Population size and density effects in pollination: pollinator foraging and plant reproductive success in experimental arrays of Brassica kaber. Journal of Ecology 85, 225—234.

[573] Kunin, W. E. (1998). Biodiversity at the edge: a test of the importance of the "spatial mass effects" in the Rothamsted Park Grass experiments. Proceedings of the National Academy of Sciences USA 95, 207—212.

[574] Kunin, W. E. & Gaston, K. J. (1993). The biology of rarity — patterns, causes and consequences. Trends in Ecology & Evolution 8, 298—301.

[575] Kunin, W. E. & Gaston, K. J. (1997). The Biology of Rarity: Causes and Consequences of Rare-Common Differences. London: Chapman & Hall.

[576] Kyereh, B. , Swaine, M. D. & Thompson, J. (1999). Effect of light on the germination of forest trees in Ghana. Journal of Ecology 87, 772—783.

[577] Lacey, E. P. (1984). Seed mortality in Daucus carota populations: latitudinal effects. American Journal of Botany 71, 1175—1182.

[578] Lacey, E. P. , Smith, S. & Case, A. L. (1997). Parental effects on seed mass: seed coat but not embryo/endosperm effects. American Journal of Botany 84, 1617—1620.

[579] Lalonde, R. G. & Roitberg, B. D. (1989). Resource limitation and offspring size and number trade-offs in Cirsium arvense (Asteraceae). American Journal of Botany 76, 1107—1113.

[580] Lalonde, R. G. & Roitberg, B. D. (1992). Field studies of seed predation in an introduced weedy thistle. Oikos 65, 363—370.

[581] Laman, T. G. (1995). Ficus stupenda germination and seedling establishment in a Bornean rain-forest canopy. Ecology 76, 2617—2626.

[582] Lambert, F. R. & Marshall, A. G. (1991). Keystone characteristics of bird-dispersed Ficus in a Malaysian lowland rain forest. Journal of Ecology 79, 793—809.

[583] Lamont, B. B. & Groom, P. K. (2002). Green cotyledons of two Hakea species control seedling mass and morphology by supplying mineral nutrients rather than organic compounds. New Phytologist 152, 101—110.

[584] Lamont, B. B. & Klinkhamer, P. G. L. (1993). Population-size and viability. Nature 362, 211.

[585] Lamont, B. B. , Klinkhamer, P. G. L. & Witkowski, E. T. F. (1993a). Population fragmentation may reduce fertility to zero in Banksia goodii: a demonstration of the Allee effect. Oecologia 94, 446—450.

[586] Lamont, B. B. , Witkowski, E. T. F. & Enright, N. J. (1993b). Post-fire litter microsites: safe for seeds, unsafe for seedlings. Ecology 74, 501—512.

[587] Laporte, M. M. & Delph, L. F. (1996). Sex-specific physiology and source-sink relations in the dioecious plant Silene latifolia. Oecologia 106, 63—72.

[588] Larson, B. M. H. & Barrett, S. C. H. (1999). The ecology of pollen limitation in buzz-pollinated Rhexia virginica (Melastomataceae). Journal of Ecology 87, 371—381.

[589] Laterra, P. & Bazzalo, M. E. (1999). Seed-to-seed allelopathic effects between two invaders of burned Pampa grasslands. Weed Research 39, 297—308.

[590] Lavorel, S. , Lepart, J. , Debussche, M. , Lebreton, J. D. & Beffy, J. L. (1994). Small scale disturbance and the maintenance of species diversity in Mediterranean old fields. Oikos 70, 455—473.

[591] Law, R. (1974). Features of the biology and ecology of Bromus erectus and Brachypodium pinnatum in the Sheffield region. PhD thesis, University of Sheffield, Sheffield, UK.

[592] Lawrence, W. S. (1993). Resource and pollen limitation: plant size-dependent reproductive patterns in Physalis longifolia. American Naturalist 141, 296—313.

[593] Lawton, R. O. & Putz, F. E. (1988). Natural disturbance and gap-phase regeneration in a wind-exposed tropical cloud forest. Ecology 69, 764—777.

[594] Leck, M. A. (1989). Wetland seed banks. In Ecology of Soil Seed Banks, ed. M. A. Leck, V. T. Parker & R. L. Simpson, San Diego, CA: Academic Press, pp. 283—305.

[595] Leck, M. A. & Brock, M. A. (2000). Ecological and evolutionary trends in wetlands: Evidence from seeds and seed banks in New South Wales, Australia and New Jersey, USA. Plant Species Biology 15, 97—112.

[596] Leck, M. A., Parker, V. T. & Simpson, R. L. (eds.) (1989). Ecology of Soil Seed Banks. San Diego, CA: Academic Press.

[597] Lee, W. G. & Fenner, M. (1989). Mineral nutrient allocation in seeds and shoots of 12 Chionochloa species in relation to soil fertility. Journal of Ecology 77, 704—716.

[598] Leigh, J. H., Halsall, D. M. & Holgate, M. D. (1995). The role of allelopathy in legume decline in pastures. I. Effects of pasture and crop residues on germination and survival of subterranean clover in the field and nursery. Australian Journal of Agricultural Research 46, 179—188.

[599] Leikola, M., Raulo, J. & Pukkala, T. (1982). Prediction of the variations of the seed crop of Scots pine and Norway spruce. Folia Forestalia 537, 1—43.

[600] Leishman, M. R. & Westoby, M. (1992). Classifying plants into groups on the basis of associations of individual traits — evidence from Australian semi-arid woodlands. Journal of Ecology 80, 417—424.

[601] Leishman, M. R. & Westoby, M. (1994). The role of large seed size in shaded conditions: experimental evidence. Functional Ecology 8, 205—214.

[602] Leishman, M. R. & Westoby, M. (1998). Seed size and shape are not related to persistence in soil in Australia in the same way as in Britain. Functional Ecology 12, 480—485.

[603] Leishman, M. R., Westoby, M. & Jurado, E. (1995). Correlates of seed size variation: a comparison among five temperate floras. Journal of Ecology 83, 517—530.

[604] Leishman, M. R., Masters, G. J., Clarke, I. P. & Brown, V. K. (2000a). Seed bank dynamics: the role of fungal pathogens and climate change. Functional Ecology 14, 293—299.

[605] Leishman, M. R., Wright, I. J., Moles, A. T. & Westoby, M. (2000b). The Evolutionary Ecology of Seed Size. In Seeds: The Ecology of Regeneration in Plant Communities, 2nd edn, ed. M. Fenner, Wallingford, UK: CABI.

[606] Lennartsson, T. (2002). Extinction thresholds and disrupted plant-pollinator interactions in fragmented plant populations. Ecology 83, 3060—3072.

[607] Lescop-Sinclair, K. & Payette, S. (1995). Recent advance of the arctic treeline along the eastern coast of Hudson Bay. Journal of Ecology 83, 929—936.

[608] Lewontin, R. C. (1965). Selection for colonizing ability. In The Genetics of Colonizing Species, ed. H. G. Baker & G. L. Stebbins. New York: Academic Press, pp. 77—91.

[609] Lienert, J. & Fischer, M. (2003). Habitat fragmentation affects the common wetland specialist Primula farinosa in north-east Switzerland. Journal of Ecology 91, 587—599.

[610] Ligon, D. J. (1978). Reproductive interdependence of pinyon jays and pinyon pines. Ecological Monographs 48, 111—126.

[611] Linhart, Y. B. & Mitton, J. B. (1985). Relationships among reproduction, growth rates, and protein heterozygosity in Ponderosa pine. American Journal of Botany 72, 181—184.

[612] Lippert, R. D. & Hopkins, H. H. (1950). Study of viable seeds in various habitats in mixed prairie. Transactions of the Kansas Academy of Science 53, 355—364.

[613] Logan, D. C. & Stewart, G. R. (1992). Germination of the seeds of parasitic angiosperms. Seed Science Research 2, 179—190.

[614] Lokesha, R., Hegde, S. G., Uma Shaanker, R. & Ganeshaiah, K. N. (1992). Dispersal mode as a selective force in shaping the chemical composition of seeds. American Naturalist 140, 520—525.

[615] Lonchamp, J.-P. & Gora, M. (1979). Influence d'anoxies partielles sur la germination de semences de mauvaises herbes. Oecologia Plantarum 14, 121—128.

[616] Longland, W. S., Jenkins, S. H., Van der Wall, S. B., Veech, J. A. & Pyare, S. (2001). Seedling recruitment in Oryzopsis hymenoides: are desert granivores mutualists or predators? Ecology 82, 3131—3148.

[617] Lonsdale, W. M. (1993). Losses from the seed bank of Mimosa pigra: soil micro-organisms vs. temperature fluctuations. Journal of Applied Ecology 30, 654—660.

[618] Lorimer, C. G., Chapman, J. W. & Lambert, W. D. (1994). Tall understorey vegetation as a factor in the poor development of oak seedlings beneath mature stands. Journal of Ecology 82, 227—237.

[619] Lott, R. H., Harrington, G. N., Irvine, A. K. & McIntyre, S. (1995). Density-dependent seed predation and plant dispersion of the tropical palm

Normanbya normanbyi. Biotropica 27, 87—95.

[620] Lotz, L. A. P. (1990). The relationship between age and size at first flowering of Plantago major in various habitats. Journal of Ecology 78, 757—771.

[621] Louda, S. M. (1982). Distribution ecology: variation in plant recruitment over a gradient in relation to seed predation. Ecological Monographs 52, 25—41.

[622] Louda, S. M. & Potvin, M. A. (1995). Effect of inflorescence-feeding insects on the demography and lifetime fitness of a native plant. Ecology 76, 229—245.

[623] Lovell, P. H. & Moore, K. G. (1970). A comparative study of cotyledons as assimilatory organs. Journal of Experimental Botany 21, 1017—1030.

[624] Lovell, P. H. & Moore, K. G. (1971). A comparative study of the role of the cotyledons in seedling development. Journal of Experimental Botany 22, 153—162.

[625] Lovett Doust, J. (1989). Plant reproductive strategies and resource allocation. Trends in Ecology and Evolution 4, 230—234.

[626] Lowenberg, G. J. (1994). Effects of floral herbivory on maternal reproduction in Sanicula arctopoides (Apiaceae). Ecology 75, 359—369.

[627] Lu, X. & Koide, R. T. (1991). Avena fatua L. seed and seedling nutrient dynamics as influenced by mycorrhizal infection of the maternal generation. Plant Cell & Environment 14, 931—939.

[628] Lubchenco, J. (1978). Plant species diversity in a marine intertidal community: importance of herbivore food preference and algal competitive abilities. American Naturalist 112, 23—39.

[629] Luckenbach, M. W. & Orth, R. J. (1999). Effects of a deposit-feeding invertebrate on the entrapment of Zostera marina L. seeds. Aquatic Botany 62, 235—247.

[630] Lusk, C. H. (1995). Seed size, establishment sites and species coexistence in a Chilean rain forest. Journal of Vegetation Science 6, 249—256.

[631] Lusk, C. H. & Kelly, C. K. (2003). Interspecific variation in seed size and safe sites in a temperate rain forest. New Phytologist 158, 535—541.

[632] MacArthur, R. H. & Wilson, E. O. (1967). The Theory of Island Biogeography. Princeton, NJ: Princetown University Press.

[633] Mack, R. N. & Pyke, D. A. (1984). The demography of Bromus tectorum: the role of microclimate, grazing and disease. Journal of Ecology 72, 731—748.

[634] MacNally, R. (1996). A winter's tale: among-year variation in bird community structure in a southeastern Australian forest. Australian Journal of Ecology 21, 280—291.

[635] Maeto, K. & Fukuyama, K. (1997). Mature tree effect of Acer mono on seedling mortality due to insect herbivory. Ecological Research 12, 337—343.

[636] Malo, J. E. & Suarez, F. (1995). Herbivorous mammals as seed dispersers in a Mediterranean dehesa. Oecologia 104, 246—255.

[637] Mandujano, M. del C. , Montaña, C. , Méndez, I. & Golubov, J. (1998). The relative contributions of sexual reproduction and clonal propogation in Opuntia rastrera from two habitats in the Chihuahuan Desert. Journal of Ecology 86, 911—921.

[638] Mannheimer, S. , Bevilacqua, G. , Caramaschi, E. P. & Scarano, F. R. (2003). Evidence for seed dispersal by the catfish Auchenipterichthys longimanus in an Amazonian lake. Journal of Tropical Ecology 19, 215—218.

[639] Marañón, T. & Grubb, P. J. (1993). Physiological basis and ecological significance of the seed size and relative growth rate relationship in Mediterranean annuals. Functional Ecology 7, 591—599.

[640] Mark, S. & Olesen, J. M. (1996). Importance of elaiosome size to removal of ant-dispersed seeds. Oecologia 107, 95—101.

[641] Marks, P. L. (1974). The role of pin cherry (Prunus pensylvanica L) in the maintenance of stability in northern hardwood ecosystems. Ecological Monographs 44, 73—88.

[642] Marks, P. L. (1983). On the origin of the field plants of the northeastern United States. American Naturalist 122, 210—228.

[643] Marks, M. K. and Akosim, C. (1984). Achene dimorphism and germination in three composite weeds. Tropical Agriculture 61, 69—73.

[644] Maron, J. L. & Simms, E. L. (1997). Effect of seed predation on seed bank size and seedling recruitment of bush lupine (Lupinus arboreus). Oecologia 111, 76—83.

[645] Marshall, D. L. , Levin, D. A. & Fowler, N. L. (1986). Plasticity of yield components in response to stress in Sesbania macrocarpa and Sesbania vesicaria (Leguminosae). American Naturalist 127, 508—521.

[646] Masaki, T. , Kominami, Y. & Nakashizuka, T. (1994). Spatial and seasonal patterns of seed dissemination of Cornus controversa in a temperate forest. Ecology 75, 1903—1910.

[647] Masaki, T. , Tanaka, H. , Shibata, M. & Nakashizuka, T. (1998). The seed bank dynamics of Cornus controversa and their role in regeneration. Seed Science Research 8, 53—63.

[648] Matlack, G. R. (1987). Diaspore size, shape, and fall behaviour in wind-dispersed plant species. American Journal of Botany 74, 1150—1160.

[649] (1994). Plant-species migration in a mixed-history forest landscape in eastern north-America. Ecology 75, 1491—1502.

[650] Matos, D. M. S. & Watkinson, A. R. (1998). The fecundity, seed, and seedling ecology of the edible palm Euterpe edulis in southeastern Brazil. Biotropica 30, 595—603.

[651] Matthews, J. D. (1955). The influence of weather on the frequency of beech mast

years in England. Forestry 28, 107—116.

[652] Mattila, E. & Kuitunen, M. T. (2000). Nutrient versus pollination limitation in Platanthera bifolia and Dactylorhiza incarnata (Orchidaceae). Oikos 89, 360—366.

[653] Maun, M. A. & Payne, A. M. (1989). Fruit and seed polymorphism and its relation to seedling growth in the genus Cakile. Canadian Journal of Botany 67, 2743—2750.

[654] Mazer, S. J. (1989). Ecological, taxonomic, and life history correlates of seed mass among Indiana Dune angiosperms. Ecological Monographs 59, 153—175.

[655] Mazer, S. J. (1990). Seed mass of Indiana Dune genera and families: taxonomic and ecological correlates. Evolutionary Ecology 4, 326—357.

[656] McAuliffe, J. R. (1984a). Sahuaro-nurse tree associations in the Sonoran Desert: competitive effects of sahuaros. Oecologia 64, 319—321.

[657] McAuliffe, J. R. (1984b). Prey refugia and the distribution of two Sonoran desert cacti. Oecologia65, 82—85.

[658] McCanny, S. J. & Cavers, P. B. (1988). Spread of proso millet (Panicum miliaceum L) in Ontario, Canada. II Dispersal by combines. Weed Research 28, 67 —72.

[659] McConnaughay, K. D. M. & Bazzaz, F. A. (1987). The relationship between gap size and performance of several colonizing annuals. Ecology 68, 411—416.

[660] McEvoy, P. B. & Cox, C. S. (1987). Wind dispersal distances in dimorphic achenes of ragwort, Senecio jacobaea. Ecology 68, 2006—2015.

[661] McGee, G. & Birmingham, J. P. (1997). Decaying logs as germination sites in northern hardwood forests. Northern Journal of Applied Forestry 14, 178—182.

[662] McGinley, M. A. (1989). Within and among plant variation in seed mass and pappus size in Tragopogon dubius. Canadian Journal of Botany 67, 1298—1304.

[663] McGraw, R. L., Beuselinck, P. R. & Smith, R. R. (1986). Effect of latitude on genotype X environment interactions for seed yield in birdsfoot trefoil. Crop Science 26, 603—605.

[664] McKone, M. J., Kelly, D. & Lee, W. G. (1998). Effect of climate change on mast-seeding species: freqency of mass flowering and escape from specialist insect seed predators. Global Change Biology 4, 591—596.

[665] McPeek, M. A. & Kalisz, S. (1998). The joint evolution of dispersal and dormancy in metapopulations. Archiv für Hydrobiologie 52, 33—51.

[666] McShea, W. J. (2000). The influence of acorn crops on annual variation in rodent and bird populations. Ecology 81, 228—238.

[667] Medrano, M., Guitián, P. & Guitián, J. (2000). Patterns of fruit and seed set within inflorescences of Pancratium maritimum (Amaryllidaceae): non-uniform pollination, resource limitation, or architectural effects? American Journal of

Botany 87, 493—501.

[668] Metcalfe, D. J. (1996). Germination of small-seeded tropical rain forest plants exposed to different spectral compositions. Canadian Journal of Botany 74, 516—520.

[669] Metcalfe, D. J. & Grubb, P. J. (1997). The responses to shade of seedlings of very small-seeded tree and shrub species from tropical rain forest in Singapore. Functional Ecology 11, 215—221.

[670] Meyer, S. E. & Carlson, S. L. (2001). Achene mass variation in Ericameria nauseosus (Asteraceae) in relation to dispersal ability and seedling fitness. Functional Ecology 15, 274—281.

[671] Meyer, A. H. & Schmid, B. (1999). Seed dynamics and seedling establishment in the invading perennial Solidago altissima under different experimental treatments. Journal of Ecology 87, 28—41.

[672] Milberg, P. & Andersson, L. (1997). Seasonal variation in dormancy and light sensitivity in buried seeds of eight annual weed species. Canadian Journal of Botany 75, 1998—2004.

[673] Milberg, P. & Lamont, B. B. (1997). Seed/cotyledon size and content play a major role in early performance of species on nutrient-poor soils. New Phytologist 137, 665—672.

[674] Milberg, P., Andersson, L. & Thompson, K. (2000). Large-seeded species are less dependent on light for germination than small-seeded ones. Seed Science Research 10, 99—104.

[675] Miles, J. (1974). Effects of experimental interference with stand structure on establishment of seedlings in Callunetum. Journal of Ecology 62, 675—687.

[676] Milton, K. (1991). Leaf change and fruit production in sex neotropical Moraceae species. Journal of Ecology 79, 1—26.

[677] Minnick, T. J. & Coffin, D. P. (1999). Geographic patterns of simulated establishment of two Bouteloua species: implications for distributions of dominants and ecotones. Journal of Vegetation Science 10, 343—356.

[678] Mitchell, D. T. & Allsopp, N. (1984). Changes in the phosphorus composition of Hakea sericea (Proteaceae) during germination under low phosphorus conditions. New Phytologist 96, 239—247.

[679] Mitchley, J. & Grubb, P. J. (1986). Control of relative abundance of perennials in chalk grassland in southern England. 1. Constancy of rank order and results of pot experiments and field experiments on the role of interference. Journal of Ecology 74, 1139—1166.

[680] Moegenburg, S. M. (1996). Sabal palmetto seed size: causes of variation, choices of predators, and consequences for seedlings. Oecologia 106, 539—543.

[681] Moles, A. T. & Westoby, M. (2002). Seed addition experiments are more likely

to increase recruitment in larger-seeded species. Oikos 99, 241—248.

[682] Moles, A. T. & Westoby, M. (2003). Latitude, seed predation and seed mass. Journal of Biogeography 30, 105—128.

[683] Moles, A. T., Hodson, D. W. & Webb, C. J. (2000). Seed size and shape and persistence in the soil in the New Zealand flora. Oikos 89, 541—545.

[684] Moll, D. & Jansen, K. P. (1995). Evidence for a role in seed dispersal by two tropical herbivorous turtles. Biotropica 27, 121—127.

[685] Molofsky, J. & Augspurger, C. K. (1992). The effect of leaf litter on early seedling establishment in a tropical forest. Ecology 73, 68—77.

[686] Molofsky, J. & Fisher, B. L. (1993). Habitat and predation effects on seedling survival and growth in shade-tolerant tropical trees. Ecology 74, 261—265.

[687] Montalvo, A. M. (1994). Inbreeding depression and maternal effects in Aquilegia caerulea, a partially selfing plant. Ecology 75, 2395—2409.

[688] Moore, K. A., Orth, R. J. & Novak, J. F. (1993). Environmental regulation of seed-germination in Zostera marina L. (eelgrass) in Chesapeake Bay: effects of light, oxygen and sediment burial. Aquatic Botany 45, 79—91.

[689] Morpeth, D. R. & Hall, A. M. (2000) Microbial enhancement of seed germination in Rosa corymbifera 'Laxa'. Seed Science Research 10, 489—494.

[690] Morris, E. C. (2000). Germination response of seven east Australian Grevillea species (Proteaceae) to smoke, heat exposure and scarification. Australian Journal of Botany 48, 179—189.

[691] Muchow, R. C. (1990). Effect of high temperature on the rate and duration of grain growth in field-grown Sorghum bicolor (L.) Moench. Australian Journal of Agricultural Research 41, 329—337.

[692] Muir, A. M. (1995). The cost of reproduction to the clonal herb Asarum canadense (wild ginger). Canadian Journal of Botany 73, 1683—1686.

[693] Mulligan, D. R. & Patrick, J. W. (1985). Carbon and phosphorus assimilation and deployment in Eucalyptus pilularis Smith seedlings with special reference to the role of cotyledons. Australian Journal of Botany 33, 485—496.

[694] Murdoch, A. J. & Carmona, R. (1993). The implications of the annual dormancy cycle of buried weed seeds for novel methods of weed control. In Brighton Crop Protection Conference — Weeds — Proceedings, 4B—10, 329—334.

[695] Murdoch, A. J. & Ellis, R. H. (2000). Dormancy, viability and longevity. In Seeds: The Ecology of Regeneration in Plant Communities, ed. M. Fenner, Wallingford: CABI Publishing, pp. 183—214.

[696] Murphy, S. D. & Aarssen, L. W. (1995). Reduced seed set in Elytrigia repens caused by allelopathic pollen from Phleum pratense. Canadian Journal of Botany 73, 1417—1422.

[697] Murphy, S. D. & Vasseur, L. (1995). Pollen limitation in a northern population of Hepatica acutiloba. Canadian Journal of Botany 73, 1234—1241.

[698] Murray, K. G. (1988). Avian seed dispersal of 3 neotropical gap-dependent plants. Ecological Monographs 58, 271—298.

[699] Murray, B. R. , Thrall, P. H. , Gill, A. M. & Nicotra, A. B. (2002). How plant life-history and ecological traits relate to species rarity and commonness at varying spatial scales. Australian Ecology 27, 291—310.

[700] Murton, R. K. , Isaacson, A. J. & Westwood, N. J. (1966). The relationships between woodpigeons and their clover food supply and the mechanism of population control. Journal of Applied Ecology 3, 55—93.

[701] Mustajarvi, K. , Siikamaki, P. , Rytkonen, S. & Lammi, A. (2001). Consequences of plant population size and density for plant-pollinator interactions and plant performance. Journal of Ecology 89, 80—87.

[702] Myster, R. W. & Pickett, S. T. A. (1993). Effects of litter, distance, density and vegetation patch type on postdispersal tree seed predation in old fields. Oikos 66, 381—388.

[703] Naiman, R. J. , Pinay, G. , Johnson, C. A. & Pastor, J. (1994). Beaver influences on the long-term biogeochemical characteristics of boreal forest drainage networks. Ecology 75, 905—921.

[704] Nakamura, R. R. (1988). Seed abortion and seed size variation within fruits of Phaseolus vulgaris: pollen donor and resource limitation effects. American Journal of Botany 75, 1003—1010.

[705] Nakashizuka, T. , Iida, S. , Suzuki, W. & Tanimoto, T. (1993). Seed dispersal and vegetation development on a debris avalanche on the Ontake volcano, Central Japan. Journal of Vegetation Science 4, 537—542.

[706] Nathan, R. , Safriel, U. N. , Noy-Meir, I. & Schiller, G. (2000). Spatiotemporal variation in seed dispersal and recruitment near and far from Pinus halepensis trees. Ecology 81, 2156—2169.

[707] Nathan, R. , Katul, G. G. , Horn, H. S. , et al. (2002). Mechanisms of long-distance dispersal of seeds by wind. Nature 418, 409—413.

[708] Naylor, R. E. L. (1993). The effect of parent plant nutrition on seed size, viability and vigour and on germination of wheat and triticale at different temperatures. Annals of Applied Biology 123, 379—390.

[709] Nee, S. & May, R. M. (1992). Dynamics of metapopulations: habitat destruction and competitive coexistence. Journal of Animal Ecology 61, 37—40.

[710] Ne'eman, G. , Lahav, H. & Izhaki, I. (1992). Spatial pattern of seedlings one year after fire in a Mediterranean pine forest. Oecologia 91, 365—370.

[711] Nelson, J. R. , Harris, G. A. & Goebel, C. J. (1970). Genetic vs.

environmentally induced variation in medusahead (Taeniatherum asperum (Simonkai) Neuski). Ecology 51, 526—529.

[712] Neubert, M. G. & Caswell, H. (2000). Demography and dispersal: Calculation and sensitivity analysis of invasion speed for structured populations. Ecology 81, 1613—1628.

[713] Newell, E. A. (1991). Direct and delayed costs of reproduction in Aesculus californica. Journal of Ecology 79, 365—378.

[714] Ng, F. S. P. (1978). Strategies of establishment in Malayan forest trees. In Tropical Trees as Living Systems, ed. P. B. Tomlinson & M. H. Zimmerman, Cambridge: Cambridge University Press, pp. 129—162.

[715] Nichols-Orians, C. M. (1991). The effects of light on foliar chemistry, growth and susceptibility of seedlings of a canopy tree to an attine ant. Oecologia 86, 552— 560.

[716] Nilsson, S. G. & Wästljung, U. (1987). Seed predation and cross-pollination in mast-seeding beech (Fagus sylvatica) patches. Ecology 68, 260—265.

[717] Nilsson, P. , Fagerstrom, T. , Tuomi, J. & Astrom, M. (1994). Does seed dormancy benefit the mother plant by reducing sib competition? Evolutionary Ecology 8, 422—430.

[718] Nishitani, S. , Takada, T. & Kachi, N. (1999). Optimal resource allocation to seeds and vegetative propagules under density-dependent regulation in Syneilesis palmata (Compositae). Plant Ecology 141, 179—189.

[719] Nobel, P. S. (1984). Extreme temperatures and thermal tolerances for seedlings of desert succulents. Oecologia 62, 310—317.

[720] Noe, G. B. & Zedler, J. B. (2000). Differential effects of four abiotic factors on the germination of salt marsh annuals. American Journal of Botany 87, 1679— 1692.

[721] Noodén, L. D. , Blakey, K. A. & Grzybowski, J. M. (1985). Control of seed coat thickness and permeability in soybean: a possible adaptation to stress. Plant Physiology 79, 543—545.

[722] Norton, D. A. & Kelly, D. (1988). Mast seeding over 33 years by Dacrydium cupressinum Lamb. (rimu) (Podocarpaceae) in New Zealand: the importance of economies of scale. Functional Ecology 2, 399—408.

[723] Núñez-Farfán, J. & Dirzo, R. (1988). Within-gap spatial heterogeneity and seedling performance in a Mexican tropical forest. Oikos 51, 274—284.

[724] Nunez, C. I. , Aizen, M. A. & Ezcurra, C. (1999). Species associations and nurse plant effects in patches of high-Andean vegetation. Journal of Vegetation Science 10, 57—364.

[725] Nystrand, O. & Granstrom, A. (1997). Forest floor moisture controls predator

activity on juvenile seedlings of Pinus sylvestris. Canadian Journal of Forest Research27, 1746—1752.

[726] Oakwood, M., Jurado, E., Leishman, M. & Westoby, M. (1993). Geographic ranges of plant species in relation to dispersal morphology, growth form and diaspore weight. Journal of Biogeography 20, 563—572.

[727] Oberrath, R. & Bohning-Gaese, K. (2002). Phenological adaptation of ant-dispersed plants to seasonal variation in ant activity. Ecology 83, 1412—1420.

[728] Obeso, J. R. (1993a). Selective fruit and seed maturation in Asphodelus albus Miller (Liliaceae). Oecologia 93, 564—570.

[729] Obeso, J. R. (1993b). Seed mass variation in the perennial herb Asphodelus albus: sources of variation and position effect. Oecologia 93, 571—575.

[730] Obeso, J. R. (1997). Costs of reproduction in Ilex aquifolium: effects at tree, branch and leaf levels. Journal of Ecology 85, 159—166.

[731] O'Dowd, D. J. & Lake, P. S. (1991). Red crabs in rain-forest, Christmas Island: removal and fate of fruits and seeds. Journal of Tropical Ecology 7, 1130—1122.

[732] Odum, S. (1965). Germination of ancient seeds. Dansk Botanisk Arkiv 24, 1—70.

[733] Ohara, M. & Higashi, S. (1994). Effects of inflorescence size on visits from pollinators and seed set of Corydalis ambigua (Papaveraceae). Oecologia 98, 25—30.

[734] Ohkawara, K., Higashi, S. & Ohara, M. (1996). Effects of ants, ground beetles and the seed-fall patterns on myrmecochory of Erythronium japonicum Decne (Liliaceae). Oecologia 106, 500—506.

[735] Okusanya, T. & Ungar, I. A. (1983). The effects of time of seed production on the germination response of Spergularia marina. Physiologia Plantarum 59, 335—342.

[736] Oomes, M. J. M. & Elberse, W. T. (1976). Germination of six grassland herbs in micro-sites with different water contents. Journal of Ecology 64, 745—755.

[737] Opdam, P. (1990). Dispersal in fragmented populations: the key to survival. In Species Dispersal in Agricultural Habitats, eds. R. G. H. Bunce & D. C. Howard, London: Belhaven Press, pp. 3—17.

[738] Ostfeld, R. S., Manson, R. H. & Canham, C. D. (1997). Effect of rodents on survival of tree seeds and seedlings invading old fields. Ecology 78, 1531—1542.

[739] Osunkoya, O. O., Ash, J. E., Hopkins, M. S. & Graham, A. W. (1994). Influence of seed size and seedling ecological attributes on shade-tolerance of rain forest species in Northern Queensland. Journal of Ecology 82, 149—163.

[740] Otsama, R. (1998). Effect of nurse tree species on early growth of Anisoptera marginata Korth. (Dipterocarpaceae) on an Imperata cylindrica (l.) Beauv. Grassland site in South Kalimantan, Indonesia. Forest Ecology & Management 105, 303—311.

[741] Owens, J. N. , Colangeli, A. M. & Morris, S. J. (1991). Factors affecting seed set in Douglas-fir (Pseudotsuga menziesii). Canadian Journal of Botany 69, 229—238.

[742] Oyama, K. & Dirzo, R. (1988). Biomass allocation in the dioecious tropical palm Chamaedorea tepejilote and its life history consequences. Plant Species Biology 3, 27—33.

[743] Ozanne, P. G. & Asher, C. J. (1965). The effect of seed potassium on emergence and root development of seedlings in potassium-deficient sand. Australian Journal of Agricultural Research 16, 773—784.

[744] Pacala, S. W. & Rees, M. (1998). Models suggesting field experiments to test two hypotheses explaining successional diversity. American Naturalist 152, 729—737.

[745] Pakeman, R. J. , Attwood, J. P. & Engelen, J. (1998). Sources of plants colonizing experimentally disturbed patches in an acidic grassland, in eastern England. Journal of Ecology 86, 1032—1041.

[746] Pakeman, R. J. , Cummins, R. P. , Miller, G. R. & Roy, D. B. (1999). Potential climatic control of seedbank density. Seed Science Research 9, 101—110.

[747] Pakeman, R. J. , Digneffe, G. & Small, J. L. (2002). Ecological correlates of endozoochory by herbivores. Functional Ecology 16, 296—304.

[748] Parish, R. & Turkington, R. (1990). The colonization of dung pats and molehills in permanent pastures. Canadian Journal of Botany 68, 1706—1711.

[749] Parker, I. M. (1997). Pollination limitation of Cytisus scoparius (Scotch broom), an invasive exotic shrub. Ecology 78, 1457—1470.

[750] Parra-Tabla, V. , Vargas, C. F. & Eguiarte, L. E. (1998). Is Escheveria gibbiflora (Crassulaceae) fecundity limited by pollen availability? An experimental study. Functional Ecology 12, 591—595.

[751] Parrish, J. A. D. & Bazzaz, F. A. (1985). Nutrient content of Abutilon theophrasti seeds and the competitive ability of the resulting plants. Oecologia 65, 247—251.

[752] Pascarella, J. B. (1998). Hurricane disturbance, plant-animal interactions, and the reproductive success of a tropical shrub. Biotropica 30, 416—424.

[753] Pate, J. S. , Rasins, E. , Rullo, J. & Kuo, J. (1985). Seed nutrient reserves of Proteaceae with special reference to protein bodies and their inclusions. Annals of Botany 57, 747—770.

[754] Pearson, T. R. H. , Burslem, D. , Mullins, C. E. & Dalling, J. W. (2002). Germination ecology of neotropical pioneers: interacting effects of environmental conditions and seed size. Ecology 83, 2798—2807.

[755] Peart, M. H. (1979). Experiments on the biological significance of the morphology of seed-dispersal units in grasses. Journal of Ecology 67, 843—863.

[756] Peart, M. H. (1981). Further experiments on the biological significance of the

morphology of seed-dispersal units in grasses. Journal of Ecology 69, 425—436.

[757] Peart, M. H. (1984). The effects of morphology, orientation and position of grass diaspores on seedling survival. Journal of Ecology 72, 437—453.

[758] Peart, D. R. (1989). Species interactions in a successional grassland. I. Seed rain and seedling establishment. Journal of Ecology 77, 236—251.

[759] Peart, M. H. & Clifford, H. T. (1987). The influence of diaspore morphology and soil surface properties on the distribution of grasses. Journal of Ecology 75, 569—576.

[760] Peat, H. J. & Fitter, A. H. (1994). Comparative analyses of ecological characteristics of British angiosperms. Biological Reviews 69, 95—115.

[761] Peco, B., Ortega, M. & Levassor, C. (1998). Similarity between seed bank and vegetation in Mediterranean grassland: a predictive model. Journal of Vegetation Science 9, 815—828.

[762] Peco, B., Traba, J., Levassor, C., Sanchez, A. M. & Azcarate, F. M. (2003). Seed size, shape and persistence in dry Mediterranean grass and scrublands. Seed Science Research 13, 87—95.

[763] Peres, C. A. (1991). Seed predation of Cariniana micrantha (Lecythidaceae) by brown capuchin monkeys in Central Amazonia. Biotropica 23, 262—270.

[764] Perez-Garcia, F., Ceresuela, J. L., Gonzalez, A. E. & Aquinagalde, I. (1992). Flavonoids in seed coats of Medicago arborea and M. strasseri (Leguminosae): ecophysiological aspects. Journal of Basic Microbiology 32, 241—248.

[765] Peter, J. C., Davison, E. A. & Fulloon, L. (2000). Germination and dormancy of grassy woodland and forest species: effects of smoke, heat, darkness and cold. Australian Journal of Botany 48, 687—700.

[766] Peters, N. C. B. (1982). Production and dormancy of wild oat (Avena fatua) seed from plants grown under soil water stress. Annals of Applied Biology 100, 189—196.

[767] Peterson, C. J. & Facelli, J. M. (1992). Contrasting germination and seedling growth of Betula alleghaniensis and Rhus typhina subjected to various amounts and types of plant litter. American Journal of Botany 79, 1209—1216.

[768] Peterson, C. J., Carson, W. P., McCarthy, B. C. & Pickett, S. T. A. (1990). Microsite variation and soil dynamics within newly created treefall pits and mounds. Oikos 58, 39—46.

[769] Philippi, T. (1993). Bet-hedging germination of desert annuals: variation among populations and maternal effects in Lepidium lasiocarpum. American Naturalist 142, 488—507.

[770] Pianka, E. R. & Parker, W. S. (1975). Age-specific reproductive tactics. American Naturalist 109, 453—464.

[771] Pickering, C. M. (1994). Size dependent reproduction in Australian alpine Ranunculus. Australian Journal of Ecology 19, 336—344.

[772] Pierce, S. M. , Esler, K. & Cowling, R. M. (1995). Smoke-induced germination of succulents (Mesembryanthemaceae) from fire-prone and fire-free habitats in South Africa. Oecologia 102, 520—522.

[773] Pigott, C. D. (1968). Biological Flora of the British Isles: Cirsium acaulon. Journal of Ecology 56, 597—612.

[774] Pigott, C. D. & Huntley, J. P. (1981). Factors controlling the distribution of Tilia cordata at the northern limit of its geographical range 3. Nature and cause of seed sterility. New Phytologist 87, 817—839.

[775] Pilson, D. & Decker, K. L. (2002). Compensation for herbivory in wild sunflower: response to simulated damage by the head-clipping weevil. Ecology 83, 3097—3107.

[776] Piñero, D. , Sarukhán, J. & Alberdi, P. (1982). The cost of reproduction in a tropical palm, Astrocaryum mexicanum. Journal of Ecology 70, 473—481.

[777] Plantenkamp, G. A. J. & Shaw, R. G. (1993). Phenotypic plasticity and population differentiation in seeds and seedlings of the grass Anthoxanthum odoratum. Oecologia 88, 515—520.

[778] Pleasants, J. M. & Jurik, T. W. (1992). Dispersion of seedlings of the prairie compass plant, Silphium laciniatum (Asteraceae). American Journal of Botany 79, 133—137.

[779] Pons, T. L. (1989). Breaking of seed dormancy by nitrate as a gap detection mechanism. Annals of Botany 63, 139—143.

[780] Pons, T. L. (2000). Seed responses to light. In Seeds: The Ecology of Regeneration in Plant Communities, ed. M. Fenner, Wallingford: CABI Publishing, pp. 237—260.

[781] Pons, T. L. & Schroder, H. F. J. M. (1986). Significance of temperature fluctuation and oxygen concentration for germination of the rice field weeds Fimbristylis littoralis and Scirpus juncoides. Oecologia 68, 315—319.

[782] Poorter, H. & Van der Werf, A. (1998). Is inherent variation in RGR determined by LAR at low irradiance and by NAR at high irradiance? A review of herbaceous species. In Inherent Variation in Plant Growth, ed. H. Lambers, H. Poorter & M. I. Van Vuuren, Leiden: Backhuys, pp. 309—336.

[783] Popay, A. I. & Roberts, E. H. (1970). Ecology of Capsella bursa-pastoris (L.) Medik and Senecio vulgaris L. in relation to germination behaviour. Journal of Ecology 58, 123—139.

[784] Porras, R. & Munoz, J. M. (2000). Achene heteromorphism in the cleistogamous species Centaurea melitensis. Acta Oecologica 21, 231—243.

[785] Portnoy, S. & Willson, M. F. (1993). Seed dispersal curves: the behavior of the tail of the distribution. Evolutionary Ecology 7, 25—44.

[786] Poschlod, P. & Bonn, S. (1998). Changing dispersal processes in the central European landscape since the last ice age: an explanation for the actual decrease of plant species richness in different habitats? Acta Botanica Neerlandica 47, 27—44.

[787] Price, M. V. & Joyner, J. W. (1997). What resources are available to desert granivores: seed rain or soil seed bank? Ecology 78, 764—773.

[788] Priestley, D. A. (1986). Seed Aging: Implications for Seed Storage and Persistence in the Soil. Ithaca, NY: Cornell University Press.

[789] Primack, R. B. (1987). Relationships among flowers, fruits, and seeds. Annual Review of Ecology and Systematics 18, 409—430.

[790] Primack, R. & Stacy, E. (1998). Cost of reproduction in the pink lady's slipper orchid (Cypropedium acaule, Orchidaceae): an eleven-year experimental study of three populations. American Journal of Botany 85, 1672—1679.

[791] Probert, R. J. (2000) The role of temperature in seed dormancy and germination. In Seeds: The Ecology of Regeneration in Plant Communities, 2nd edn, ed. M. Fenner, Wallingford: CABI, pp. 261—292.

[792] Probert, R. J. & Brenchley, J. L. (1999). The effect of environmental factors on field and laboratory germination in a population of Zostera marina L. from southern England. Seed Science Research 9, 331—339.

[793] Probert, R. J., Gajjar, K. H. & Haslarn, I. K. (1987). The interactive effects of phytochrome, nitrate and thiourea on the germination response to alternating temperatures in seeds of Ranunculus sceleratus L.: a quantal approach. Journal of Experimental Botany 38, 1012—1025.

[794] Proctor, H. C. & Harder, L. D. (1994). Pollen load, capsule weight, and seed production in three orchid species. Canadian Journal of Botany 72, 249—255.

[795] Pudlo, R. J., Beattie, A. J. & Culver, D. C. (1980). Population consequences of changes in an ant-seed mutualism in Sanguinaria canadensis. Oecologia 46, 32—37.

[796] Pukacka, S. (1991). Changes in membrane lipid components and antioxidant levels during natural aging of seeds of Acer platanoides. Physiologia Plantarum 82, 306—310.

[797] Putz, F. E. (1983). Treefall pits and mounds, buried seeds, and the importance of soil disturbance to pioneer tree species on Barro Colorado Island, Panama. Ecology 64, 1069—1074.

[798] Pyšek, P. (1994). Ecological aspects of invasion by Heracleum mantegazzianum in the Czech Republic. In Ecology and Management of Invasive Riverside Plants, ed. L. C. de Waal, L. E. Child, P. M. Wade & J. H. Brock, Chichester: J. Wiley & Sons, pp. 45—54.

[799] Pyšek, P. & Prach, K. (1993). Plant invasions and the role of riparian habitats-a comparison of 4 species alien to central Europe. Journal of Biogeography 20, 413—

420.

[800] Qaderi, M. M., Cavers, P. B. & Bernards, M. A. (2003). Pre— and post-dispersal factors regulate germination patterns and structural characteristics of Scotch thistle (Onopordum acanthium) cypselas. New Phytologist 159, 263—278.

[801] Qi, M. & Upadhyaya, M. K. (1993). Seed germination ecophysiology of meadow salsify (Tragopogon pratensis) and western salsify (T. dubius). Weed Science 41, 362—368.

[802] Rabinowitz, D. (1978). Abundance and diaspore weight in rare and common prairie grasses. Oecologia 37, 213—219.

[803] Rabinowitz, D. & Rapp, J. K. (1981). Dispersal abilities of 7 sparse and common grasses from a Missouri prairie. American Journal of Botany 68, 616—624.

[804] Ramírez, N. (1993). Produccion y costo de frutos y semillas entre formas de vida. Biotropica 25, 46—60.

[805] Ramsey, M. (1995). Causes and consequences of seasonal variation in pollen limitation of seed production in Blandfordia grandiflora (Liliaceae). Oikos 73, 49—58.

[806] Ramsey, M. & Vaughton, G. (1996). Inbreeding depression and pollinator availability in a partially self-fertile perennial herb, Blandfordia grandiflora (Liliaceae). Oikos 76, 465—474.

[807] Ramsey, M. & Vaughton, G. (2000). Pollen quality limits seed set in Burchardia umbellata (Colchicaceae). American Journal of Botany 87, 845—852.

[808] Randall, M. G. M. (1986). The predation of predispersed Juncus squarrosus seeds by Coleophora alticolella (Lepidoptera) larvae over a range of altitudes in northern England. Oecologia 69, 460—465.

[809] Rasmussen, H. N. & Whigham, D. F. (1998). Importance of woody debris in seed germination of Tipularia discolor (Orchidaceae). American Journal of Botany 85, 829—834.

[810] Read, T. R. & Bellairs, S. M. (1999). Smoke affects the germination of native grasses of New South Wales. Australian Journal of Botany 47, 563—576.

[811] Reader, R. J. & Buck, J. (1986). Topographic variation in the abundance of Hieracium floribundum: relative importance of differential seed dispersal, seedling establishment, plant survival and reproduction. Journal of Ecology 74, 815—822.

[812] Reader, R. J., Jalili, A., Grime, J. P., Spencer, R. E. & Matthews, N. (1993). A comparative study of plasticity in seedling rooting depth in drying soil. Journal of Ecology 81, 543—550.

[813] Reekie, E. G. (1998). An explanation for size-dependent reproductive allocation in Plantago major. Canadian Journal of Botany 76, 43—50.

[814] Reekie, E. G. (1999). Resource allocation, trade-offs, and reproductive effort in plants. In Life History Evolution in Plants, ed. T. O. Vuorisalo & P. K.

Mutikainen. Dordrecht: Kluwer Academic Publishers, pp. 173—193.

[815] Reekie, E. G. & Bazzaz, F. A. (1987). Reproductive effort in plants. 1. Carbon allocation to reproduction. American Naturalist 129, 876—896.

[816] Reekie, E. G. & Reekie, J. Y. C. (1991). An experimental investigation of the effect of reproduction on canopy structure, allocation and growth in Oenothera biennis. Journal of Ecology 79, 1061—1071.

[817] Rees, M. (1993). Trade-offs among dispersal strategies in British plants. Nature 366, 150—152.

[818] Rees, M. (1995). Community structure in sand dune annuals —— is seed weight a key quantity? Journal of Ecology 83, 857—863.

[819] Rees, M. & Crawley, M. J. (1989). Growth, reproduction and population dynamics. Functional Ecology 3, 645—653.

[820] Rees, M. & Westoby, M. (1997). Game-theoretical evolution of seed mass in multi-species ecological models. Oikos 78, 116—126.

[821] Reich, P. B., Tjoelker, M. G., Walters, M. B., Vanderklein, D. W. & Buschena, C. (1998). Close association of RGR, leaf and root morphology, seed mass and shade tolerance in seedlings of nine boreal tree species grown in high and low light. Functional Ecology 12, 327—338.

[822] Relyea, R. A. (2002). Costs of phenotypic plasticity. American Naturalist 159, 272—282.

[823] Reukema, D. L. (1982). Seedfall in a young-grown Douglas-fir stand: 1950—1978. Canadian Journal of Forest Research 12, 249—254.

[824] Reusch, T. B. H. (2003). Floral neighbourhoods in the sea: how floral density, opportunity for outcrossing and population fragmentation affect seed set in Zostera marina. Journal of Ecology 91, 610—615.

[825] Rey, P. J. & Alcántara, J. M. (2000). Recruitment dynamics of a fleshy-fruited plant (Olea europaea): connecting patterns of seed dispersal to seedling establishment. Journal of Ecology 88, 622—633.

[826] Richards, A. J. (1986). Plant Breeding Systems. London: George Allen & Unwin.

[827] Richardson, S. S. (1979). Factors influencing the development of primary dormancy in wild oat seeds. Canadian Journal of Plant Science 59, 777—784.

[828] Richter, D. D. & Markewitz, D. (1995). How deep is soil? BioScience 45, 600—609.

[829] Ricklefs, R. E. & Miller, G. L. (1999). Ecology, 4th edn, New York: W. H. Freeman.

[830] Roach, D. A. (1986). Timing of seed production and dispersal in Geranium carolinianum: effects on fitness. Ecology 67, 572—576.

[831] Roach, D. A. & Wulff, R. D. (1987). Maternal effects in plants. Annual Review of Ecology and Systematics 18, 209—235.

[832] Roberts, H. A. (1986). Seed persistence in soil and seasonal emergence in plant species from different habitats. Journal of Applied Ecology 23, 638—656.

[833] Roberts. H. A. & Feast, P. M. (1973). Emergence and longevity of seeds of annual weeds in cultivated and undisturbed soil. Journal of Applied Ecology 10, 133—143.

[834] Roche, S. , Dixon, K. W. & Pate, J. S. (1997). Seed ageing and smoke: partner cues in the amelioration of seed dormancy in selected Australian native species. Australian Journal of Botany 45, 783—815.

[835] Rodriguez, M. D. , Orozco-Segovia, A. , Sanchez-Coronado, M. E. & Vazquez-Yanes, C. (2000). Seed germination of six mature neotropical rain forest species in response to dehydration. Tree Physiology 20, 693—699.

[836] Roll, J. , Mitchell, R. J. , Cabin, R. J. & Marshall, D. L. (1997). Reproductive success increases with local density of conspecifics in a desert mustard (Lesquerella fendleri). Conservation Biology 11, 738—746.

[837] Ronsheim, M. L. & Bever, J. D. (2000). Genetic variation and evolutionary trade-offs for sexual and asexual reproductive modes in Allium vineale (Liliaceae). American Journal of Botany 87, 1769—1777.

[838] Ruhren, S. & Dudash, M. R. (1996). Consequences of the timing of seed release of Erythronium americanum (Liliaceae), a deciduous forest myrmecochore. American Journal of Botany 83, 633—640.

[839] Sacchi, C. F. & Price, P. W. (1992). The relative roles of abiotic and biotic factors in seedling demography of Arroyo willow (Salix lasiolepis: Salicaceae). American Journal of Botany 79, 395—405.

[840] Saini, H. S. , Bassi, P. K. & Spencer, M. S. (1986). Use of ethylene and nitrate to break seed dormancy of common lambsquarters (Chenopodium album). Weed Science 34, 502—506.

[841] Sakai, S. , Momose, K. , Yumoto, T. , et al. (1999). Plant reproductive phenology over four years including an episode of general flowering in a lowland dipterocarp forest, Sarawak, Malaysia. American Journal of Botany 86, 1414—1436.

[842] Salisbury, E. J. (1942). The Reproductive Capacity of Plants. London: G Bell and Sons.

[843] Samson, D. A. & Werk, K. (1986). Size-dependent effects in the analysis of reproductive effort in plants. American Naturalist 127, 667—680.

[844] Sánchez, A. M. & Peco, B. (2002). Dispersal mechanisms in Lavandula stoechas subsp. pedunculata: autochory and endozoochory by sheep. Seed Science Research 12, 101—111.

[845] Sanchez, R. A., Eyherabide, G. & de Miguel, L. (1981). The influence of irradiance and water deficit during fruit development on seed dormancy in Datura ferox L. Weed Research 21, 127—132.

[846] Sarukhán, J. (1980). Demographic problems in tropical systems. Botanical Monographs 15, 161—188.

[847] Sarukhán, J. & Harper, J. L. (1973). Studies on plant demography: Ranunculus repens L., R. bulbosus L. and R. acris L. I. Population flux and survivorship. Journal of Ecology 61, 675—716.

[848] Sauer, J. & Struik, G. (1964). A possible ecological relation between soil disturbance, light-flash, and seed germination. Ecolog 45, 884—886.

[849] Saulnier, T. P. & Reekie, E. G. (1995). Effect of reproduction on nitrogen allocation and carbon gain in Oenothera biennis. Journal of Ecology 83, 23—29.

[850] Savage, A. J. P. & Ashton, P. S. (1983). The population structure of the double coconut and some other Seychelles palms. Biotropica 15, 15—25.

[851] Saverimuttu, T. & Westoby, M. (1996a). Seedling longevity under deep shade in relation to seed size. Journal of Ecology 84, 681—689.

[852] Saverimuttu, T. & Westoby, M. (1996b). Components of variation in seedling potential relative growth-rate: phylogenetically independent contrasts. Oecologia 105, 281—285.

[853] Sawhney, R., Quick, W. A. & Hsiao, A. I. (1985). The effect of temperature during parental vegetative growth on seed germination of wild oats (Avena fatua L.). Annals of Botany 55, 25—28.

[854] Scariot, A. (2000). Seedling mortality by litterfall in Amazonian forest fragments. Biotropica 32, 662—669.

[855] Schauber, E. M., Kelly, D., Turchin, P., et al. (2002). Masting by eighteen New Zealand plant species: the role of temperature as a synchronizing cue. Ecology 83, 1214—1225.

[856] Schemske, D. W. & Pautler, L. P. (1984). The effects of pollen composition on fitness components in a neo-tropical herb. Oecologia 62, 31—36.

[857] Schenkeveld, A. J. & Verkaar, H. J. (1984). The ecology of short-lived forbs in chalk grasslands — distribution of germinative seeds and its significance for seedling emergence. Journal of Biogeography 11, 251—260.

[858] Schlesinger, R. & Williams, R. D. (1984). Growth reponses of black walnut Juglans nigra to interplanted trees. Forest Ecology & Management 9, 235—243.

[859] Schmid, B. & Weiner, J. (1993). Plastic relationships between reproductive and vegetative mass in Solidago altissima. Evolution 47, 61—74.

[860] Schmid, B., Bazzaz, F. A. & Weiner, J. (1995). Size dependency of sexual reproduction and of clonal growth in two perennial plants. Canadian Journal of

Botany 73, 1831—1837.

[861] Schnurr, J. L. , Ostfeld, R. S. & Canham, C. D. (2002). Direct and indirect effects of masting on rodent populations and tree seed survival. Oikos 96, 402 — 410.

[862] Schulz, B. , Döring, J. & Gottsberger, G. (1991). Apparatus for measuring the fall velocity of anemochorous diaspores, with results from two plant communities. Oecologia 86, 454—456.

[863] Schupp, E. W. (1992). The Janzen-Connell model for tropical tree diversity: population implications and the importance of spatial scale. American Naturalist 140, 526—530.

[864] Schupp, E. W. (1995). Seed-seedling conflicts, habitat choice, and patterns of plant recruitment. American Journal of Botany 82, 399—409.

[865] Schupp, E. W. & Frost, E. J. (1989). Differential predation of Welfia georgii seeds in treefall gaps and the forest understory. Biotropica 21, 200—203.

[866] Schuster, A. , Noy-Meir, I. , Heyn, C. C. & Dafni, A. (1993). Pollination-dependent female reproductive success in a self-compatible outcrosser, Asphodelus aestivus Brot. New Phytologist 123, 165—174.

[867] Schütz, W. (1997). Are germination strategies important for the ability of cespitose wetland sedges (Carex) to grow in forests? Canadian Journal of Botany-Revue Canadienne De Botanique 75, 1692—1699.

[868] Schütz, W. (2000). Ecology of seed dormancy and germination in sedges (Carex). Perspectives in Plant Ecology, Evolution and Systematics 3, 67—89.

[869] Scopel, A. L. , Ballaré, C. L. & Sánchez, R. A. (1991). Induction of extreme light sensitivity in buried weed seeds and its role in the perception of soil cultivations. Plant, Cell and Environment 14, 501—508.

[870] Scopel, A. L. , Ballaré, C. L. & Radosevitch, S. R. (1994). Photostimulation of seed germination during soil tillage. New Phytologist 126, 145—152.

[871] Scott, N. E. (1985). The updated distribution of maritime species on British roads. Watsonia 15, 381—386.

[872] See, S. S. & Alexander, I. J. (1996). The dynamics of ectomycorrhizal infection of Shorea leprosula seedlings in Malaysian rain forest. New Phytologist 132, 297—305.

[873] Seiwa, K. & Kikuzawa, K. (1991). Phenology of tree seedlings in relation to seed size. Canadian Journal of Botany 69, 532—538.

[874] Selås, V. (1997). Cyclic population fluctuations of herbivores as an effect of cyclic seed cropping of plants: the mast depression hypothesis. Oikos 80, 257—268.

[875] Selås, V. (2000). Seed production of a masting dwarf shrub, Vaccinium myrtillus, in relation to previous reproduction and weather. Canadian Journal of Botany 78, 423—429.

[876] Sendon, J. W., Schenkeveld, A. J. & Verkaar, H. J. (1986). The combined effect of temperature and red: far red ratio on the germination of some short-lived chalk grassland species. Acta Oecologica 7, 251—259.

[877] Sene, M., Dore, T. & Pellissier, F. (2000). Effect of phenolic acids in soil under and between rows of a prior sorghum (Sorghum bicolor) crop on germination, emergence and seedling growth of peanut (Arachis hypogea). Journal of Chemical Ecology 26, 625—637.

[878] Sharif-Zadeh, F. & Murdoch, A. J. (2000). The effects of different maturation conditions on seed dormancy and germination of Cenchrus ciliaris. Seed Science Research 10, 447—457.

[879] Sharpe, D. M. & Fields, D. E. (1982). Integrating the effects of climate and seed fall velocities on seed dispersal by wind: a model and application. Ecological Modelling 17, 297—310.

[880] Sheldon, J. C. (1974). The behaviour of seeds in soil. III. The influence of seed morphology and the behaviour of seedlings on the establishment of plants from surface-lying seeds. Journal of Ecology 62, 47—66.

[881] Sheldon, J. C. & Burrows, F. M. (1973). The dispersal effectiveness of the achene-pappus units of selected Compositae in steady winds with convection. New Phytologist 72, 665—675.

[882] Sheldon, J. C. & Lawrence, J. T. (1973). Apparatus to measure the rate of fall of wind dispersed seeds. New Phytologist 72, 677—680.

[883] Shen-Miller, J., Mudgett, M. B., Schopf, J. W., Clarke, S. & Berger, R. (1995). Exceptional seed longevity and robust growth: ancient sacred lotus from China. American Journal of Botany 82, 1367—1380.

[884] Sherman, P. M. (2002). Effects of land crabs on seedling densities and distributions in a mainland neotropical rain forest. Journal of Tropical Ecology 18, 67—89.

[885] Shibata, M., Tanaka, H. & Nakashizuca, T. (1998). Causes and consequences of mast seed production of four co-occurring Carpinus species in Japan. Ecology 79, 54—64.

[886] Shibata, M., Tanaka, H., Iida, S., Abe, S. & Nakashizuka, T. (2002). Synchronized annual seed production by 16 principal tree species in a temperate deciduous forest, Japan. Ecology 83, 1727—1742.

[887] Shichijo, C., Katada, K., Tanaka, O. & Hashimoto, T. (2001). Phytochrome A-mediated inhibition of seed germination in tomato. Planta 213, 764—769.

[888] Shinomura, T. (1997). Phytochrome regulation of seed germination. Journal of Plant Research 110, 151—161.

[889] Shipley, B. (2002). Trade-offs between net assimilation rate and specific leaf area in determining relative growth rate: relationship with daily irradiance. Functional

Ecology 16, 682—689.

[890] Shipley, B. & Dion, J. (1992). The allometry of seed production in herbaceous Angiosperms. American Naturalist 139, 467—483.

[891] Shipley, B. & Peters, R. H. (1990). The allometry of seed weight and seedling relative growth rate. Functional Ecology 4, 523—529.

[892] Shipley, B., Keddy, P. A., Moore, D. R. J. & Lemky, K. (1989). Regeneration and establishment strategies of emergent macrophytes. Journal of Ecology 77, 1093—1110.

[893] Shumway, S. W. (2000). Facilitative effects of a sand dune shrub on species growing beneath the shrub canopy. Oecologia 124, 138—148.

[894] Shumway, S. W. & Bertness, M. D. (1992). Salt stress limitation of seedling recruitment in a salt marsh plant community. Oecologia 92, 490—497.

[895] Siemens, D. H. (1994). Factors affecting regulation of maternal investment in an indeterminate flowering plant (Cercidium microphyllum: Fabaceae). American Journal of Botany 81, 1403—1409.

[896] Siemens, D. H., Johnson, C. D. & Ribardo, K. J. (1992). Alternative seed defense mechanisms in congeneric plants. Ecology 73, 2152—2166.

[897] Siggins, H. W. (1933). Distribution and rate of fall of conifer seeds. Journal of Agricultural Research 47, 119—128.

[898] Silman, M. R., Terborgh, J. W. & Kiltie, R. A. (2003). Population regulation of a dominant rain forest tree by a major seed predator. Ecology 84, 431—438.

[899] Silva Matos, D. M. & Watkinson, A. R. (1998). The fecundity, seed, and seedling ecology of the edible palm Euterpe edulis in southeastern Brazil. Biotropica 30, 595—603.

[900] Silvertown, J. W. (1980a). Leaf-canopy-induced seed dormancy in a grassland flora. New Phytologist 85, 109—118.

[901] Silvertown, J. W. (1980b). The evolutionary ecology of mast seeding in trees. Biological Journal of the Linnean Society 14, 235—250.

[902] Silvertown, J. W. (1981). Micro-spatial heterogeneity and seedling demography in species-rich grassland. New Phytologist 88, 117—128.

[903] Silvertown, J. W. (1989). The paradox of seed size and adaptation. Trends in Ecology & Evolution 4, 24—26.

[904] Simon, E. W. & Raja Harun, R. M. (1972). Leakage during seed imbibition. Journal of Experimental Botany 23, 1076—1085.

[905] Simon, E. W., Minchin, A., McMenamin, M. M. & Smith, J. M. (1976). The low temperature limit for seed germination. New Phytologist 77, 301—311.

[906] Simons, A. M. & Johnston, M. O. (2000). Variation in seed traits of Lobelia inflata (Campanulaceae): sources and fitness consequences. American Journal of

Botany 87, 124—132.

[907] Skellam, J. G. (1951). Random dispersal in theoretical populations. Biometrika 38, 196—218.

[908] Skoglund, S. J. (1990). Seed dispersing agents in two regularly flooded river sites. Canadian Journal of Botany 68, 754—760.

[909] Skordilis, A. & Thanos, C. A. (1995) Seed stratification and germination strategy in the Mediterranean pines Pinus brutia and Pinus halepensis. Seed Science Research 5, 151—160.

[910] Sletvold, N. (2002). Effects of plant size on reproductive output and offspring performance in the facultative biennial Digitalis purpurea. Journal of Ecology 90, 958—966.

[911] Smith, R. I. L. (1994). Vascular plants as bioindicators of regional warming in Antarctica. Oecologia 99, 322—328.

[912] Smith, M. & Capelle, J. (1992). Effects of soil surface microtopography and litter cover on germination, growth and biomass production of chicory (Cichorium intybus L). American Midland Naturalist 128, 246—253.

[913] Smith, C. C. & Fretwell, S. D. (1974). The optimal balance between size and number of offspring. American Naturalist 108, 499—506.

[914] Smith, H. & Whitelam, G. C. (1990). Phytochrome, a family of photoreceptors with multiple physiological roles. Plant, Cell and Environment 13, 695—707.

[915] Smith, C. C., Hamrick, J. L. & Kramer, C. L. (1990). The advantage of mast years for wind pollination. American Naturalist 136, 154—166.

[916] Smith-Huerta, N. L. & Vasek, F. C. (1987). Effects of environmental stress on components of reproduction in Clarkia unguiculata. American Journal of Botany 74, 1—8.

[917] Snow, B. & Snow, D. (1988). Birds and Berries. Calton, UK: Poyser.

[918] Sohn, J. J. & Policansky, D. (1977). The cost of reproduction in the mayapple Podophyllum peltatum (Berberidaceae). Ecology 58, 1366—1374.

[919] Sonesson, L. K. (1994). Growth and survival after cotyledon removal in Quercus robur seedlings grown in different natural soil types. Oikos 69, 65—70.

[920] Sorensen, A. E. (1986). Seed dispersal by adhesion. Annual Review of Ecology and Systematics 17, 443—463.

[921] Sork, V. L., Bramble, J. & Sexton, O. (1993). Ecology of mast-fruiting in three species of North American deciduous oaks. Ecology 74, 528—541.

[922] Sousa, W. P. (1979). Disturbance in marine intertidal boulder fields: the non-equilibrium maintenance of species diversity. Ecology 60, 1225—1239.

[923] Sousa, W. P. (1984). The role of disturbance in natural communities. Annual Review of Ecology and Systematics 15, 353—391.

[924] Southwick, E. E. (1984). Photosynthate allocation to floral nectar — — a neglected energy investment. Ecology 65, 1775—1779.

[925] Stamp, N. E. (1990). Production and effect of seed size in a grassland annual (Erodium brachycarpum, Geraniaceae). American Journal of Botany 77, 874—882.

[926] Stamp, N. E. & Lucas, J. R. (1983). Ecological correlates of explosive seed dispersal. Oecologia 59, 272—278.

[927] Stanley, M. R., Koide, R. T. & Shumway, D. L. (1993). Mycorrhizal symbiosis increases growth, reproduction and recruitment of Abutilon theophrasti Medic in the field. Oecologia 94, 30—35.

[928] Stanton, M. L. (1985). Seed size and emergence time within a stand of wild radish (Raphanus raphanistrum L.): the establishment of a fitness hierarchy. Oecologia 67, 524—531.

[929] Stearns, F. & Olsen, J. (1958). Interactions of photoperiod and temperature affecting seed germination in Tsuga canadensis. American Journal of Botany 45, 53—58.

[930] Steinbauer, G. P. & Grigsby, B. (1957). Interaction of temperature, light and moistening agent in the germination of weed seeds. Weeds 5, 157.

[931] Stenstrom, M., Gugerli, F. & Henry, G. H. R. (1997). Response of Saxifraga oppositifolia L. to simulated climate change at three contrasting latitudes. Global Change Biology 3, 44—54.

[932] Stephens, P. A., Sutherland, W. J. & Freckleton, R. P. (1999). What is the Allee effect? Oikos 87, 185—190.

[933] Stephenson, A. G. (1980). Fruit set, herbivory, fruit reduction and the fruiting strategy of Catalpa speciosa (Bignoniaceae). Ecology 61, 57—64.

[934] Stephenson, A. G. (1981). Flower and fruit abortion: proximate causes and ultimate functions. Annual Review of Ecology and Systematics 12, 253—279.

[935] Stephenson, A. G. & Winsor, J. A. (1986). Lotus corniculatus regulates offspring quality through selective fruit abortion. Evolution 40, 453—458.

[936] Stergios, B. G. (1976). Achene production, dispersal, seed germination, and seedling establishment of Hieracium aurantiacum in an abandoned field community. Canadian Journal of Botany 54, 1189—1197.

[937] Sternberg, M., Gutman, M., Perevolotsky, A. & Kigel, J. (2003). Effects of grazing on soil seed bank dynamics: an approach with functional groups. Journal of Vegetation Science 14, 375—386.

[938] Stock, W. D., Pate, J. S. & Delfs, J. (1990). Influence of seed size and quality on seedling development under low nutrient conditions in five Australian and South African members of the Proteaceae. Journal of Ecology 78, 1005—1020.

[939] Stocklin, J. & Baumler, E. (1996). Seed rain, seedling establishment and clonal

growth strategies on a glacier foreland. Journal of Vegetation Science 7, 45—56.

[940] Stocklin, J. & Favre, P. (1994). Effects of plant size and morphological constraints on variation in reproductive components in two related species of Epilobium. Journal of Ecology 82, 735—746.

[941] Stocklin, J. & Fischer, M. (1999). Plants with longer-lived seeds have lower local extinction rates in grassland remnants 1950—1985. Oecologia 120, 539—543.

[942] Stomer, L. & Horvath, S. M. (1983). Potential effects of elevated carbon dioxide levels on seed-germination of three native plant species. Botanical Gazette 144, 477—480.

[943] Struempf, H. M., Schondube, J. E. & Del Rio, C. M. (1999). The cyanogenic glycoside amygdalin does not deter consumption of ripe fruit by Cedar Waxwings. Auk 116, 749—758.

[944] Strykstra, R. J., Bekker, R. M. & Verweij, G. L. (1996). Establishment of Rhinanthus angustifolius in a successional hayfield after seed dispersal by mowing machinery. Acta Botanica Neerlandica 45, 557—562.

[945] Strykstra, R. J., Pegtel, D. M. & Bergsma, A. (1998). Dispersal distance and achene quality of the rare anemochorous species Arnica montana L.: implications for conservation. Acta Botanica Neerlandica 47, 45—56.

[946] Sugiyama, S. & Bazzaz, F. A. (1998). Size dependence of reproductive allocation: the influence of resource availability, competition and genetic identity. Functional Ecology 12, 280—288.

[947] Susko, D. J. & Lovett Doust, L. (1998). Variable patterns of seed maturation and abortion in Alliaria petiolata (Brassicaceae). Canadian Journal of Botany 76, 1677—1686.

[948] Susko, D. J. & Lovett Doust, L. (2000). Patterns of seed mass variation and their effects on seedling traits in Alliaria petiolata (Brassicaceae). American Journal of Botany 87, 56—66.

[949] Sutcliffe, M. A. & Whitehead, C. S. (1995). Role of ethylene and short-chain saturated fatty-acids in the smoke-stimulated germination of Cyclopia seed. Journal of Plant Physiology 145, 271—276.

[950] Sutherland, S. (1986). Patterns of fruit-set: what controls fruit/flower ratios in plants? Evolution 40, 117—128.

[951] Swanborough, P. & Westoby, M. (1996). Seedling relative growth rate and its components in relation to seed size: phylogenetically independent contrasts. Functional Ecology 10, 176—184.

[952] Symons, S. J., Naylor, J. M., Simpson, G. M. & Adkins, S. W. (1986). Secondary dormancy in Avena fatua: induction and characteristics in genetically pure dormant lines. Physiologia Plantarum 68, 27—33.

[953] Szentesi, A. & Jermy, T. (1995). Predispersal seed predation in leguminous species: seed morphology and bruchid distributions. Oikos 73, 23—32.

[954] Tackenberg, O. (2003). Modeling long-distance dispersal of plant diaspores by wind. Ecological Monographs 73, 173—189.

[955] Tackenberg, O., Poschlod, P. & Bonn, S. (2003). Assessment of wind dispersal potential in plant species. Ecological Monographs 73, 191—205.

[956] Takaki, M., Kendrick, R. E. & Dietrich, S. M. C. (1981). Interaction of light and temperature on the germination of Rumex obtusifolius. Planta 152, 209—214.

[957] Tapper, P. G. (1996). Long-term patterns of mast fruiting in Fraxinus excelsior. Ecology 77, 2567—2572.

[958] Taylor, B. W. (1954). An example of long-distance dispersal. Ecology 35, 569—572.

[959] Taylor, K. M. & Aarssen, L. Y. (1989). Neighbour effects in mast year seedlings of Acer saccharum. American Journal of Botany 76, 546—554.

[960] Taylor, A. H. & Qin, Z (1988). Regeneration from seed of Sinarundinaria fangiana, a bamboo, in the Wolong Giant Panda Reserve, Sichuan, China. American Journal of Botany 75, 1065—1073.

[961] Taylorson, R. B. (1979). Response of weed seeds to ethylene and related hydrocarbons. Weed Science 27, 7—10.

[962] Taylorson, R. B. & Borthwick, H. A. (1969). Light filtration by foliar canopies: significance for light controlled weed seed germination. Weed Science 17, 48—51.

[963] Telewski, F. W. & Zeevart, J. A. D. (2002). The 120—year period for Dr. Beal's seed viability experiment. American Journal of Botany 89, 1285—1288.

[964] Terborgh, J. & Wright, S. J. (1994). Effects of mammalian herbivores on plant recruitment in two neotropical forests. Ecology 75, 1829—1833.

[965] Ter Heerdt, G. N. J., Verweij, G. L., Bekker, R. M. & Bakker, J. P. (1996). An improved method for seed bank analysis: seedling emergence after removing the soil by sieving. Functional Ecology 10, 144—151.

[966] Tewksbury, J. J. & Lloyd, J. D. (2001). Positive interactions under nurse-plants: spatial scale, stress gradients and benefactor size. Oecologia 127, 425—434.

[967] Thackray, D. J., Wratten, S. W., Edwards, P. J. & Niemeyer, H. M. (1990). Resistance to the aphids Sitobion avenae and Rhopalosiphum padi in Gramineae in relation to hydroxamic acid levels. Annals of Applied Biology 116, 573—583.

[968] Thanos, C. A. & Rundel, P. W. (1995). Fire-followers in chaparral: nitrogenous compounds trigger seed germination. Journal of Ecology 83, 207—216.

[969] Thanos, C. A., Georghiou, K. & Skarou, F. (1989). Glaucium flavum seed germination: an ecophysiological approach. Annals of Botany 63, 121—130.

[970] Thapliyal, R. C. & Connor, K. F. (1997). Effects of accelerated ageing on viability, leachate exudation, and fatty acid content of Dalbergia sissoo Roxb. seeds. Seed Science & Technology 25, 311—319.

[971] Thebaud, C. & Debussche, M. (1991). Rapid invasion of Fraxinus ornus L along the Herault river system in southern France — the importance of seed dispersal by water. Journal of Biogeography 18, 7—12.

[972] Thomas, J. F. & Raper, C. D. (1975). Seed germinability as affected by the environmental temperature of the mother plant. Tobacco Science 19, 98—100.

[973] Thomas, T. H., Gray, D. & Biddington, N. L. (1978). The influence of the position of the seed on the mother plant on seed and seedling performance. Acta Horticulturae 83, 57—66.

[974] Thomas, T. H., Biddington, N. L. & O'Toole, D. F. (1979). Relationship between position on the parent plant and dormancy characteristics of seed of three cultivars of celery (Apium graveolens). Physiologia Plantarum 45, 492—496.

[975] Thompson, B. K., Weiner, J. & Warwick, S. I. (1991). Size-dependent reproductive output in agricultural weeds. Canadian Journal of Botany 69, 442—446.

[976] Thompson, K. (1986). Small-scale heterogeneity in the seed bank of an acidic grassland. Journal of Ecology 74, 733—738.

[977] Thompson, K. (1987). Seeds and seed banks. In Frontiers of Comparative Plant Ecology (New Phytologist, 106 (Suppl)), ed. I. H. Rorison, J. P. Grime, R. Hunt, G. A. F. Hendry & D. H. Lewis, London: Academic Press, pp. 23—34.

[978] Thompson, K. (1993). Mineral nutrient content. In Methods in Comparative Plant Ecology, ed. G. A. F. Hendry & J. P. Grime, London: Chapman & Hall, pp. 192—194.

[979] Thompson, K. (1994). Predicting the fate of temperate species in response to human disturbance and global change. In NATO Advanced Research Workshop on Biodiversity, Temperate Ecosystems and Global Change, ed. T. J. B. Boyle & C. E. B. Boyle, Berlin: Springer-Verlag, pp. 61—76.

[980] Thompson, K. (2000). The functional ecology of seed banks. In Seeds: The Ecology of Regeneration in Plant Communities, 2nd edn, ed. M. Fenner, Wallingford: CABI, pp. 215—235.

[981] Thompson, K. & Baster, K. (1992). Establishment from seed of selected Umbelliferae in unmanaged grassland. Functional Ecology 6, 346—352.

[982] Thompson, K. & Ceriani, R. M. (2003). No relationship between range size and germination niche width in the UK herbaceous flora. Functional Ecology 17, 335—339.

[983] Thompson, K. & Grime, J. P. (1979). Seasonal variation in the seed banks of herbaceous species in ten contrasting habitats. Journal of Ecology 67, 893—921.

[984] Thompson, K. & Grime, J. P. (1983). A comparative study of germination responses

to diurnally-fluctuating temperatures. Journal of Applied Ecology 20, 141—156.

[985] Thompson, K. & Hodkinson, D. J. (1998). Seed mass, habitat and life history: are-analysis of Salisbury (1942, 1974). New Phytologist 138, 163—166.

[986] Thompson, K. & Rabinowitz, D. (1989). Do big plants have big seeds? American Naturalist 133, 722—728.

[987] Thompson, K. & Stewart, A. J. A. (1981). The measurement and meaning of reproductive effort in plants. American Naturalist 117, 205—211.

[988] Thompson, K., Band, S. R. & Hodgson, J. G. (1993). Seed size and shape predict persistence in soil. Functional Ecology 7, 236—241.

[989] Thompson, K., Green, A. & Jewels, A. M. (1994). Seeds in soil and worm casts from a neutral grassland. Functional Ecology 8, 29—35.

[990] Thompson, K., Hillier, S. H., Grime, J. P., Bossard, C. C. & Band, S. R. (1996). A functional analysis of a limestone grassland community. Journal of Vegetation Science 7, 371—380.

[991] Thompson, K., Bakker, J. P. & Bekker, R. M. (1997). The Soil Seed Banks of North West Europe: Methodology, Density and Longevity. Cambridge: Cambridge University Press.

[992] Thompson, K., Bakker, J. P., Bekker, R. M. & Hodgson, J. G. (1998). Ecological correlates of seed persistence in soil in the NW European flora. Journal of Ecology 86, 163—169.

[993] Thompson, K., Gaston, K. J. & Band, S. R. (1999). Range size, dispersal and niche breadth in the herbaceous flora of central England. Journal of Ecology 87, 150—155.

[994] Thompson, K., Jalili, A., Hodgson, J. G., et al. (2001). Seed size, shape and persistence in the soil in an Iranian flora. Seed Science Research 11, 345—355.

[995] Thompson, K., Rickard, L. C., Hodkinson, D. J. & Rees, M. (2002). Seed dispersal-the search for trade-offs. In Dispersal Ecology, ed. J. M. Bullock, R. E. Kenward & R. S. Hails. Oxford: Blackwell, pp. 152—172.

[996] Thompson, K., Ceriani, R. M., Bakker, J. P. & Bekker, R. M. (2003). Are seed dormancy and persistence in soil related? Seed Science Research 13, 97—100.

[997] Thorén, L. M., Karlsson, P. S. & Tuomi, J. (1996). Somatic cost of reproduction in three carnivorous Pinguicula species. Oikos 76, 427—434.

[998] Tierney, G. L. & Fahey, T. J. (1998). Soil seed bank dynamics of pin cherry in a northern hardwood forest, New Hampshire, USA. Canadian Journal of Forest Research — Revue Canadienne De Recherche Forestiere 28, 1471—1480.

[999] Tieu, A., Dixon, K. W., Meney, K. A. & Sivasithamparam, K. (2001). Interaction of soil burial and smoke on germination patterns in seeds of selected Australian native plants. Seed Science Research 11, 69—76.

[1000] Tilman, D. (1994). Competition and biodiversity in spatially structured habitats.

Ecology 75, 2—16.

[1001] Tilman, D. (1997). Community invasibility, recruitment limitation, and grassland biodiversity. Ecology 78, 81—92.

[1002] Toole, E. H. & Brown, E. (1946). Final results of the Duvel buried seed experiment. Journal of Agricultural Research 72, 201—210.

[1003] Totland, O. (1999). Effects of temperature on performance and phenotypic selection on plant traits in alpine Ranunculus acris. Oecologia 120, 242—251.

[1004] Townsend, C. E. (1977). Germination of polycross seed of cicer milkvetch as affected by year of production. Crop Science 17, 909—912.

[1005] Tozer, M. G. & Bradstock, R. A. (1997). Factors influencing the establishment of seedlings of the mallee, Eucalyptus luehmanniana (Myrtaceae). Australian Journal of Botany 45, 997—1008.

[1006] Trudgill, D. L. , Squire, G. R. & Thompson, K. (2000). A thermal time basis for comparing the germination requirements of some British herbaceous plants. New Phytologist 145, 107—114.

[1007] Tsuyuzaki, S. (1991). Survival characteristics of buried seeds 10 years after the eruption of the Usu volcano in northern Japan. Canadian Journal of Botany 69, 2251—2256.

[1008] Turnbull, L. A. , Rees, M. & Crawley, M. J. (1999). Seed mass and the competition/colonization trade-off: a sowing experiment. Journal of Ecology 87, 899—912.

[1009] Turnbull, L. A. , Crawley, M. J. & Rees, M. (2000). Are plant populations seed-limited? A review of seed sowing experiments. Oikos 88, 225—238.

[1010] Turner, I. M. (1990). Tree seedling growth and survival in a Malaysian rain forest. Biotropica 22, 146—154.

[1011] Turner, R. M. , Alcorn, S. M. , Olin, G. & Booth, J. A. (1966). The influence of shade, soil and water on saguaro establishment. Botanical Gazette 127, 95—102.

[1012] Tweddle, J. C. , Dickie, J. B. , Baskin, C. C. & Baskin, J. M. (2003). Ecological aspects of seed desiccation sensitivity. Journal of Ecology 91, 294—304.

[1013] Umbanhowar, C. E. (1992a). Early patterns of revegetation of artificial earthen mounds in a northern mixed prairie. Canadian Journal of Botany 70, 145—150.

[1014] Umbanhowar, C. E. (1992b). Abundance, vegetation, and environment of four patch types in a northern mixed prairie. Canadian Journal of Botany 70, 277—284.

[1015] Ungar, I. A. (1978). Halophyte seed germination. Botanical Review 44, 233—264.

[1016] Ungar, I. A. (1991). Seed germination responses and the seed bank dynamics of the halophyte Spergularia marina (L.) Griseb. In Proceedings of the International

Seed Symposium, ed. D. N. Sen & S. Mohammed, Jodhpur, India: pp. 81—86.

[1017] Valiente-Banuet, A. & Ezcurra, E. (1991). Shade as a cause of the association between the cactus Neobuxbaumia tetetzo and the nurse plant Mimosa luisana in the Tehuacán Valley, Mexico. Journal of Ecology 79, 961—971.

[1018] Valiente-Banuet, A., Bolongaro, A., Briones, O., et al. (1991). Spatial relationships between cacti and nurse shrubs in a semi-arid environment in central Mexico. Journal of Vegetation Science 2, 15—20.

[1019] Valladares, F., Wright, S. J., Lasso, E., Kitajima, K. & Pearcy, R. W. (2000). Plastic phenotypic response to light of 16 congeneric shrubs from a Panamanian rain forest. Ecology 81, 1925—1936.

[1020] Vallius, E. (2000). Position-dependent reproductive success of flowers in Dactylorhiza maculata (Orchidaceae). Functional Ecology 14, 573—579.

[1021] Van Andel, J. & Vera, F. (1977). Reproductive allocation in Senecio sylvaticus and Chamaenerion angustifolium in relation to mineral nutrition. Journal of Ecology 65, 747—758.

[1022] Van Assche, J. A. & Van Nerum, D. M. (1997). The influence of the rate of temperature change on the activation of dormant seeds of Rumex obtusifolius L. Functional Ecology 11, 729—734.

[1023] Van Assche, J. A., Debucquoy, K. L. A. & Rommens, W. A. F. (2003). Seasonal cycles in the germination capacity of buried seeds of some Leguminosae (Fabaceae). New Phytologist 158, 315—323.

[1024] Van der Valk, A. G. & Davis, C. B. (1976). The seed banks of prairie glacial marshes. Canadian Journal of Botany 54, 1832—1838.

[1025] Van der Valk, A. G. & Davis, C. B. (1978). The role of seed banks in the vegetation dynamics of prairie glacial marshes. Ecology 59, 322—335.

[1026] Van Dorp, D., van den Hoek, W. P. M. & Daleboudt, C. (1996). Seed dispersal capacity of six perennial grassland species measured in a wind tunnel at varying wind speed and height. Canadian Journal of Botany 74, 1956—1963.

[1027] Van Tooren, B. F. & Pons, T. L. (1988). Effect of temperature and light on the germination in chalk grassland species. Functional Ecology 2, 303—210.

[1028] Van der Wall, S. B. (1990). Food Hoarding in Animals. Chicago: University of Chicago Press.

[1029] Van der Wall, S. B. (1993a). Cache site selection by chipmunks (Tamias spp.) and its influence on the effectiveness of seed dispersal in Jeffrey pine (Pinus jeffreyi). Oecologia 96, 246—252.

[1030] Van der Wall, S. B. (1993b). Seed water content and the vulnerability of buried seeds to foraging rodents. American Midland Naturalist 129, 272—281.

[1031] Van der Wall, S. B. (1994). Removal of wind-dispersed pine seeds by groundforaging vertebrates. Oikos 69, 125−132.

[1032] Van der Wall, S. B. (1995). Influence of substrate water on the ability of rodents to find buried seeds. Journal of Mammalogy 76, 851−856.

[1033] Van der Wall, S. B. (1998). Foraging success of granivorous rodents: effects of variation in seed and soil water on olfaction. Ecology 79, 233−241.

[1034] Varis, S, and George, R. A. T. (1985). The influence of mineral nutrition on fruit yield, seed yield and quality in tomato. Journal of Horticultural Science 60, 373−376.

[1035] Vasconcelos, H. L. & Cherrett, J. M. (1997). Leaf-cutting ants and early forest regeneration in central Amazonia: effects of herbivory on tree seedling establishment. Journal of Ecology 13, 357−370.

[1036] Vaughton, G. & Carthew, S. M. (1993). Evidence for selective fruit abortion in Banksia spinulosa (Proteaceae). Biological Journal of the Linnean Society 50, 35−46.

[1037] Vaughton, G. & Ramsey, M. (1998). Sources and consequences of seed mass variation in Banksia marginata (Proteaceae), Journal of Ecology 86, 563−573.

[1038] Vázquez-Yanes, C. & Orozco-Segovia, A. (1992). Effects of litter from a tropical rain forest on tree seed germination and establishment under controlled conditions. Tree Physiology 11, 391−400.

[1039] Vázquez-Yanes, C. & Orozco-Segovia, A. (1994). Signals for seeds to sense and respond to gaps. In Exploitation of Environmental Heterogeneity in Plants, ed. M. M. Caldwell & R. W. Pearcy, San Diego, CA: Academic Press, pp. 209−236.

[1040] Vázquez-Yanes, C., Orozco-Segovia, A., Rincon, E., et al. (1990). Light beneath the litter in a tropical forest: effect on seed germination. Ecology 71, 1952−1958.

[1041] Vegelin, K., van Diggelen, R., Verweij, G. & Heincke, T. (1997). Wind dispersal of a species-rich fen-meadow (Polygono-Cirsietum oleracei) in relation to the restoration perspectives of degraded valley fens. In Species Dispersal and Land Use Processes, ed. A. Cooper & J. Power, Aberdeen: IALE (UK), pp. 85−92.

[1042] Venable, D. L. & Brown, J. S. (1988). The selective interactions of dispersal, dormancy, and seed size as adaptations for reducing risk in variable environments. American Naturalist 131, 360−384.

[1043] Venable, D. L. & Lawlor, L. (1980). Delayed germination and dispersal in desert annuals: escape in space and time. Oecologia 46, 272−282.

[1044] Venable, D. L. & Levin, D. A. (1985). Ecology of achene dimorphism in Heterotheca latifolia. IAchene structure, germination and dispersal. Journal of Ecology 73, 133−145.

[1045] Venable, D. L., Burquez, A., Corral, G., Morales, E. & Espinosa, F. (1987). The ecology of seed heteromorphism in Heterosperma pinnatum in

Central Mexico. Ecology 68, 65－76.

[1046] Verkaar, H. J. , Schenkeveld, A. J. & van de Klashorst, M. P. (1983). The ecology of short-lived forbs in chalk grassland: dispersal of seeds. New Phytologist 95, 335－344.

[1047] Vetaas, O. R. (1992). Micro-site effects of trees and shrubs in dry savannas. Journal of Vegetation Science 3, 337－344.

[1048] Vila, M. & Lloret, F. (2000). Seed dynamics of the mast-seeding tussock grass Ampelodesmos mauritanica in Mediterranean shrublands. Journal of Ecology 88, 479－491.

[1049] Villiers, T. A. (1974). Seed aging: chromosome stability and extended viability of seeds stored fully imbibed. Plant Physiology 53, 875－878.

[1050] Villiers, T. A. & Edgecumbe, D. J. (1975). On the cause of seed deterioration in dry storage. Seed Science & Technology 3, 761－774.

[1051] Vincent, E. M. & Cavers, P. B. (1978). The effects of wetting and drying on the subsequent germination of Rumex crispus. Canadian Journal of Botany 56, 2207－2017.

[1052] Vincent, E. M. & Roberts, E. H. (1977). The interaction of light, nitrate and alternating temperature in promoting the germination of dormant seeds of common weed species. Seed Science Technology 5, 659－670.

[1053] Vleeshouwers, L. M. & Bouwmeester, H. J. (2001). A simulation model for seasonal changes in dormancy and germination of weeds seeds. Seed Science Research 11, 77－92.

[1054] Vleeshouwers, L. M. , Bouwmeester, H. J. & Karssen, C. M. (1995). Redefining seed dormancy: an attempt to integrate physiology and ecology. Journal of Ecology 83, 1031－1037.

[1055] Wada, N. (1993). Dwarf bamboos affect the regeneration of zoochorous trees by providing habitats to acorn-feeding rodents. Oecologia 94, 403－407.

[1056] Wada, N. & Ribbens, E. (1997). Japanese maple (Acer palmatum var. Matsumurae, Aceraceae) recruitment patterns: seeds, seedlings, and saplings in relation to conspecific adult neighbors. American Journal of Botany 84, 1294－1300.

[1057] Wagner, J. & Mitterhofer, E. (1998). Phenology, seed development, and reproductive success of an alpine population of Gentianella germanica in climatically varying years. Botanica Acta 111, 159－166.

[1058] Walck, J. L. , Baskin, C. C. & Baskin, J. M. (1997a). Comparative achene germination requirements of the rockhouse endemic Ageratina luciae-brauniae and its widespread close relative A. altissima (Asteraceae). American Midland Naturalist 137, 1－12.

[1059] Walck, J. L. , Baskin, C. C. & Baskin, J. M. (1997b). A comparative study of the seed germination biology of a narrow endemic and two geographically-widespread species of Solidago (Asteraceae). 1. Germination phenology and effect of cold stratification on germination. Seed Science Research 7, 47—58.

[1060] Walker, K. J., Sparks, T. H. & Swetnam, R. D. (2000). The colonisation of tree and shrub species within a self-sown woodland: the Monks Wood Wilderness. Aspects of Applied Biology 58, 337—344.

[1061] Waller, D. M. (1993). How does mast fruiting get started? Trends in Ecology and Evolution 8, 122—123.

[1062] Walters, M. B. & Reich, P. B. (1996). Are shade tolerance, survival, and growth linked? Low light and nitrogen effects on hardwood seedlings. Ecology 77, 841—853.

[1063] Wang, G. G., Qian, H. & Klinka, K. (1994). Growth of Thuja plicata seedlings along a light gradient. Canadian Journal of Botany 72, 1749—1757.

[1064] Wardlaw, I. F., Dawson, I. A. & Munibi, P. (1989). The tolerance of wheat to high temperatures during reproductive growth. II. Grain development. Australian Journal of Agricultural Research 40, 15—24.

[1065] Wardle, D. A., Ahmed, M. & Nicholson, K. S. (1991). Allelopathic influence of nodding thistle (Carduus nutans L.) seeds on germination and radicle growth of pasture plants. New Zealand Journal of Agricultural Research 34, 185—191.

[1066] Warr, S. J., Thompson, K. & Kent, M. (1992). Antifungal activity in seed coat extracts of woodland plants. Oecologia 92, 296—298.

[1067] Washitani, I. & Masuda, M. (1990). A comparative study of the germination characteristics of seeds from a moist tall grassland community. Functional Ecology 4, 543—557.

[1068] Watson, M. A. (1984). Developmental constraints: effect on population growth and patterns of resource allocation in a clonal plant. American Naturalist 123, 411—426.

[1069] Welker, J. M., Molau, U., Parsons, A. N., Robinson, C. H. & Wookey, P. A. (1997). Responses of Dryas octopetala to ITEX environmental manipulations: a synthesis with circumpolar comparisons. Global Change Biology 3, 61—73.

[1070] Weller, S. G. & Ornduff, R. (1991). Pollen tube growth and inbreeding depression in Amsinckia grandiflora (Boraginaceae). American Journal of Botany 78, 801—804.

[1071] Welling, C. H., Pederson, R. L. & van der Valk, A. G. (1988). Recruitment from the seed bank and the development of zonation of emergent vegetation during a drawdown in a prairie wetland. Journal of Ecology 76, 483—496.

[1072] Wellington, A. B. & Noble, I. R. (1985). Post-fire recruitment and mortality in a population of the mallee Eucalyptus incrassata in semi-arid, south-eastern Australia. Journal of Ecology 73, 645—656.

[1073] Weltzin, J. F. & McPherson, G. R. (1999). Facilitation of conspecific seedling recruitment and shifts in temperate savanna ecotones. Ecological Monographs 69, 513—534.

[1074] Wenny, D. G. (2000a). Seed dispersal of a high quality fruit by specialized frugivores: high quality dispersal? Biotropica 32, 327—337.

[1075] Wenny, D. G. (2000b). Seed dispersal, seed predation, and seedling recruitment of a neotropical montane tree. Ecological Monographs 70, 331—351.

[1076] Wenny, D. G. & Levey, D. J. (1998). Directed seed dispersal by bellbirds in a tropical cloud forest. Proceedings of the National Academy of Sciences of the United States of America 95, 6204—6207.

[1077] Wesson, G. & Wareing, P. F. (1969a). The role of light in the germination of naturally occurring populations of buried weed seeds. Journal of Experimental Botany 20, 403—413.

[1078] Wesson, G. & Wareing, P. F. (1969b). The induction of light sensitivity in weed seeds by burial. Journal of Experimental Botany 20, 414—425.

[1079] West, M. M., Ockenden, I, & Lott, J. N. A. (1994). Leakage of phosphorus and phytic acid from imbibing seeds and grains. Seed Science Research 4, 97—102.

[1080] Westoby, M., Jurado, E. & Leishman, M. (1992). Comparative evolutionary ecology of seed size. Trends in Ecology and Evolution 7, 368—372.

[1081] Westoby, M., Leishman, M. R. & Lord, J. M. (1996). Comparative ecology of seed size and seed dispersal. Philosophical Transactions of the Royal Society of London B, Biological Sciences 351, 1309—1318.

[1082] Widell, K. O. & Vogelmann, T. C. (1988). Fibre optics studies of light gradients and spectral regime within Lactuca sativa achenes. Physiologia Plantarum 72, 706—712.

[1083] Widén, B. (1993). Demographic and genetic effects on reproduction as related to population size in a rare, perennial herb, Senecio integrifolius (Asteraceae). Biological Journal of the Linnean Society 50, 179—95.

[1084] Wied, A. & Galen, C. (1998). Plant parental care: conspecific nurse effects in Frasera speciosa and Cirsium scopulorum. Ecology 79, 1657—1668.

[1085] Wiens, D. (1984). Ovule survivorship, brood size, life history, breeding systems, and reproductive success in plants. Oecologia 64, 47—53.

[1086] Wiens, D., Calvin, C. L., Wilson, C. A., et al. (1987). Reproductive success, spontaneous embryo abortion, and genetic load in flowering plants. Oecologia 71, 501—509.

[1087] WiensD., Nickrent, D. L., Davern, C. I., Calvin, C. L. & Vivrette, N. T. (1989). Developmental failure and loss of reproductive capacity in the rare palaeoendemic shrub Dedeckera eurekensis. Nature 338, 65—67.

[1088] Williamson, G. B. & Ickes, K. (2002). Mast fruiting and ENSO cycles: does the cue betray a cause? Oikos 97, 459—461.

[1089] Willis, S. G. & Hulme, P. E. (2002). Does temperature limit the invasion of Impatiens glandulifera and Heracleum mantegazzianum in the UK? Functional Ecology 16, 530—539.

[1090] Willson, M. F. (1983). Plant Reproductive Ecology. New York: J. Wiley & Sons.

[1091] Willson, M. F. (1993a). Dispersal mode, seed shadows, and colonization patterns. Vegetatio 108, 261—820.

[1092] Willson, M. F. (1993b). Mammals as seed-dispersal mutualists in North America. Oikos 67, 159—176.

[1093] Willson, M. F., Rice, B. L. & Westoby, M. (1990). Seed dispersal spectra: a comparison of temperate plant communities. Journal of Vegetation Science 1, 547—562.

[1094] Wilson, A. M. & Thompson, K. (1989). A comparative study of reproductive allocation in 40 British grasses. Functional Ecology 3, 297—302.

[1095] Wilson, T. B. & Witkowski, E. T. F. (1998). Water requirements for germination and early seedling establishment in four African savanna woody plant species. Journal of Arid Environments 38, 541—550.

[1096] Winn, A. A. (1985). The effects of seed size and microsite on seedling emergence in four populations of Prunella vulgaris. Journal of Ecology 73, 831—840.

[1097] Winn, A. A. (1991). Proximate and ultimate sources of within-individual variation in seed mass in Prunella vulgaris (Lamiaceae). American Journal of Botany 78, 838—844.

[1098] Witkowski, E. T. F. & Lamont, B. B. (1996). Disproportionate allocation of mineral nutrients and carbon between vegetative and reproductive structures in Banksia hookeriana. Oecologia 105, 38—42.

[1099] Witmer, M. C. & Cheke, A. S. (1991). The dodo and the tambalacoque tree: an obligate mutualism reconsidered. Oikos 61, 133—137.

[1100] Wolff, J. O. (1996). Population fluctuations of mast-eating rodents are correlated with production of acorns. Journal of Mammalogy 77, 850—856.

[1101] Wood, D. M. & Morris, W. F. (1990). Ecological constraints to seedling establishment on the pumice plains, Mount St. Helens, Washington. American Journal of Botany 77, 1411—1418.

[1102] Wooley, J. T. & Stoller, E. W. (1978). Light penetration and light-induced seed germination in soil. Plant Physiology 61, 597—600.

[1103] Wootton, J. T. (1998). Effects of disturbance on species diversity: a multitrophic perspective. American Naturalist 152, 803—825.

[1104] Wright, S. J. (2002). Plant diversity in tropical forests: a review of mechanisms of species coexistence. Oecologia 130, 1—14.

[1105] Wulff, R. D. (1986). Seed size variation in Desmodium paniculatum I. Factors affecting seed size. Journal of Ecology 74, 87—97.

[1106] Wurzburger, J. & Koller, D. (1973). Onset of seed dormancy in Aegilops kotschyi Boiss. and its experimental modification. New Phytologist 72, 1057—1061.

[1107] Wurzburger, J. & Leshem, Y. (1976). Correlative aspects of imposition of dormancy in caryopses of Aegilops kotschyi. Plant Physiology 57, 670—671.

[1108] Yamamoto, S. (1995). Gap characteristics and gap regeneration in subalpine old-growth coniferous forest, central Japan. Ecological Research 10, 31—39.

[1109] Yan, Z. G. & Reid, N. (1995). Mistletoe (Amyema miquelii and A. pendulum) seedling establishment on eucalypt hosts in eastern Australia. Journal of Applied Ecology 32, 778—784.

[1110] Yanful, M. & Maun, M. A. (1996a). Spatial distribution and seed mass variation of Strophostyles helvola along Lake Erie. Canadian Journal of Botany 74, 1313—1321.

[1111] Yanful, M. & Maun, M. A. (1996b). Effects of burial of seeds and seedlings from different seed sizes on the emergence and growth of Strophostyles helvola. Canadian Journal of Botany 74, 1322—1330.

[1112] Zammit, C. & Zedler, P. H. (1990). Seed yield, seed size and germination behaviour in the annual Pogogyne abramsii. Oecologia 84, 24—28.

[1113] Zangerl, A. R. & Berenbaum, M. R. (1997). Cost of chemically defending seeds: furanocoumarins and Pastinaca sativa. American Naturalist 150, 491—504.

[1114] Zettler, J. A. , Spira, T. P. & Allen, C. R. (2001). Ant-seed mutualisms: can red imported fire ants sour the relationship? Biological Conservation 101, 249—253.

[1115] Zhang, J. & Maun, M. A. (1990). Effects of sand burial on seed germination, seedling emergence, survival, and growth of Agropyron psammophilum. Canadian Journal of Botany 68, 304—310.

[1116] Zimmerman, J. K. & Aide, T. M. (1989). Patterns of fruit production in a neotropical orchid: pollinator vs. resource limitation. American Journal of Botany 76, 67—73.

[1117] Ziska, L. H. & Bunce, J. A. (1993). The influence of elevated CO_2 and temperature on seed-germination and emergence from soil. Field Crops Research 34, 147—157.